"人工智能+新文科" 系列教材

Web前端网页制作理论与实践：

HTML、CSS、JavaScript、Vue框架

（微课版）

主编 许德武 李 丹

西安交通大学出版社
XI'AN JIAOTONG UNIVERSITY PRESS

内容简介

本书是关于网页设计的综合指南，涵盖了 HTML、CSS、JavaScript 和 Vue 等内容。全书分为 4 个部分，第 1 部分介绍了 HTML，它作为网页的基本构建块，能够帮助读者理解网页的结构和语法；第 2 部分深入讲解 CSS，探讨如何通过样式化网页来实现吸引人的界面设计；第 3 部分详细解释了如何利用 JavaScript 为网页添加交互性和动态效果，提升用户体验；第 4 部分引入了 Vue，这是一种现代的 JavaScript 框架，用于构建可维护且高性能的用户界面。

本书既能够作为高等院校计算机相关专业的教学用书，又能够为网页制作领域的自学者和职业开发者提供实用见解。

图书在版编目(CIP)数据

Web 前端网页制作理论与实践：HTML、CSS、JavaScript、Vue 框架：微课版/许德武，李丹主编. 西安 ：西安交通大学出版社，2025.3. -- ISBN 978 - 7 - 5693 - 4024 - 2

Ⅰ. TP393.092.2

中国国家版本馆 CIP 数据核字第 2025J6E868 号

WEB QIANDUAN WANGYE ZHIZUO LILUN YU SHIJIAN：HTML、CSS、JAVASCRIPT、VUE KUANGJIA(WEIKEBAN)

书　　名	Web 前端网页制作理论与实践：HTML、CSS、JavaScript、Vue 框架(微课版)
主　　编	许德武　李　丹
策划编辑	祝翠华
责任编辑	魏　萍
责任校对	刘莉萍
封面设计	任加盟
出版发行	西安交通大学出版社 (西安市兴庆南路 1 号　邮政编码 710048)
网　　址	http://www.xjtupress.com
电　　话	(029)82668357　82667874(市场营销中心) (029)82668315(总编办)
传　　真	(029)82668280
印　　刷	西安五星印刷有限公司
开　　本	787 mm×1092 mm　1/16　印张　23.75　字数　594 千字
版次印次	2025 年 3 月第 1 版　2025 年 3 月第 1 次印刷
书　　号	ISBN 978 - 7 - 5693 - 4024 - 2
定　　价	59.80 元

如发现印装质量问题，请与本社市场营销中心联系。
订购热线：(029)82665248　(029)82667874
投稿热线：(029)82665249
读者信箱：2896958974@qq.com

前　言

随着云计算、移动互联和人工智能等技术的不断发展,网页设计已经不仅仅局限于简单的静态页面,而是涵盖了丰富的交互性和动态性。HTML、CSS 和 JavaScript 三者的协同作用,使得我们能够构建出更加复杂、灵活且功能强大的网页。Vue 作为一种现代化的 JavaScript 框架,更是在大规模应用中展现出了强大的优势,为开发者提供了一种高效、模块化的开发方式。

本书以项目实战为线索,以通俗易懂的方式向读者介绍了 HTML、CSS、JavaScript 和 Vue 等技术的基本概念和应用。书中内容从简单到复杂,由浅入深地引导读者探索这些技术的核心特性,以及如何将它们有机地结合起来,创造出优质的现代网页。

本书知识体系完整,每一部分都包含了丰富的实例,能够帮助学生深入理解所学内容,旨在为学生提供实用的基础知识,同时为有经验的开发者提供更深层次的技术洞察,助力他们更好地应对复杂的网页设计挑战。

本书由浙江师范大学许德武和上海财经大学浙江学院李丹共同主编和统稿,我们衷心感谢浙江师范大学研究助手赖治宇、贾宇翔、张荣、刘贝贝和张玉晴,以及上海财经大学浙江学院楼星星老师,他们为本书的顺利出版做出了重要的贡献。最后,我们再次感谢浙江师范大学和上海财经大学浙江学院的领导和同事们、出版社的编辑和校对人员等,正是他们的共同努力和协作,才使本书能够与广大读者见面。我们希望本书能够为相关领域的研究和实践提供有益的参考和启示。由于编者水平有限,书中不足之处在所难免,敬请诸位专家、读者指正。

编　者

2025 年 2 月

目　录

第 1 部分　HTML

第 2 部分　CSS

第 1 部分　HTML

第1章　了解 HTML

1.1　HTML 基本概念

1. HTML 含义与作用

HTML(hypertext markup language,超文本标记语言)是一种用于创建网页结构和内容的标记语言。它是互联网上几乎所有网页的基础,用于定义网页的结构和展示方式。HTML 通过使用各种标签和元素来描述文档的不同部分,包括文本、图像、链接、表格等,从而使浏览器能够正确地解释和呈现网页内容。HTML 的主要作用可以总结如下。

HTML 基本概念

(1)定义网页结构。HTML 允许开发人员创建网页的基本结构,包括标题、段落、表格等。这些元素有助于组织和呈现信息,使其更容易阅读和理解。

(2)创建超链接。HTML 中的超链接元素(<a>)允许开发者创建指向其他网页、文件或资源的链接。这是互联网上信息交流和导航的关键部分。

(3)插入多媒体内容。HTML 支持插入图像、音频和视频等多媒体元素,使网页更具吸引力和丰富性。

(4)表单处理。HTML 的表单元素(如<form><input><select>等)允许用户输入和提交数据,这对于在线注册、搜索、登录等操作至关重要。

(5)语义标记。HTML 提供了一系列语义标签,如<header><nav><article>等,有助于开发人员更准确地描述网页内容的含义和用途,从而提高网页的可访问性。

(6)分离内容和样式。HTML 通常用于定义网页的结构和内容,而样式则通过层叠样式表(cascading style sheets,CSS)进行定义。这种分离使得开发人员可以更轻松地更新和维护网页的外观和布局。

(7)跨平台兼容性。HTML 是一种跨平台的标记语言,可以在各种操作系统和设备上正确渲染。这使得网页可以在计算机、平板、手机等不同设备上访问。

(8)可扩展性。HTML 是一个非常灵活的标记语言,支持开发人员使用自定义标签和属性来扩展其功能,以满足不同的需求。

(9)开放标准。HTML 是一个开放的标准,由万维网联盟(world wide web consortium,W3C)负责维护和发展。这意味着它是一个公共资源,任何人都可以使用和贡献。

HTML 的演变经历了多个版本,每个版本都引入了新的特性和改进。当前,HTML5 是最新的 HTML 版本,它引入了许多新的元素和应用程序编辑接口(application programming interface,API),以支持更丰富的网页应用程序和媒体内容。

总之,HTML 是互联网上信息传递和分享的关键工具之一。无论是网页开发人员还是普通用户,了解 HTML 的基础知识都将有助于我们更好地理解和参与互联网世界。从创建简单的静态网页到开发复杂的互动应用程序,HTML 都是不可或缺的基础。

2. HTML 发展历史

作为一种用于创建网页的标记语言,它的发展历史可以追溯到 20 世纪 90 年代初。HTML 的发展经历了多个版本和标准的演进,以适应不断变化的互联网环境和技术需求。下面将介绍 HTML 的发展历史,从最早的版本到如今的 HTML5,以及 HTML 未来可能的发展趋势。

1)HTML 的起源

HTML 的起源可以追溯到 1989 年,当时英国计算机科学家蒂姆·伯纳斯·李(Tim Berners Lee)在瑞士欧洲核子研究组织工作,他创建了一种标记语言,可以在文档中创建超链接,从而形成了所谓的"超文本"。

最早的 HTML 版本非常简单,只包含一些基本的标记元素,如标题、段落和超链接。这些标记元素使用尖括号(<>)包围,并且包含在文本中,以描述文档的结构和内容。

2)HTML 2.0 和浏览器竞争

随着互联网的普及,HTML 开始受到广泛关注,它的版本也逐渐演化。HTML 2.0 于 1995 年发布,引入了一些新的标记元素和属性,以提供更丰富的文档结构和样式。

然而,HTML 的发展进程并不是完全统一的。在 20 世纪 90 年代中期,互联网开始崭露头角,各种浏览器开始竞相涌现,每个浏览器都试图支持自己独特的 HTML 扩展。这导致不同浏览器之间的兼容性问题,网页开发者们不得不编写不同版本的代码来适应不同的浏览器。

3)HTML 3.2 和 W3C 的成立

为了解决 HTML 标准化的问题,1994 年成立 W3C,W3C 致力于制定 HTML 的标准规范,以确保不同浏览器能够正确解释和渲染网页。

HTML 3.2 于 1997 年发布,是 W3C 制定的第一个 HTML 标准。它引入了一些新的特性,如表格、图像和表单元素,使得网页的布局和交互性更加丰富。HTML 3.2 的发布标志着 HTML 标准化进程的开始,同时解决了浏览器兼容性问题。

4)XHTML 的尝试

在 HTML 3.2 之后,W3C 尝试将 HTML 与 XML(extensible markup language,可扩展标记语言)合并,以创建更加严格和模块化的标记语言。这一努力导致了 XHTML(extensible hypertext markup language,可扩展超文本标记语言)的产生。XHTML 使用 XML 的语法规则,强调文档的严格结构和语法正确性。

XHTML 1.0 于 2000 年发布,成为一种短暂时期内的网页开发标准。然而,尽管 XHTML 在理论上具有很多优点,但它并没有获得广泛采用,因为它在实际开发中更加严格,需要开发者遵循严格的规则。

5)HTML 4.01 和文档类型声明

HTML 4.01 于 1999 年发布,它引入了一些新的特性,如 CSS 的支持、脚本编程语言的集成(JavaScript)和更多的表单元素。HTML 4.01 还引入了文档类型声明(document type declaration),使得浏览器能够更好地理解和解释文档。

文档类型声明是 HTML 标准中的一个关键概念,它决定浏览器使用哪个 HTML 版本来渲染文档。这一机制有助于解决不同浏览器之间的兼容性问题,因为它指导浏览器以一致的方式解释和呈现 HTML。

6)HTML 和 CSS 的分离

HTML 4.01 的推出促使网页开发进一步演进。与此同时,CSS 的发展也取得了突破,使得网页样式和布局可以更好地与内容分离。这种分离性使得网页开发更加模块化,有助于维护和改进网站的外观和布局。

分离 HTML 和 CSS 还有助于提高可访问性,因为网站开发者可以更容易地创建适应不同设备和用户需求的网页。这种分离性成为现代网页开发的基础,也为未来的 HTML 标准奠定了基础。

7)HTML5 的诞生

HTML5 是 HTML 发展历史中的一个重要里程碑。它的制定经历了长时间的讨论和标准化过程,于 2014 年成为 W3C 的正式推荐标准。HTML5 引入了许多新的元素和特性,使网页开发更加灵活和强大。以下是 HTML5 的一些重要特性。

(1)多媒体支持。HTML5 引入了＜audio＞和＜video＞元素,使得在网页上嵌入音频和视频变得更加容易。这消除了对第三方插件(如 Flash)的依赖。

(2)新的语义元素。HTML5 引入了＜header＞＜nav＞＜section＞＜article＞等新的语义元素,以更好地描述文档结构,提高可访问性和搜索引擎优化。

(3)本地存储。HTML5 提供了本地存储机制,如 Web 存储和 IndexedDB,允许网页应用在客户端存储数据,以提高性能和离线访问能力。

(4)Canvas 和 SVG。HTML5 引入了＜canvas＞元素,允许开发者使用 JavaScript 绘制图形和动画。同时,HTML5 还支持可缩放矢量图形(SVG),用于创建矢量图形和图标。

(5)Web Workers 和 Web Sockets。HTML5 引入了 Web Workers 和 Web Sockets,允许网页应用在后台执行多线程任务和实现实时通信。

(6)表单改进。HTML5 改进了表单元素,引入了新的输入类型(如日期、时间、邮箱、电话等),以及表单验证机制,减少了客户端和服务器端之间的交互次数。

HTML5 的推出标志着网页开发的一个重大进步,使得开发者能够创建更富交互性、功能丰富的网站和 Web 应用。

8)HTML5 的普及和移动优先

HTML5 的普及推动了移动优先网页设计和开发的概念。随着越来越多的用户使用移动设备访问互联网,开发者开始优化网站以适应小屏幕和触摸界面。响应式设计(responsive design)成为一种流行的实践,使网页能够在不同设备上提供一致的用户体验。

HTML5 还引入了一些与移动设备相关的 API,如地理位置、设备方向和加速度等,使得开发者能够创建与位置和移动感应器相关的 Web 应用。

9)未来 HTML 的发展

未来 HTML 的发展可能涉及更多的语义元素和新的 API,以满足不断变化的 Web 应用需求。此外,随着虚拟现实(virtual reality,VR)和增强现实(augmented reality,AR)等新技术的兴起,HTML 可能需要扩展以支持更多的交互和媒体类型。

总之,HTML 的发展历史是 Web 发展历史的一部分,它不断适应着技术和用户需求的变化。HTML5 的出现使 Web 开发更加强大和灵活，为未来的 Web 应用奠定了坚实的基础。HTML 将继续演化，以满足不断增长的互联网生态系统的需求，同时保持开放、可访问和可扩展的特性。

3．HTML 与其他 Web 技术的关系

HTML 是 Web 开发中的基础技术之一，但它通常与其他 Web 技术一起使用，以创建功能丰富且交互性强的网站和应用程序。下面将深入探讨 HTML 与其他 Web 技术之间的关系，包括 CSS、JavaScript、后端编程语言和数据库等方面，以及它们如何共同构建现代 Web 生态系统。

1）与 CSS 的关系

CSS 是用于控制网页样式和布局的技术。HTML 负责定义页面的结构和内容，而 CSS 则负责定义页面的外观。HTML 和 CSS 之间的关系可以总结如下。

（1）分离结构与样式。HTML 和 CSS 的分离是 Web 开发的核心原则之一。HTML 负责内容，CSS 负责样式。这种分离使得开发人员更容易管理和维护网站，因为可以单独修改样式而不必更改 HTML。

（2）样式定义。在 HTML 中，可以使用 class 和 id 属性来标识元素，然后在 CSS 中选择这些元素并为其应用样式。例如，可以通过＜div class＝"header"＞来标识一个网页头部，并使用 CSS 选择器. header 来定义其样式。

（3）响应式设计。CSS 还使得响应式网页设计成为可能。通过媒体查询（media queries）和 CSS 弹性布局，可以根据不同设备的屏幕尺寸和方向来调整页面的样式和布局。

（4）动画和过渡。CSS 也允许创建动画和过渡效果，以增强用户体验。通过 CSS 的 @keyframes 规则，可以定义动画序列，而通过 CSS 的 transition 属性，可以创建元素状态之间的平滑过渡。

总之，HTML 和 CSS 之间的协作使得 Web 开发人员能够将网页的结构和样式分开，从而更好地组织和管理项目。

2）与 JavaScript 的关系

JavaScript 是一种用于增强网页交互性和功能的脚本语言。HTML、CSS 和 JavaScript 通常一起使用以创建现代 Web 应用程序。以下是 HTML 和 JavaScript 之间的关系。

（1）交互性。HTML 负责网页的静态结构，但 JavaScript 允许添加动态行为。通过 JavaScript，可以创建交互式表单、响应用户的点击事件、验证用户输入等。

（2）DOM 操作。JavaScript 可以用来访问和修改 HTML 文档的 DOM（document object model，文档对象模型），即可以通过 JavaScript 添加、删除或修改页面上的元素和内容，而无需重新加载整个页面。

（3）Ajax 和数据交互。JavaScript 通过 Ajax（asynchronous JavaScript and XML，异步 JavaScript 和 XML）允许网页与服务器进行异步通信。这使得可以在不刷新整个页面的情况下更新部分内容，实现了更流畅的用户体验。

（4）框架和库。有许多 JavaScript 框架和库（如 React、Angular 和 Vue. js）可以简化 Web 应用程序的开发。这些工具提供了组件化开发、状态管理、路由等功能，使得开发更高级的 Web 应用变得更加容易。

（5）动画和特效。JavaScript 也用于创建复杂的动画和特效，可以改善用户界面的外观和感觉。

HTML、CSS 和 JavaScript 之间的协作允许开发人员创建富有交互性和功能性的 Web 应用程序，使 Web 成为一个功能强大的平台。

3）与后端技术的关系

Web 应用程序通常具有前端和后端两个部分。前端是用户直接与之交互的部分，通常由 HTML、CSS 和 JavaScript 组成。后端则负责处理业务逻辑、数据库交互和用户认证等任务。以下是 HTML 与后端技术之间的关系。

（1）数据呈现。HTML 负责在用户界面上呈现数据，而后端技术（如服务器端脚本或 API）负责提供数据。通常，后端将数据以 JSON 或 XML 等格式提供给前端，然后前端使用 JavaScript 将数据呈现在网页上。

（2）用户认证和安全性。后端技术通常处理用户认证和安全性，确保只有经过身份验证的用户可以访问敏感信息。HTML 和 JavaScript 可以与后端通信以进行用户登录和验证，但实际的认证逻辑通常由后端处理。

（3）数据库交互。后端技术负责与数据库交互，以检索和存储数据。前端可以通过 HTTP（hypertext transfer protocol，超文本传输协议）请求与后端通信，从而实现数据的交换和更新。

（4）业务逻辑。后端通常包含应用程序的业务逻辑，如订单处理、用户管理和数据分析。前端通过与后端的交互来调用这些业务逻辑。

HTML 与后端技术之间的协作允许构建功能强大的 Web 应用程序，其中前端负责用户界面，而后端负责处理数据和业务逻辑。

4）与数据库的关系

数据库是 Web 应用程序的重要组成部分，用于存储和管理数据。HTML 与数据库之间的关系如下。

（1）数据展示。HTML 负责将数据库中的数据呈现给用户。通过服务器端脚本或 API，前端可以从数据库中检索数据，并使用 HTML 和 JavaScript 在网页上显示它。

（2）用户交互。用户可以通过前端界面与数据库进行交互，如提交表单数据、执行搜索操作或更新个人信息。前端负责收集用户输入，然后将其发送到后端，后端再将数据存储到数据库中。

（3）数据验证。前端通常执行一些基本的数据验证，如检查用户是否填写了必填字段或输入的电子邮件地址是否有效。然而，更严格的数据验证通常在后端进行，以确保数据的完整性和安全性。

（4）数据存储。后端技术负责将数据存储到数据库中，并执行必要的 CRUD（创建、读取、更新和删除）操作。这些操作通过 SQL 查询或 NoSQL 数据库的 API 完成。

（5）数据更新和同步。当用户执行操作时，前端和后端之间需要确保数据的同步。这可以通过前后端之间的数据交换和 API 调用来实现，以确保数据的一致性。

HTML 与数据库之间的协作使得 Web 应用程序能够存储、检索和展示数据，为用户提供有价值的信息和功能。

5）与其他前端框架和库的关系

除了原生 HTML、CSS 和 JavaScript 之外，还有许多前端框架和库可以用于简化 Web 开发。以下是 HTML 与一些流行前端框架和库的关系。

（1）React。React 是由 Facebook 开发的 JavaScript 库，用于构建用户界面。它使用虚拟 DOM 来高效更新页面，允许开发人员构建可复用的 UI 组件。React 通常与 HTML 和 CSS 一起使用，但它将页面分成组件，每个组件都包含了自己的 HTML、CSS 和 JavaScript。

（2）Angular。Angular 是一个由 Google 维护的完整的前端开发框架。它包括模块化、依赖注入、路由和组件等功能。Angular 使用 HTML 模板来定义用户界面，通过双向数据绑定与 JavaScript 交互。

（3）Vue.js。Vue.js 是一个渐进式 JavaScript 框架，它可以逐步引入到项目中。Vue.js 使用单文件组件（single-file components）将 HTML、CSS 和 JavaScript 打包在一起。它提供了简单的 API 来处理 DOM 操作和数据绑定。

这些前端框架和库可以大大加速 Web 应用程序的开发过程，同时提供了更好的组织和维护代码的方法。它们通常与原生 HTML、CSS 和 JavaScript 协同工作，以构建现代 Web 应用程序。

总之，HTML 是 Web 开发的基础技术之一，负责定义页面的结构和内容。然而，要创建丰富、交互性强的 Web 应用程序，HTML 通常与其他 Web 技术协同工作。CSS 用于控制页面的样式和布局，JavaScript 用于增强页面的交互性和功能。后端技术和数据库用于处理数据和业务逻辑，同时与前端协同工作。前端框架和库可以用于简化开发过程，并提供更好的代码组织和维护方法。这些技术共同构建了现代 Web 生态系统，为用户提供了丰富的 Web 体验和功能。在 Web 开发中，了解如何有效地使用这些技术及它们之间的协作方式是非常重要的。

1.2　HTML 基本结构

1.2.1　HTML 基本文档结构

HTML 文档的基本结构由多个元素组成，这些元素共同构成一个完整的网页。下面通过学习 HTML 基本文档结构，我们来创建自己的网页。

HTML 文档遵循一种固定的结构，通常分为以下几个部分。

1. ＜！DOCTYPE＞声明

HTML 文档的第一行通常包含一个文档类型声明，决定浏览器使用哪个 HTML 版本。例如：

HTML 基本结构

```
HTML
＜！DOCTYPE html＞
```

2. ＜html＞元素

＜html＞元素是 HTML 文档的根元素，所有其他 HTML 元素都包含在这个元素内部。

通常包括两个子元素：<head>和<body>。

```HTML
<html>
  <head>
    <!--在<head>中包含文档的头部信息-->
  </head>
  <body>
    <!--在<body>中包含文档的主要内容-->
  </body>
</html>
```

3. <head>元素

<head>元素包含有关文档的元信息，如标题、字符集、外部样式表和脚本等。这些信息通常不会直接显示在页面上，而是用于浏览器和搜索引擎。

```HTML
<head>
  <meta charset = "UTF-8">
  <title>我的网页</title>
  <link rel = "stylesheet" href = "styles.css">
  <script src = "script.js"></script>
</head>
```

4. <title>元素

<title>元素定义网页的标题，显示在浏览器标签页上。

5. <meta>元素

<meta>用于设置字符集、网页作者、关键字等元信息。<meta>元素通常位于 HTML 文档的头部，不会直接在页面上显示。<meta>元素的常见属性包括以下六种。

1）charset

charset 指定文档的字符编码。常见的字符编码包括 UTF-8 和 ISO-8859-1。

```HTML
htmlCopy code
<meta charset = "UTF-8">
```

2）name

name 指定元信息的名称。常见的 name 值包括下面三个。

①viewport：用于控制响应式设计的视口设置。

②keywords：指定文档的关键字，有助于搜索引擎优化。

③description：指定文档的描述，也有助于搜索引擎优化。

HTML

htmlCopy code

```
<meta name = "viewport" content = "width = device - width, initial - scale = 1.0">
<meta name = "keywords" content = "HTML, CSS, JavaScript"><meta name = "description" content = "这是一个示例网页的描述。">
```

3）content

content 指定与 name 属性相关联的元信息的内容。

HTML

htmlCopy code

```
<meta name = "viewport" content = "width = device - width, initial - scale = 1.0">
```

4）http-equiv

http-equiv 用于模拟 HTTP 响应头字段,通常用于设置文档的刷新率、缓存控制等。常见的 http-equiv 值包括下面两个。

①refresh:指定文档的自动刷新。

②cache-control:指定文档的缓存控制行为。

HTML

htmlCopy code

```
<meta http-equiv = "refresh" content = "30"><meta http-equiv = "cache-control" content = "no - cache">
```

5）property

property 用于指定 Open Graph 协议的属性,通常用于社交分享时的信息显示。

HTML

htmlCopy code

```
<meta property = "og:title" content = "示例网页"><meta property = "og:image" content = "https://example.com/image.jpg">
```

6）equiv

equiv 通常与 content 属性一起使用,用于提供 HTTP 头等效值,如 X - UA - Compatible。

HTML

htmlCopy code

```
<meta http-equiv = "X - UA - Compatible" content = "IE = edge">
```

6.　<link>元素

引用外部样式表,以便样式可以被应用到文档中的元素。

7.　<script>元素

引用外部 JavaScript 文件,用于增强网页的交互性和功能。

8．＜body＞元素

＜body＞元素包含网页的主要内容，如文本、图像、链接和其他媒体。这部分内容会在浏览器中渲染和显示。

【示例 1－1】

HTML
```
<body>
    <h1>欢迎访问我的网站</h1>
    <p>这是一个简单的 HTML 文档示例。</p>
    <img src = "image.jpg" alt = "图片描述">
    <a href = "https://www.example.com">点击这里</a>访问示例网站。
</body>
```

运行结果如图 1－1 所示。

图 1－1　示例 1－1 运行结果

9．HTML 注释

HTML 注释是一种用于在代码中添加注解和说明的方式，它不会在浏览器中显示出来，仅供开发者参考。注释可以帮助用户更好地组织和维护自己的代码。

【示例 1－2】

HTML
```
<! --这是一个 HTML 注释,用于说明以下内容-->
<p>这是一个段落。</p>
```

运行结果如图 1－2 所示。

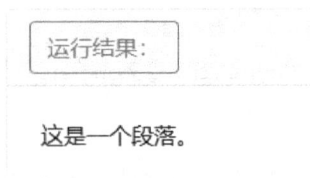

图 1－2　示例 1－2 运行结果

10. 空白字符

在 HTML 中,空白字符(如空格和换行符)通常会被忽略。但是,适当的缩进和格式化可以使代码更易于阅读和维护。

HTML 的基本文档结构包括<! DOCTYPE>声明、<html>元素、<head>元素、<title>元素、<meta>元素、<link>元素、<script>元素和<body>元素。这些元素共同构成一个完整的 HTML 文档,用于定义网页的结构和内容。通过学习和理解这些基本元素,可以开始创建网页,并为其添加各种内容和功能。HTML 是 Web 开发的入门基础,是构建互联网上无数网站的关键工具之一。

1.2.2　HTML 元素和标签

1. 元素

HTML 元素是构成 HTML 文档的基本构建块,它们用于定义文档的结构和内容。每个 HTML 元素由一个起始标签(opening tag)和一个结束标签(closing tag)组成,它们之间包围着要呈现的内容。起始标签通常包含元素的名称,而结束标签则在名称前面加上斜杠(/)。例如:

HTML
```
<p>这是一个段落。</p>
```

在这个示例中,<p>是起始标签,</p>是结束标签,它们之间的文本"这是一个段落。"就是元素的内容。

2. 元素嵌套

HTML 元素嵌套是指在 HTML 文档中将一个 HTML 元素包含在另一个 HTML 元素内部的操作。这种嵌套关系是 HTML 文档结构的重要部分,它允许开发者创建复杂的页面布局和呈现内容的方式。以下是一些 HTML 元素嵌套的基本原则和示例。

1)父元素和子元素

HTML 元素可以包含其他 HTML 元素,其中包含其他元素的元素称为父元素,而被包含在内的元素称为子元素。例如:

HTML
```
<div>
  <p>This is a paragraph inside a div.</p>
</div>
```

在这个示例中,<div>是父元素,<p>是子元素。

2)嵌套层次

HTML 元素可以多层嵌套,即子元素可以包含其他子元素。例如:

HTML
```
<ul>
  <li>Item 1</li>
```

```
<li>Item 2</li>
</ul>
```

在这个示例中，<ul>是父元素，<li>是两个子元素。

3）嵌套顺序

在 HTML 中，元素的嵌套顺序很重要。通常，需要确保在关闭一个元素之前先关闭其包含的所有子元素。例如：

```
HTML
<div>
  <p>This is a paragraph.</p>
</div>
```

在这个示例中，<p>元素必须在<div>元素关闭之前关闭。

4）块级元素和内联元素

在 HTML 中，有两种主要类型的元素，即块级元素和内联元素。块级元素通常会在页面上创建一个新的块，而内联元素会在文本流中插入内容。块级元素可以包含其他块级元素和内联元素，但内联元素通常只能包含其他内联元素或文本。例如：

```
HTML
<p>This is <strong>strong</strong> text.</p>
```

在这个示例中，<p>是块级元素，<strong>是内联元素。<strong>内联元素可以嵌套在<p>块级元素中。

3. 标签

HTML 标签是元素的主要部分，它们告诉浏览器如何处理元素的内容。标签的名称通常用尖括号括起来，如<p>。HTML 标签可以分为块级标签和内联标签两类。

1）块级标签

块级标签用于创建页面上的块级元素，这些元素通常会在页面上独立显示为一个矩形区域，从新的一行开始，并占据整个可用宽度。以下是一些常见的块级标签和它们的作用。

①<div>：用于创建一个通用的块级容器，通常用于组织和布局页面的内容。

②<p>：用于定义段落，段落之间会有一些默认的垂直间距。

③<h1>～<h6>：用于定义标题，<h1>是最高级别的标题，而<h6>是最低级别的标题。

④<ul>和<ol>：分别用于创建无序列表和有序列表，通常包含多个列表项<li>。

⑤<table>：用于创建表格，包括表头<thead>、表身<tbody>和表尾<tfoot>部分。

⑥<form>：用于创建表单，允许用户输入和提交数据。

【示例 1-3】 以下演示了如何使用块级标签来创建一个简单的网页结构。

```
HTML
<! DOCTYPE html>
<html>
```

```
<head>
    <title>我的网页</title>
</head>
<body>
    <header>
        <h1>欢迎来到我的网页</h1>
    </header>
    <nav>
        <ul>
            <li><a href="#">首页</a></li>
            <li><a href="#">关于我们</a></li>
            <li><a href="#">联系方式</a></li>
        </ul>
    </nav>
    <main>
        <h2>最新文章</h2>
        <p>这是一篇关于 HTML 元素和标签的介绍。</p>
    </main>
    <footer>
        &copy; 2023 我的网页
    </footer>
</body>
</html>
```

进行结果如图 1-3 所示。

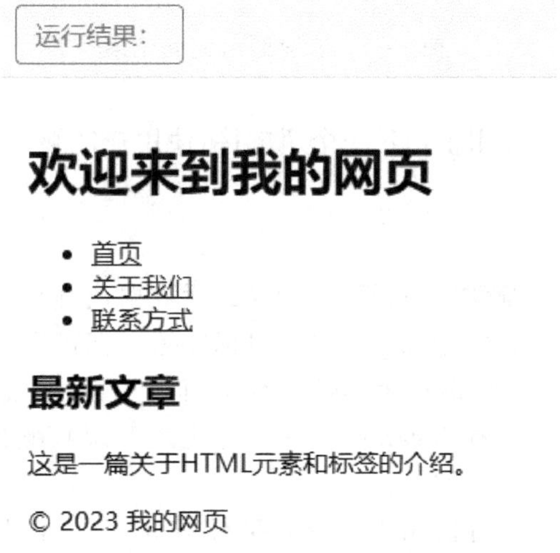

运行结果:

欢迎来到我的网页

- 首页
- 关于我们
- 联系方式

最新文章

这是一篇关于HTML元素和标签的介绍。

© 2023 我的网页

图 1-3 示例 1-3 运行结果

在这个示例中，<header><nav><main>和<footer>等块级标签用于定义网页的不同部分，使页面结构更清晰。

2）内联标签

内联标签用于创建行内元素，这些元素通常在同一行内显示，只占据它们包含的内容的宽度。以下是一些常见的内联标签和它们的作用。

①<a>：用于创建超链接，使用户能够点击链接跳转到其他页面。

②<strong>和<em>：分别用于强调文本的重要性，<strong>通常表示强调，<em>通常表示斜体。

③<span>：用于包装一小段文本，通常用于为文本应用样式或 JavaScript 操作。

④<img>：用于插入图像，src 属性指定图像的路径。

⑤
：用于插入换行符，它没有结束标签，因为它不包含内容。

⑥<input>：用于创建各种输入字段，如文本框、复选框和单选按钮。

【示例 1-4】 以下演示了如何使用内联标签来创建链接和强调文本。

HTML

<p>请访问我们的<a href = "https：//www.example.com">网站</a>以获取更多信息。</p>

<p><strong>重要提示：</strong>请确保在操作前备份您的数据。</p>

运行结果如图 1-4 所示。

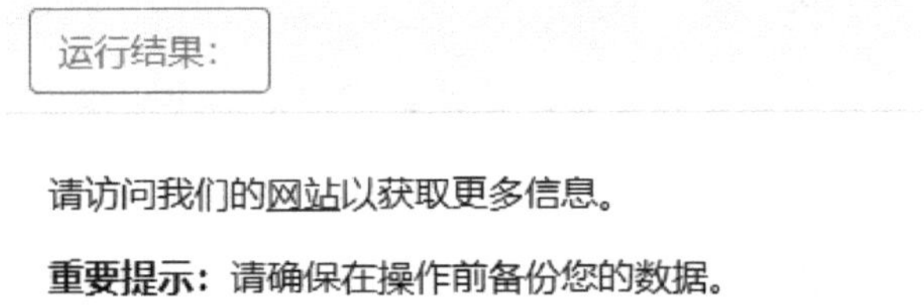

> 运行结果：

请访问我们的网站以获取更多信息。

重要提示： 请确保在操作前备份您的数据。

图 1-4 示例 1-4 运行结果

在这个示例中，<a>标签用于创建一个超链接，使用户能够访问其他网页，而<strong>标签用于强调文本的重要性。

3）HTML 标签属性

HTML 标签属性是一种附加到 HTML 元素的元数据，它们提供了关于元素的额外信息，以及一些控制元素行为和外观的选项。每个 HTML 标签都可以具有一个或多个属性，这些属性通常以键值对的形式出现，键表示属性的名称，而值表示属性的值。属性的值可以是文本、数字、URL（uniform resource locator，统一资源定位系统）、颜色代码等，具体取决于属性的类型和用途。

属性的存在和值通常由浏览器用于解释和呈现网页，但它们也可以被 JavaScript 等脚本语言用来操纵和修改网页的行为和内容。了解如何正确使用 HTML 标签属性是创建具有吸引力和功能性的网页的关键。

HTML 标签属性有很多，以下是一些常见的 HTML 标签属性的介绍。

①id：为 HTML 元素定义唯一的标识符。

②class：为 HTML 元素定义一个或多个类名，用于样式和 JavaScript 操作。

③style：为 HTML 元素定义内联样式规则，用于指定元素的样式属性。

④src：用于指定外部资源（如图像、音频或视频）的 URL。

⑤href：用于指定链接的目标 URL，通常用于锚点标签 <a>和链接标签 <link>。

⑥alt：为图像元素定义替代文本，用于在图像无法加载时显示或为辅助技术提供信息。

⑦width：指定元素的宽度，通常用于图像、表格和嵌入式元素。

⑧height：指定元素的高度，通常用于图像、表格和嵌入式元素。

⑨title：为元素提供附加信息，通常会在鼠标悬停在元素上时显示工具提示。

⑩alt：为图像元素提供替代文本，用于在图像无法显示时提供说明或描述。

⑪target：用于指定链接的打开方式，通常用于<a>标签，如在新窗口中打开链接。

⑫rel：指定链接元素与当前文档之间的关系，通常用于<link>和<a>标签。

⑬type：指定资源的 MIME 类型，通常用于<link>和<script>标签。

⑭value：为表单元素（如输入字段、按钮等）提供初始值。

⑮name：为表单元素定义名称，用于在提交表单时标识字段。

⑯disabled：禁用表单元素，使其不可用于用户交互。

⑰readonly：使表单元素只读，不允许用户修改其值。

⑱placeholder：为输入字段提供占位文本，用于描述字段的预期输入。

⑲required：指定表单元素必须填写才能提交表单。

⑳min 和 max：用于指定输入字段的最小值和最大值，通常用于数字输入。

㉑step：指定输入字段的合法步长，通常用于数字输入。

㉒autofocus：使页面加载时自动将焦点设置在指定的表单元素上。

㉓autocomplete：控制浏览器是否为表单元素提供自动完成建议。

㉔multiple：允许用户选择多个选项，通常用于<select>和<input type="file">。

㉕rows 和 cols：用于定义文本区域的行数和列数，通常用于<textarea>。

以上只是一些常见的 HTML 标签属性，实际上还有许多其他属性可用于不同的 HTML 元素，以满足不同的需求。使用 HTML 标签属性时，有一些基本的准则和最佳实践可以帮助我们创建更清晰、可维护和可访问的网页。

（1）遵循 HTML 规范。确保属性使用正确的名称和值，遵循 HTML 规范。每个属性都有特定的含义和用途，不要滥用或混淆它们。

（2）使用语义化标签。尽可能使用语义化的 HTML 标签，以描述文档的结构和内容。这有助于提高网页的可访问性和搜索引擎优化。

（3）合理使用内联样式。尽量将样式信息从 HTML 中分离出来，使用外部 CSS 样式表来管理页面的外观。

（4）提供替代文本。对于图像、音频和视频等媒体元素，请始终提供合适的 alt 文本，以确保可访问性。

（5）使用表单字段的 label 元素。对于表单字段，使用<label>元素来关联字段和其标签，以提高可用性和可访问性。

（6）验证用户输入。在表单中使用 required 和其他验证属性来确保用户提供有效的数据。

（7）测试和调试。使用浏览器的开发工具和验证工具来测试和调试 HTML 属性，以确保网页在不同浏览器和设备上正常工作。

（8）避免滥用事件属性。不要在大量元素上使用内联事件处理程序，而应该尽量使用 JavaScript 来添加事件监听器，以提高代码的可维护性。

HTML 标签属性是创建网页结构和内容时的重要组成部分。它们允许开发者为元素提供额外的信息和控制元素的外观和行为。在创建网页时，了解如何正确使用各种 HTML 标签属性是至关重要的，因为它可以帮助开发者创建可访问、可用性良好和功能强大的网页。同时，也要遵循 HTML 规范和最佳实践，以确保网页能够在各种浏览器和设备上正常工作。

1.3　HTML 编辑器

1.3.1　常用编辑器

HTML 编辑器是一种软件工具，用于创建、编辑和管理 HTML 文档。HTML 编辑器是网页开发的必备工具之一，它们提供了一种直观的方式来编写和编辑 HTML 代码，帮助开发人员和网页设计师创建美观、功能丰富的网页。

HTML 编辑器

HTML 编辑器的历史可以追溯到互联网的早期，当时网页开发需要手动编写 HTML 代码，这对于非技术人员来说是一项复杂的任务。随着时间的推移，HTML 编辑器的功能不断增强，以适应不断发展的网页开发需求。下面将详细介绍 HTML 编辑器的主要特点和功能，以及一些流行的 HTML 编辑器。

1. HTML 编辑器的主要特点和功能

（1）代码高亮和自动完成。HTML 编辑器通常提供代码高亮显示，以突出显示不同类型的 HTML 元素和属性。它们还可以自动完成代码，减少了输入错误和代码书写时间。

（2）实时预览。许多 HTML 编辑器提供实时预览功能，允许开发人员在编辑 HTML 代码的同时立即查看网页的外观。这有助于快速验证和调整设计。

（3）多标签支持。HTML 编辑器通常支持同时编辑多个 HTML 文件，每个文件都可以在单独的标签页中打开。这有助于组织项目并轻松切换文件。

（4）代码折叠和展开。编辑大型 HTML 文件时，代码折叠和展开功能非常有用。它们允许开发人员隐藏或显示特定部分的代码，以提高可读性。

（5）集成调试工具。一些 HTML 编辑器具有集成的调试工具，可以帮助开发人员识别和修复 HTML 代码中的错误。

（6）自定义工具栏。大多数 HTML 编辑器允许用户自定义工具栏，以便快速访问常用功能和快捷键。

（7）语法检查。编辑器通常具有内置的语法检查器，可检测和报告 HTML 代码中的语法错误。

（8）代码片段。HTML 编辑器支持代码片段的使用，这是预先定义的代码块，可以通过简单的快捷键或命令插入到文档中，从而提高开发效率。

（9）版本控制集成。一些 HTML 编辑器与版本控制系统（如 Git）集成，以便开发人员可以轻松地跟踪和管理他们的项目。

（10）插件和扩展。许多 HTML 编辑器支持插件和扩展，允许用户自定义编辑器的功能和外观。

2. 流行的 HTML 编辑器

1）Visual Studio Code

Visual Studio Code 支持 HTML 开发，其具有丰富的插件生态系统，可以满足各种开发需求。

2）Sublime Text

Sublime Text 是一款轻量级的 HTML 编辑器，以速度快和丰富的功能而闻名。它支持多标签编辑、代码折叠等功能。

3）Atom

Atom 是由 GitHub 开发的免费开源代码编辑器，具有自定义界面和丰富的插件生态系统。

4）Brackets

Brackets 是 Adobe 开发的免费 HTML 编辑器，专注于前端开发。它具有实时预览和代码提示功能。

5）Notepad＋＋

Notepad＋＋是一款 Windows 平台上的免费代码编辑器，具有 HTML 语法高亮显示和自动完成功能。

6）Dreamweaver

Adobe Dreamweaver 是一款专业的网页开发工具，具有可视化编辑和代码编辑两种模式，适合专业的网页设计师和开发人员。

7）Bluefish

Bluefish 是一款跨平台的 HTML 编辑器，具有强大的代码编辑和管理功能。

8）WebStorm

WebStorm 是一款由 JetBrains 开发的集成开发环境（integrated development enviroment, IDE），主要用于前端开发。它提供了丰富的功能和工具，旨在帮助开发人员更轻松地构建现代 Web 应用程序。以下是 WebStorm 的一些主要特点和功能。

（1）智能代码完成。WebStorm 提供智能代码完成功能，可以自动补全 HTML、CSS、JavaScript 和其他前端语言的代码。它还会根据项目和代码风格提供相关的建议。

（2）代码导航。利用代码导航可以轻松地浏览和导航项目中的代码，查看函数、变量和类的定义，并快速跳转到相关的文件和代码段。

（3）代码检查和修复。WebStorm 提供强大的代码检查工具，可以发现并修复潜在的代码问题，包括语法错误、不一致的代码风格和性能问题。

（4）调试器。内置的调试器支持 JavaScript 和 TypeScript，使用户能够逐行调试代码并查看变量的值，还可以与浏览器集成，进行前端调试。

（5）版本控制。集成了版本控制系统，包括 Git、SVN 和 Mercurial，使团队协作更加容易，可以轻松地提交、拉取和合并代码。

（6）Node.js 支持。WebStorm 支持 Node.js 开发，可以管理 Node.js 包、运行 Node.js 脚本，并轻松集成 npm 包管理器。

（7）HTML 和 CSS 支持。WebStorm 提供 HTML 和 CSS 的智能编辑功能，包括代码折叠、自动缩进、代码高亮和语法检查。

（8）前端框架支持。支持主流的前端框架，如 React、Angular、Vue.js 等，提供了相关的代码提示和工具。

（9）自动化工具。WebStorm 可以集成构建工具，如 Webpack 和 Gulp，以便自动执行任务和优化前端工作流程。

（10）插件生态系统。WebStorm 有一个庞大的插件生态系统，可以根据用户的需求安装和启用各种插件，以扩展功能。

（11）主题和界面定制。WebStorm 提供不同的主题和自定义界面以满足用户的审美需求。

9）HBuilder

HBuilder 是一款功能强大的集成开发环境（integrated development enviroment，IDE），专门用于开发移动应用程序、Web 应用程序和桌面应用程序。以下是关于 HBuilder 编辑器的一些主要特点和功能。

（1）多平台支持。HBuilder 支持多种平台，包括移动应用平台（iOS、Android、微信小程序、uni-app）、Web 应用平台和桌面应用平台。

（2）代码编辑器。HBuilder 包括一个功能强大的代码编辑器，支持语法高亮、智能代码补全、代码折叠等功能。它支持多种编程语言，如 HTML、CSS、JavaScript、Vue.js、React、Node.js 等。

（3）可视化设计。HBuilder 提供了一个可视化的界面设计器，用于创建用户界面，包括移动应用的页面布局和样式设计。

（4）调试和运行。HBuilder 允许在真机上调试应用程序，以确保它们在不同平台上正常运行。它还支持模拟器和虚拟机。

（5）插件扩展。HBuilder 允许安装和使用各种插件来扩展其功能，如版本控制、自动构建、移动设备调试等。

（6）丰富的资源库。HBuilder 包括一个资源库，其中包含各种模板、组件、库和示例代码，以帮助开发人员更快地创建应用程序。

（7）跨平台开发。HBuilder 的 uni-app 支持一次编写多平台，包括 iOS、Android、Web、微信小程序等，减少了重复劳动。

（8）社区和支持。HBuilder 拥有庞大的社区和开发者支持，可以在社区中找到各种教程、问题解答和技术支持。

总之，HTML 编辑器是网页开发的关键工具，它们提供了丰富的功能和易用的界面，帮助开发人员创建高质量的网页。不同的编辑器适合不同类型的开发人员，可以根据项目需求和个人偏好选择合适的工具。

1.3.2　Visual Studio Code

Visual Studio Code(以下简称"VS Code")是一款流行的开源代码编辑器。下面将探讨如何在 VS Code 中编写、编辑和管理 HTML 代码,以及它为开发人员提供的一些有用功能。

1. VS Code 简介

VS Code 是由微软开发的跨平台代码编辑器,它被广泛用于 Web 开发、应用程序开发和数据科学等各种编程任务。VS Code 具有以下特点。

(1)跨平台性。VS Code 可在 Windows、macOS 和 Linux 操作系统上运行,因此开发人员可以在不同平台上无缝地使用它。

(2)免费开源。VS Code 是开源软件,任何人都可以免费下载、使用和修改它。

(3)强大的扩展生态系统。VS Code 拥有丰富的扩展库,可通过扩展来增强编辑器的功能,满足各种编程需求。

(4)智能代码完成。VS Code 具有强大的代码完成功能,可以根据你的输入和上下文提供智能建议。

(5)内置终端。VS Code 内置了终端窗口,可以在编辑器内运行命令和脚本。

(6)版本控制集成。VS Code 支持与 Git 等版本控制系统的集成,方便团队协作和代码管理。

(7)多语言支持。除了 HTML,VS Code 支持众多编程语言,包括 JavaScript、Python、Java、C++等。

(8)社区活跃。VS Code 拥有庞大的用户和开发者社区,提供了丰富的文档和支持资源。

2. 在 VS Code 中编写 HTML

1)创建 HTML 文件

在 VS Code 中编写 HTML,首先需要创建一个新的 HTML 文件,可以通过以下步骤创建一个空的 HTML 文件。

(1)打开 VS Code,如图 1-5 所示。

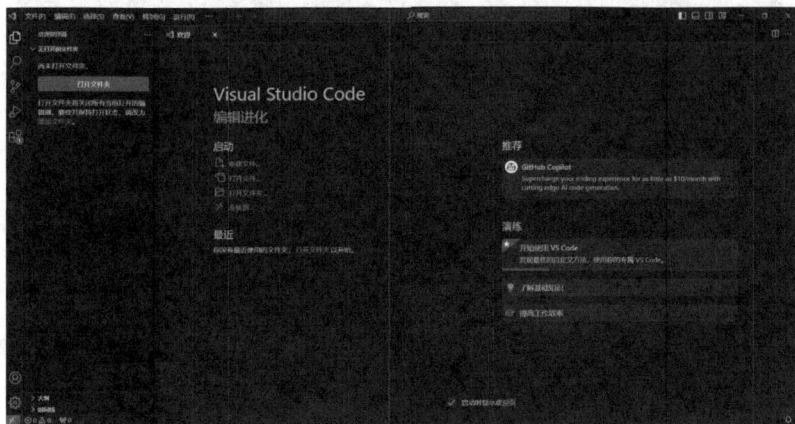

图 1-5　VS Code 界面

(2)点击菜单中的"文件"。

(3)选择"新建文件",如图 1-6 所示。

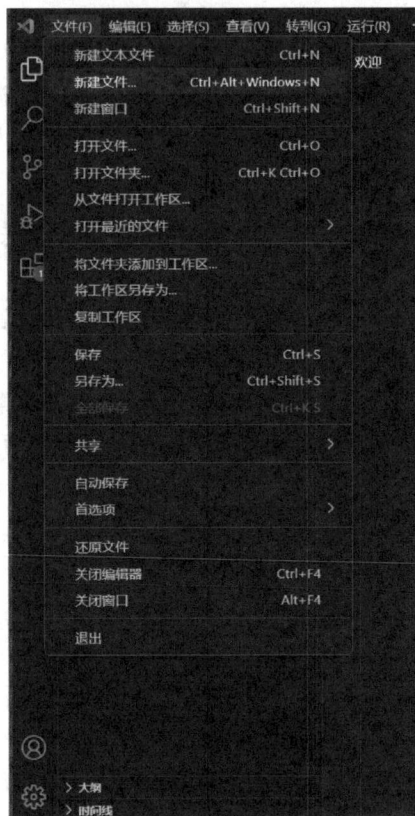

图 1-6　新建文件

（4）在新建文件中命名为 .html 扩展名，如 index.html，点击"创建文件"，如图 1-7 所示。

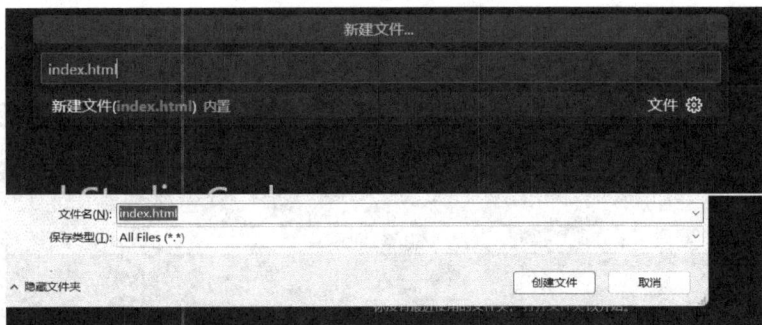

图 1-7　创建文件

2）编写 HTML 内容

在 <body> 标签内编写页面内容，可以使用 HTML 标签来创建文本、图像、链接和其他元素。例如，以下是一个简单的 HTML 示例，包含一个标题、一段文本和一个链接：

```
JavaScript
<! DOCTYPE html>
<html>
<head>
```

```
    <meta charset = "UTF - 8">
    <title>我的网页</title>
</head>
<body>
    <h1>欢迎来到我的网页</h1>
    <p>这是一个示例网页,包含一些基本的 HTML 元素。</p>
    <a href = "https://www.example.com">访问示例网站</a>
</body>
</html>
```

3)使用 VS Code 功能

在 VS Code 中编写 HTML 时,可以利用许多功能来提高效率和代码质量。下面是一些常用功能。

(1)智能代码完成。VS Code 会根据用户的输入和上下文提供代码建议。按下 Tab 或 Enter 键以接受建议。

(2)代码折叠。VS Code 可以折叠 HTML 标签,以便更轻松地浏览和编辑代码。

(3)语法高亮。VS Code 会根据 HTML 标签和属性对代码进行着色,使其更易于阅读。

(4)错误检查。VS Code 会自动检测和标记 HTML 中的语法错误,并提供错误消息以帮助修复问题。

(5)集成终端。VS Code 内置终端可用于运行命令,如启动本地开发服务器或版本控制操作。

(6)扩展支持。通过安装 HTML 相关的扩展,如 Live Server、Emmet 等,可以进一步提高开发效率。

3. 调试 HTML

在 VS Code 中可以通过 HTML 代码进行调试,以解决问题和优化页面。要进行 HTML 调试,可以通过以下步骤。

(1)安装并配置适用于浏览器的调试扩展,如"Debugger for Chrome"或"Debugger for Firefox"。

图 1-8　调试扩展

（2）在 HTML 文件中添加断点，如图 1-9 所示。在行号的左侧单击，即可设置断点。

图 1-9　添加断点

（3）点击"启动调试"，选择所使用的浏览器，如图 1-10 所示。

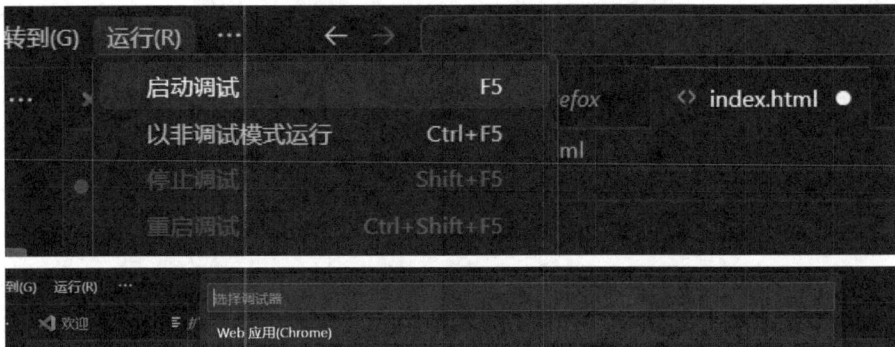

图 1-10　启动调试

（4）打开 HTML 文件，并访问想要调试的页面。

（5）可以在 VS Code 中查看变量、调用堆栈和控制程序执行。

4. 总结

在本节中，介绍了如何在 VS Code 中编写、编辑和管理 HTML 代码。VS Code 是一个功能强大且灵活的代码编辑器，适用于各种 Web 开发项目。通过创建 HTML 文件、编写基本 HTML 结构、使用 VS Code 功能以及进行 HTML 调试，开发者可以更轻松地开发和维护网页。

1.3.3　第一个 HTML 案例

下面我们写入一个"Hello world"的案例。

1. 新建 .html 文件

打开 VS Code 并创建一个新的 HTML 文件，选择"文件"→"新建文件"，然后保存文件为 index.html。

2. 新建一个"hello world"

HTML

```
<! DOCTYPE html>
<html>
<head>
    <meta charset = "UTF-8">
```

```
        <title>Hello World Example</title>
    </head>
    <body>
        <h1>Hello, World! </h1>
        <p>Welcome to my first HTML webpage. </p>
    </body>
</html>
```

这个示例包括的最基本的 HTML 结构如下。

①<! DOCTYPE html>:声明文档类型。

②<html>:HTML 文档的根元素。

③<head>:包含文档的元信息,如字符编码和页面标题。

④<meta charset="UTF-8">:设置文档的字符编码为 UTF-8,以支持多语言字符。

⑤<title>:设置网页的标题,显示在浏览器标签页上。

⑥<body>:包含页面的可见内容。

⑦<h1>:创建一个标题级别为 1 的标题,通常用于主要标题。

这个简单的“Hello,World!”网页会在浏览器中显示一个标题和一段欢迎消息,将这个 HTML 代码粘贴到 VS Code 中,保存为.html 文件,然后使用 VS Code 内置的 Live Server 扩展(如果已安装)或直接在浏览器中打开它,以查看结果,如图 1-11 所示。这是一个基本的 HTML 示例,用户可以根据需要进行扩展和定制。

Hello, World!

Welcome to my first HTML webpage.

图 1-11　浏览器预览

1.4　习题

1. HTML5 之前的 HTML 版本是_____。

2. HTML 标签可分为_____和_____。

3. 简述 HBuider 编辑器的主要特点和功能。

第2章 HTML常用标签

2.1 标题标签

HTML标题标签是用于定义网页中不同部分的标题或级别的元素。标题标签是网页内容的重要组成部分，它们有助于提供结构和层次，使页面更具可读性和可访问性。在HTML中，有6个不同级别的标题标签，分别是<h1><h2><h3><h4><h5>和<h6>，其中<h1>表示最高级别的标题，而<h6>表示最低级别的标题。

以下是HTML标题标签的详细内容。

（1）<h1>：表示最高级别的标题。通常用于网页的主标题，应该只出现一次在页面的顶部。

（2）<h2>：次级标题，用于表示页面的主要部分或章节的标题。

（3）<h3>：用于表示更小的章节或部分的标题，依次类推。

（4）<h4><h5><h6>：依次表示较低级别的标题，通常用于表示更详细的子章节或内容。

注意：没有<h7>和7以后的标签了。

标题标签的主要作用包括以下四点。

①提供页面结构：标题标签帮助浏览器和搜索引擎理解页面的结构和内容层次，这有助于提高页面的可读性和可访问性。

②SEO（搜索引擎优化）：搜索引擎通常会更关注<h1>～<h6>标题，因此合理使用标题标签有助于提高网页在搜索结果中的排名。

③屏幕阅读器支持：标题标签对于视觉障碍者使用屏幕阅读器来访问网页内容至关重要，它们提供了页面结构的重要线索。

④样式和排版：可以使用CSS样式来美化标题标签，使页面更具吸引力。

【示例2-1】

HTML
<h1>欢迎访问我的网站</h1>
<h2>关于我们</h2>
<h3>我们的团队</h3>
<h4>团队成员</h4>
<h5>团队成员</h5>
<h6>团队成员</h6>

运行结果如图2-1所示。

运行结果:

欢迎访问我的网站

关于我们

我们的团队

团队成员

团队成员

团队成员

图 2-1　示例 2-1 运行结果

总之,HTML 标题标签是网页内容组织和呈现的关键元素,它们有助于提供清晰的页面结构,改善可读性,同时对搜索引擎优化和可访问性也起到了重要作用。因此,在创建网页时,正确使用和选择标题标签是非常重要的。

2.2　段落标签

HTML 段落标签<p>是用于在网页上定义和呈现文本段落的常用标签之一。它在 HTML 文档中起到将文本内容分隔为逻辑段落的作用,有助于提高文档的可读性和组织性。以下是有关 HTML 段落标签的详细介绍,包括其含义、用法和一些示例。

段落标签

1. 含义

<p>标签用于将文本分隔成独立的段落,每个段落通常包含一组相关的句子或内容。段落标签帮助浏览器和搜索引擎理解文档的结构,同时提供了默认的文本间距和样式,以改善可读性。

2. 语法

<p>标签通常是成对出现的,其中一个标签用于开始段落,另一个标签用于结束段落。

【示例 2-2】

HTML

```
<p>这是一个段落。</p>
<p>这是另一个段落。</p>
```

运行结果如图 2-2 所示。

> 运行结果:
>
> 这是一个段落。
>
> 这是另一个段落。

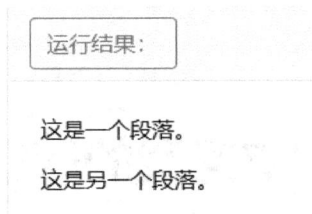

图 2-2 示例 2-2 运行结果

3. 用法示例

1)创建文本段落

最常见的用法是将文本包含在<p>标签中,以定义一个段落。这有助于使文本结构化,使其更容易阅读。

HTML

```
<p>HTML(超文本标记语言)是用于创建网页的标记语言。</p>
<p>它由各种标签组成,每个标签用于定义不同类型的内容和元素。</p>
```

2)嵌套其他元素

段落标签可以嵌套其他 HTML 元素,如链接、图片、强调文本等,以创建富文本内容。

【示例 2-3】

HTML

```
<p>请访问我们的<a href = "https://www.example.com">网站</a>获取更多信息。</p>
<p><em>重要提示:</em>务必保存您的工作。</p>
```

运行结果如图 2-3 所示。

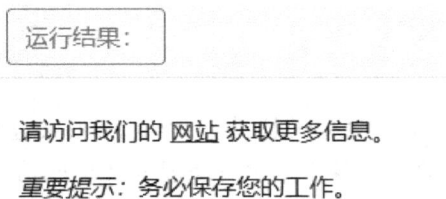

> 运行结果:
>
> 请访问我们的 网站 获取更多信息。
>
> *重要提示:* 务必保存您的工作。

图 2-3 示例 2-3 运行结果

3)样式调整

使用 CSS 样式表可以自定义段落的外观,如字体、颜色、间距等。

【示例 2-4】

HTML

```
<style>
  p {
```

```
        font-family: Arial, sans-serif;
        color: red;
        line-height: 1.5;
    }
</style>
<p>这是一个自定义样式的段落。</p>
```

运行结果如图 2-4 所示。

运行结果：

这是一个自定义样式的段落。

图 2-4　示例 2-4 运行结果

4. 注意事项

（1）<p>标签不允许包含块级元素（如<div><h1>等），但可以包含内联元素（如<a>、<strong>等）。

（2）浏览器会自动在段落前后添加一些默认的上下间距，但可以使用 CSS 来进一步自定义样式。

（3）尽量避免在段落中使用过多的内联样式，而是使用外部样式表来管理样式，以提高可维护性。

总之，HTML 段落标签<p>是创建网页内容中的段落和文本结构的重要工具。通过将相关文本包装在段落标签内，可以使文档更易于理解和阅读，并为其应用自定义样式以满足设计需求。这有助于构建清晰、有条理的网页内容，提供更好的用户体验。

2.3　文本标签

HTML 文本标签是用于定义网页上文本内容的一种方式。这些标签允许开发者将文本分组、样式化和结构化，以创建丰富的网页内容。下面将详细介绍以下 HTML 文本标签：<div>，<span>，
，<b>，<strong>，<i>，<em>，<s>和<del>。

文本标签

1. <div>标签

<div>标签是 HTML 中最常见的容器标签之一，用于将一组元素包装在一个逻辑区块中，通常用于样式化和布局控制。

【示例 2-5】　下面是一个简单的<div>标签的示例，将一组段落包装在一个容器中，以便样式化它们或者为它们添加特定的 CSS 类。

HTML

```
<div class = "container">
```

```
    <p>这是一段文本。</p>
    <p>这是另一段文本。</p>
</div>
<div class = "container" style = "background-color:yellow">
    <p>这是一段文本。</p>
    <p>这是另一段文本。</p>
</div>
```

运行结果如图 2-5 所示。

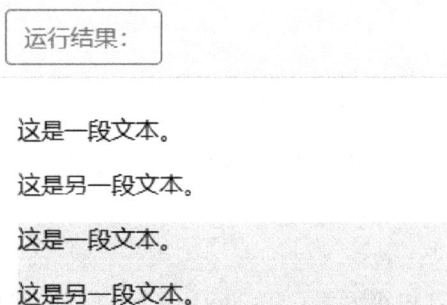

运行结果：

这是一段文本。

这是另一段文本。

这是一段文本。

这是另一段文本。

图 2-5　示例 2-5 运行结果

2.　\<span\>标签

\<span\>标签用于将文本的一部分包装在一个容器中，通常用于为特定文本应用样式或添加脚本事件。

【**示例 2-6**】　以下是一个\<span\>标签的示例，将一段文本标记为红色。

HTML

```
<p>这是一段<span style = "color：red；">红色</span>文本。</p>
```

运行结果如图 2-6 所示。

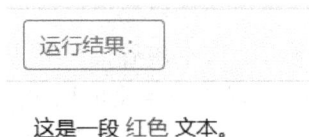

运行结果：

这是一段 红色 文本。

图 2-6　示例 2-6 运行结果

3.　\<br\>标签

\<br\>标签用于在文本中插入换行符，将文本分成多行。

【**示例 2-7**】　下面是一个\<br\>标签的示例，用于在段落中插入换行。

HTML

```
<p>这是一行文本。<br>这是另一行文本。</p>
```

运行结果如图 2-7 所示。

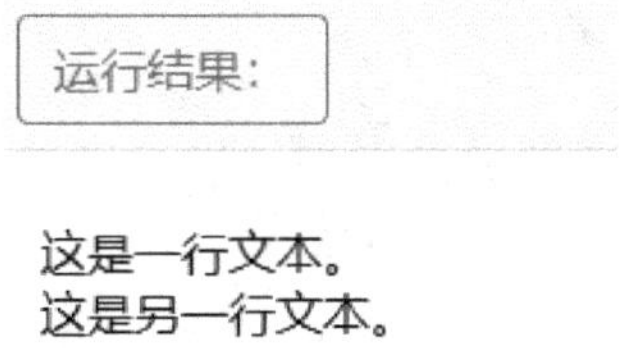

运行结果:

这是一行文本。
这是另一行文本。

图 2-7　示例 2-7 运行结果

4. ＜b＞标签

＜b＞标签用于标记文本为粗体文本,但不表示强调或重要性。

【**示例 2-8**】　以下是一个＜b＞标签的示例,将文本设置为粗体。

HTML

＜p＞这是一段＜b＞粗体＜/b＞文本。＜/p＞

运行结果如图 2-8 所示。

运行结果:

这是一段**粗体**文本。

图 2-8　示例 2-8 运行结果

5. ＜strong＞标签

＜strong＞标签用于标记文本为强调文本,通常表示文本的重要性。

【**示例 2-9**】　以下是一个＜strong＞标签的示例,将文本设置为强调。

HTML

＜p＞这是一段重要的＜strong＞强调＜/strong＞文本。＜/p＞

运行结果如图 2-9 所示。

运行结果:

这是一段重要的**强调**文本。

图 2-9　示例 2-9 运行结果

6. ＜i＞标签

＜i＞标签用于标记文本为斜体文本,但不表示强调或重要性。

【**示例 2-10**】　以下是一个＜i＞标签的示例,将文本设置为斜体。

HTML

＜p＞这是一段＜i＞斜体＜/i＞文本。＜/p＞

运行结果如图 2-10 所示。

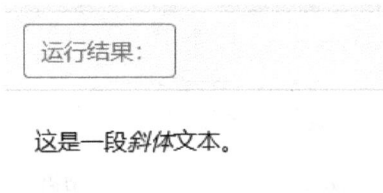

运行结果：

这是一段*斜体*文本。

图 2-10　示例 2-10 运行结果

7. ＜em＞标签

＜em＞标签用于标记文本为强调文本，通常表示文本的重要性，但也可用于表示一些情感或语调的变化。

【示例 2-11】　以下是一个＜em＞标签的示例，将文本设置为强调。

HTML

＜p＞这是一段重要的＜em＞强调＜/em＞文本。＜/p＞

运行结果如图 2-11 所示。

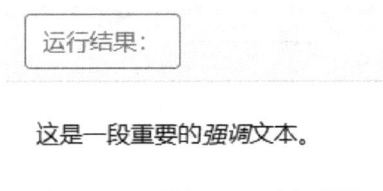

运行结果：

这是一段重要的*强调*文本。

图 2-11　示例 2-11 进行结果

8. ＜s＞标签

＜s＞标签用于标记文本为删除线文本，通常表示该文本已不再有效或不再适用。

【示例 2-12】　以下是一个＜s＞标签的示例，将文本设置为删除线。

HTML

＜p＞这是一段＜s＞无效＜/s＞文本。＜/p＞

运行结果如图 2-12 所示。

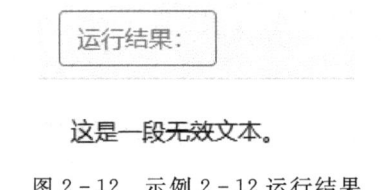

运行结果：

这是一段无效文本。

图 2-12　示例 2-12 运行结果

9. ＜del＞标签

＜del＞标签也用于标记文本为删除线文本，通常表示该文本已被删除或不再适用。与＜s＞不同，＜del＞更强调文本的被删除状态。

【示例 2-13】　以下是一个＜del＞标签的示例，将文本设置为删除线。

HTML

```
<p>这是一段<del>被删除</del>文本。</p>
```

运行结果如图 2-13 所示。

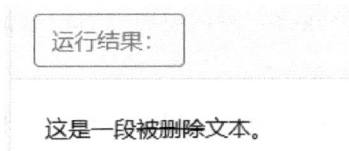

```
运行结果：

这是一段被删除文本。
```

图 2-13　示例 2-13 运行结果

以上是一些常见的 HTML 文本标签，它们允许开发者对网页文本进行各种样式化和语义化的处理。通过使用这些标签，可以更好地组织和呈现网页上的文本内容，提高用户体验和可访问性，当然，这些标签还可以与 CSS 和 JavaScript 等技术一起使用。

2.4　链接标签

HTML 链接标签<a>是用来创建超链接的元素，它是构建网页的重要组成部分之一。<a>标签允许在网页中创建可点击的链接，引导用户到其他网页、文件、位置或资源，从而增强用户体验和导航功能。下面将详细介绍<a>标签的内容，包括其含义、用法和示例。

1. 基本语法

<a>标签的基本语法如下：

Markdown

```
<a href = "URL">链接文本</a>
```

href 属性是最重要的属性，它指定了链接的目标，可以是一个网页的 URL、一个文件的路径、一个电子邮件地址、一个电话号码或其他资源的标识符。

2. 创建外部链接

如果要创建指向外部网站的链接，只需在 href 属性中提供目标网址。

Markdown

```
<a href = "https://www.example.com">访问示例网站</a>
```

这将在页面上显示"访问示例网站"文本，当用户点击它时，将会跳转到 https://www.example.com。

3. 创建内部链接

如果要创建指向网站内部页面的链接，可以使用相对路径或绝对路径。

（1）相对路径。

Markdown

```
<a href = "/about.html">关于我们</a>
```

（2）绝对路径。

Markdown

```
<a href = "https://www.yourwebsite.com/about.html">关于我们</a>
```

相对路径是相对于当前页面的路径，而绝对路径是完整的 URL。

4. 链接到文件和资源

还可以使用<a>标签来链接到文件，如 PDF、图片、音频或视频文件。只需将文件路径或 URL 放在 href 属性中即可。

【示例 2 - 14】

HTML

```
<a href = "documents/mydocument.pdf">下载 PDF 文档</a>
```

运行结果如图 2 - 14 所示。

运行结果：

下载PDF文档

图 2 - 14　示例 2 - 14 运行结果

5. 链接到电子邮件地址

如果要创建一个链接，让用户点击后可以发送电子邮件，可以使用 mailto 协议链接到电子邮件地址。

【示例 2 - 15】

HTML

```
<a href = "mailto:info@example.com">联系我们</a>
```

运行结果如图 2 - 15 所示。

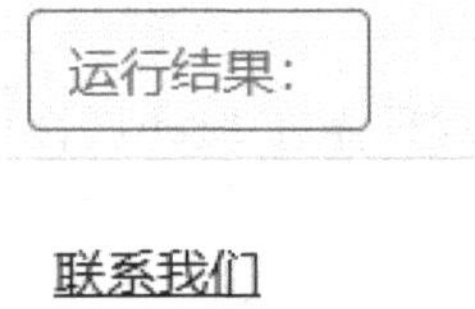

运行结果：

联系我们

图 2 - 15　示例 2 - 15 运行结果

6. 链接到电话号码

在移动设备上，可以使用 tel 协议创建一个链接，以便用户点击后拨打电话。

【示例 2 - 16】

HTML

```
<a href = "tel:+1234567890">拨打客服电话</a>
```

运行结果如图 2 - 16 所示。

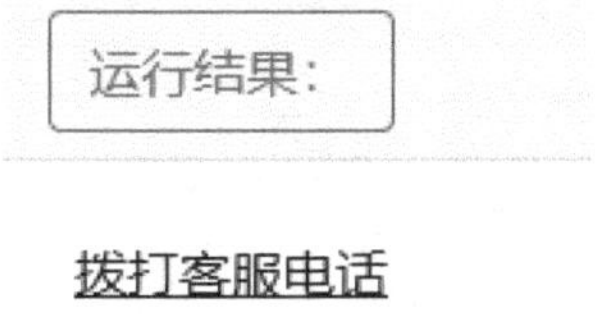

运行结果：

<u>拨打客服电话</u>

图 2 - 16　示例 2 - 16 运行结果

7. 链接到锚点

链接到同一页面上的锚点（页面内链接）可以使用♯符号。这对于长页面或单页应用非常有用。

【示例 2 - 17】

HTML

```
<! doctype html>
<html lang = "en">
<head>
    <meta charset = "UTF - 8">
    <meta name = "viewport"
            content = "width = device-width, user-scalable = no, initial-scale = 1.0,
maximum-scale = 1.0, minimum-scale = 1.0">
    <meta http-equiv = "X - UA-Compatible" content = "ie = edge">
    <title>fe-course-case1</title>
</head>
<style>
    body {
        font-family: Arial, sans-serif;
        margin: 0;
        padding: 0;
    }

    header {
        position: fixed;

        top: 0;
        left: 0;
    }

    a {
        color: ♯000
```

```
    }

    section {
        width: 100%;
        height: 70vh;
        background: gray;
    }

    .part-one {
        background: gold;
    }

    .part-two {
        background: green;
    }

    .part-three {
        background: skyblue;
    }

    section h2, p {
        text-align: right;
    }

</style>

<body>
<header>
    <h1>页面导航示例</h1>
    <p><a href="#section1">跳转到第一部分</a></p>
    <p><a href="#section2">跳转到第二部分</a></p>
    <p><a href="#section3">跳转到第三部分</a></p>
</header>

<section class="part-one">
    <h2 id="section1">第一部分</h2>
    <p>这是页面的第一部分内容。</p>
</section>
```

```
<section class = "part-two">
    <h2 id = "section2">第二部分</h2>
    <p>这是页面的第二部分内容。</p>
</section>

<section class = "part-three">
    <h2 id = "section3">第三部分</h2>
    <p>这是页面的第三部分内容。</p>
</section>

</body>
</html>
```

运行结果如图 2-17 所示。

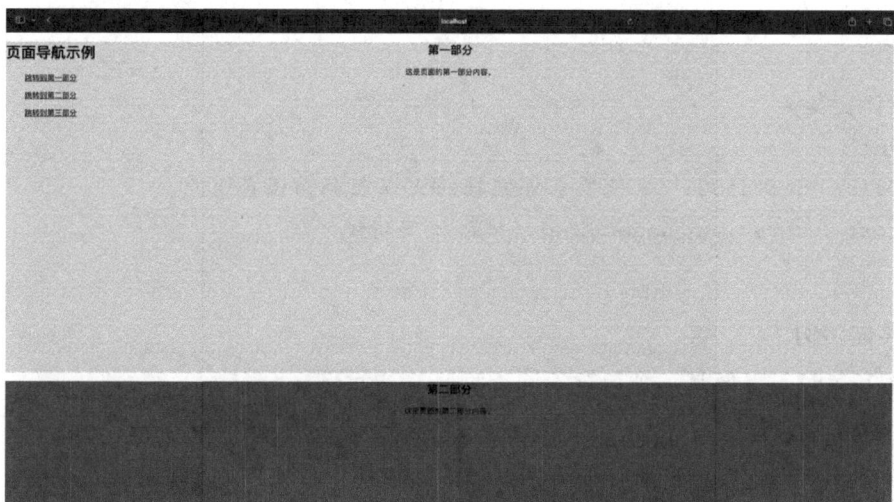

图 2-17　示例 2-17 运行结果

在这种情况下,需要在文档中为锚点定义一个具有相同 ID 的元素。

8. 链接的目标窗口

通过使用 target 属性,可以指定链接在何处打开。常见的选项包括 _blank(在新窗口中打开)、_self(在当前窗口中打开)、_parent(在父窗口中打开,通常用于嵌套框架)和_top(在顶级窗口中打开)。例如:

```Markdown
<a href = "https://www.example.com" target = "_blank">在新窗口中打开示例网站</a>
```

9. 链接的样式

使用 CSS 样式可以美化链接,如更改颜色、字体、下划线等。通过 CSS,可以为链接的不同状态（未访问、已访问、悬停）定义不同的样式。例如：

```css
CSS
/* 未访问链接 */
a:link {
    color：#0077cc；/* 设置链接的文本颜色为蓝色 */
    text-decoration：none；/* 移除下划线 */
    font-weight：bold；/* 设置字体为粗体 */
    font-family：Arial, sans-serif；/* 设置字体 */
}

/* 已访问链接 */
a:visited {
    color：#551a8b；/* 设置已访问链接的文本颜色为紫色 */
}

/* 悬停链接 */
a:hover {
    color：#ff4500；/* 设置悬停链接的文本颜色为橙色 */
    text-decoration：underline；/* 添加下划线 */
}
```

10. 具体示例

【**示例 2-18**】 下面是一个包含不同类型链接的示例。

```html
HTML
<! DOCTYPE html>
<html>
<head>
    <title>链接示例</title>
</head>
<body>
    <h1>不同类型的链接示例</h1>
    <ul>
        <li><a href = "https://www.example.com">外部链接</a></li>
        <li><a href = "/about.html">内部链接</a></li>
        <li><a href = "documents/mydocument.pdf">下载 PDF 文档</a></li>
        <li><a href = "mailto:info@example.com">联系我们</a></li>
        <li><a href = "tel：+1234567890">拨打客服电话</a></li>
        <li><a href = "#section2">跳转到第二部分</a></li>
    </ul>
```

```
</body>
</html>
```

运行结果如图 2-18 所示。

　　运行结果：

不同类型的链接示例

- 外部链接
- 内部链接
- 下载PDF文档
- 联系我们
- 拨打客服电话
- 跳转到第二部分

图 2-18　示例 2-18 运行结果

　　这个示例包含了外部链接、内部链接、文件链接、电子邮件链接、电话链接和页面内链接的例子。

　　综上所述,HTML 链接标签<a>是创建超链接的关键元素,它使开发者能够将不同资源和页面连接在一起,提供了丰富的导航和交互功能,对于构建具有良好用户体验的网页至关重要。通过合理使用<a>标签的属性和属性值,可以创建各种类型的链接,满足不同的需求。同时,通过 CSS 样式,可以美化链接以提高页面的可读性和吸引力。

2.5　图像标签

　　HTML 图像标签(image tage)是一种用于在网页上显示图像或图片的标签。图像标签是 HTML 中的一个重要元素,允许网页开发者将图像嵌入到网页中,从而使网页更具吸引力。下面将详细介绍图像标签的含义和用法。

1. 含义

图像标签

　　HTML 图像标签用于在网页中插入图像或图片,使网页更具视觉吸引力和信息传达能力。这些图像可以是照片、图标、图表或其他类型的视觉元素,用于丰富网页的内容。

2. 语法

　　HTML 图像标签的基本语法如下所示:

Markdown

<img src = "image-url" alt = "alternate-text" width = "width" height = "height">

　　其中,①src 属性:指定要显示的图像的文件路径或 URL。这是唯一必需的属性,它告诉浏览器在哪里找到图像文件。

②alt 属性：提供对图像的替代文本描述，用于视觉障碍用户和无法加载图像的情况。如果图像无法显示，浏览器将显示这个文本。

③width 和 height 属性（可选）：分别指定图像的宽度和高度（以像素为单位）。这些属性可以用于控制图像在网页中的大小，但它们通常会与 CSS 一起使用来实现更精确的布局。

3. 具体示例

下面是一个简单的 HTML 图像标签示例，它插入了一张猫的图片。

Markdown

```
<img src = "cat.jpg" alt = "一只可爱的猫" width = "300" height = "200">
```

在这个示例中，src 属性指定了图像文件的路径，alt 属性提供了对图像的文本描述，而 width 和 height 属性指定了图像的显示尺寸。

4. 注意事项

（1）使用合适的 alt 文本对图像进行描述，以确保网页在不加载图像或对图像不可见的情况下也能够传达信息。

（2）使用相对路径或绝对 URL 来引用图像，确保浏览器能够正确加载图像。

（3）根据需要使用 width 和 height 属性来控制图像的显示大小，以确保页面布局良好。

（4）图像文件应该是常见的图像格式，如 JPEG、PNG 或 GIF，以确保浏览器能够正确解析和显示它们。

总之，HTML 图像标签是网页开发中不可或缺的元素，它允许开发者在网页上嵌入图像，从而增强了网页的视觉吸引力和信息传达能力。通过正确使用 src、alt、width 和 height 属性，可以确保图像在不同情况下都能正常显示和提供良好的用户体验。

2.6 列表标签

HTML 列表标签<ul><ol><li><dl><dd><dt>是用来在网页上展示信息的重要工具，可以组织和呈现内容，使网页更易于理解和浏览。下面将详细介绍这些标签的含义、用法等。

列表标签

1. <ul>标签（无序列表）

<ul>表示无序列表，用于列出项目，项目之间没有特定的顺序或层次关系。通常使用圆点、方块或其他符号来表示项目。

【示例 2-19】 以下代码将创建一个无序列表，包含三个项目，每个项目使用默认的圆点符号表示。

HTML

```
<ul>
    <li>苹果</li>
    <li>香蕉</li>
    <li>橙子</li>
</ul>
```

运行结果如图 2-19 所示。

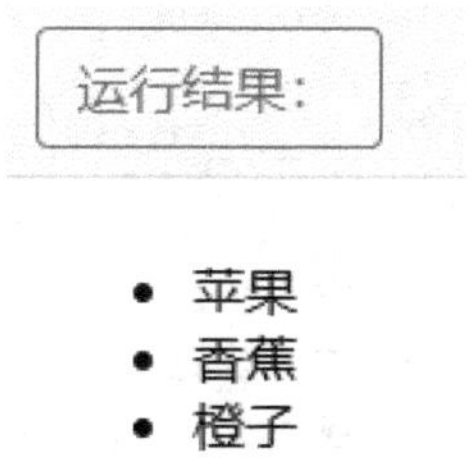

运行结果:

- 苹果
- 香蕉
- 橙子

图 2 - 19　示例 2 - 19 运行结果

2. ＜ol＞标签(有序列表)

＜ol＞表示有序列表,用于列出项目,项目之间有明确的顺序。通常使用数字、字母或其他计数方式来表示项目的顺序。

【示例 2 - 20】　以下代码将创建一个有序列表,包含三个项目,每个项目使用默认的数字顺序表示。

```
HTML
＜ol＞
    ＜li＞早餐＜/li＞
    ＜li＞午餐＜/li＞
    ＜li＞晚餐＜/li＞
＜/ol＞
```

运行结果如图 2 - 20 所示。

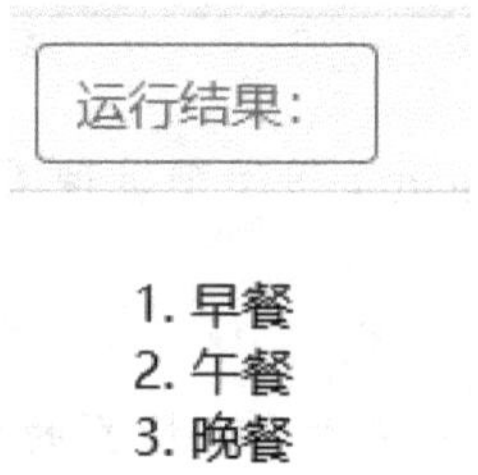

运行结果:

1. 早餐
2. 午餐
3. 晚餐

图 2 - 20　示例 2 - 20 运行结果

3. ＜li＞标签(列表项)

＜li＞表示列表中的一个项目,它必须嵌套在＜ul＞或＜ol＞标签内部,用来定义列表中的每个项目。

【示例 2 - 21】　以下代码中的＜li＞标签用于定义无序列表中的三个项目。

```
HTML
＜ul＞
  ＜li＞学习 HTML＜/li＞
  ＜li＞学习 CSS＜/li＞
  ＜li＞学习 JavaScript＜/li＞
＜/ul＞
```

运行结果如图 2 - 21 所示。

运行结果：

- 学习HTML
- 学习CSS
- 学习JavaScript

图 2-21 示例 2-21 运行结果

无序列表和有序列表的区别在于无序列表不强调项目的顺序，而有序列表则明确强调了项目的顺序。开发人员可以根据具体需要选择使用哪种类型的列表。

4. <dl>标签

<dl>标签是 HTML 中用于创建定义列表的标签。它通常用于表示术语及其相应的定义或描述，常用于创建词汇表或说明文档。

<dl>标签通常包含以下两个标签。

①<dt>：用于定义术语（term），在列表中显示为粗体文本。

②<dd>：用于定义或描述术语的内容，紧跟在对应的<dt>后面，并在列表中以普通文本显示。

【示例 2-22】 以下是一个<dl>标签的示例。

HTML
```
<dl>
  <dt>HTML</dt>
  <dd>HyperText Markup Language-用于创建网页的标记语言。</dd>

  <dt>CSS</dt>
  <dd>Cascading Style Sheets-用于定义网页的外观和样式。</dd>

  <dt>JavaScript</dt>
  <dd>一种常用的编程语言，用于网页交互和动态效果。</dd>
</dl>
```

运行结果如图 2-22 所示。

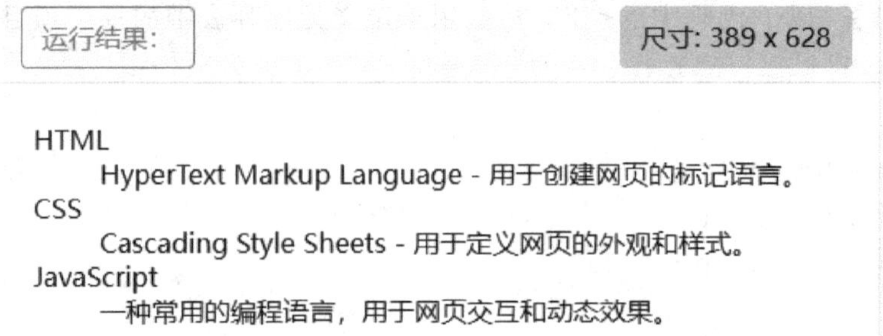

运行结果：　　　　　　　　　　　　　　　尺寸：389 x 628

HTML
　　　　HyperText Markup Language - 用于创建网页的标记语言。
CSS
　　　　Cascading Style Sheets - 用于定义网页的外观和样式。
JavaScript
　　　　一种常用的编程语言，用于网页交互和动态效果。

图 2-22 示例 2-22 运行结果

在这个示例中,<dl>标签用于创建一个术语列表,每个术语使用<dt>标签定义,而对应的描述使用<dd>标签提供。实际上<dl>标签可用于更复杂的定义列表,适用于各种文档和内容类型。

5. <dd>标签

<dd>标签是 HTML 中的一个定义描述(description definition)标签,通常与<dl>(定义列表)和<dt>(定义标题)标签一起使用,用于创建文档的定义列表,其中包含术语或名词的定义。<dd>标签通常不需要具有任何属性,因为它是一个描述性的标签。例如:

HTML

```
<dl>
    <dt>HTML</dt>
    <dd>HTML(Hypertext Markup Language)是一种用于创建网页的标记语言。</dd>

    <dt>CSS</dt>
    <dd>CSS(Cascading Style Sheets)是一种用于样式化网页的样式表语言。</dd>

    <dt>JavaScript</dt>
    <dd>JavaScript 是一种用于添加互动性和动态功能的编程语言。</dd>
</dl>
```

在这个示例中,使用<dl>标签创建了一个定义列表,其中包括三对术语和定义。每个术语由<dt>标签定义,而相应的定义由<dd>标签包裹。这样可以清晰地表示出每个术语的含义。<dd>标签通常用于文档中术语的解释、词汇表、定义列表等地方,以提供读者对特定术语的更多信息和解释。

6. <dt>标签

<dt>标签是 HTML 中用于定义一个术语(词汇)的标签,通常与<dl>(定义列表)标签一起使用,用于创建术语和其定义之间的关联。

<dt>代表术语(definition term),用于在定义列表中定义术语或词汇。通常与<dl>(定义列表)和<dd>(定义描述)标签一起使用。<dl>用于创建定义列表,<dt>用于定义术语,<dd>用于定义术语的解释或描述。例如:

HTML

```
<dl>
    <dt>HTML</dt>
    <dd>HyperText Markup Language-标记语言,用于创建网页。</dd>
    <dt>CSS</dt>
    <dd>Cascading Style Sheets-层叠样式表,用于定义网页的样式和布局。</dd>
</dl>
```

在这个示例中，<dt>标签用于定义术语（如 HTML 和 CSS），而<dd>标签用于提供术语的解释或描述。定义列表通常用于创建词汇表或术语表。

总之，HTML 列表标签是创建和组织内容列表的重要工具，它们允许开发人员以清晰和结构化的方式呈现信息，使网页更易于理解和导航。根据项目之间是否有序以及需要的样式，选择适当的列表类型并使用相应的标签。

2.7 表格标签

HTML 表格标签（<table><tr><td>）是用来创建网页中的表格结构的重要元素。表格是一种常用的方式，用于展示和组织数据，如数据列表、统计数据、排名表等。下面将详细介绍这些标签的含义和用法。

表格标签

1. <table>标签

<table>标签用于定义一个表格，它是整个表格的容器。表格通常包含行和列，用来展示数据。例如：

```html
HTML
<table>
    <!--表格的内容将在这里定义-->
</table>
```

2. <tr>标签

<tr>标签用于定义表格中的行（table row），每个<tr>元素代表一行数据。行中包含了一个或多个<td>元素，表示该行中的各个单元格。

【示例 2-23】

```html
HTML
<table>
    <tr>
        <!--第一行的单元格-->
        <td>单元格 1</td>
        <td>单元格 2</td>
    </tr>
    <tr>
        <!--第二行的单元格-->
        <td>单元格 3</td>
        <td>单元格 4</td>
    </tr>
</table>
```

运行结果如图 2－23 所示。

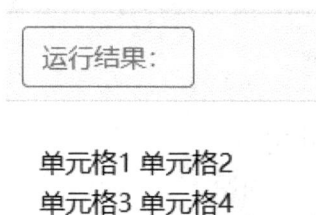

运行结果：

单元格1 单元格2
单元格3 单元格4

图 2－23　示例 2－23 运行结果

3.＜td＞标签

＜td＞标签用于定义表格中的单元格(table data)，即数据项。它们必须放置在＜tr＞元素内，表示某一行中的各个数据单元格。

【示例 2－24】

```
HTML
<table>
        <tr>
                <td>姓名</td>
                <td>年龄</td>
        </tr>
        <tr>
                <td>John</td>
                <td>25</td>
        </tr>
        <tr>
                <td>Alice</td>
                <td>30</td>
        </tr>
</table>
```

运行结果如图 2－24 所示。

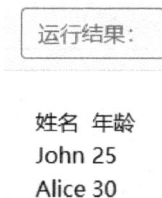

运行结果：

姓名　年龄
John 25
Alice 30

图 2－24　示例 2－24 运行结果

以上示例中的代码将创建一个包含两行两列的表格，其中第一行是表头，包含"姓名"和"年龄"列的标题，而后面两行分别包含了两个人的数据。

除了基本的标签，还可以使用其他属性来自定义表格的外观和行为。例如，可以使用以下属性。

①border：定义表格边框的宽度。

②width：设置表格的宽度。

③cellpadding：定义单元格内边距。

④cellspacing：定义单元格之间的间距。

⑤align 和 valign：设置表格、行或单元格的水平和垂直对齐方式。

【示例 2 - 25】 以下是一个带有一些属性的表格示例。

```Markdown
<table border = "1" width = "50 %" cellpadding = "10" cellspacing = "0">
    <tr>
        <th align = "left">姓名</th>
        <th align = "right">年龄</th>
    </tr>
    <tr>
        <td valign = "top">John</td>
        <td valign = "bottom">25</td>
    </tr>
    <tr>
        <td colspan = "2" align = "center">总人数：2</td>
    </tr>
</table>
```

运行结果如图 2 - 25 所示。

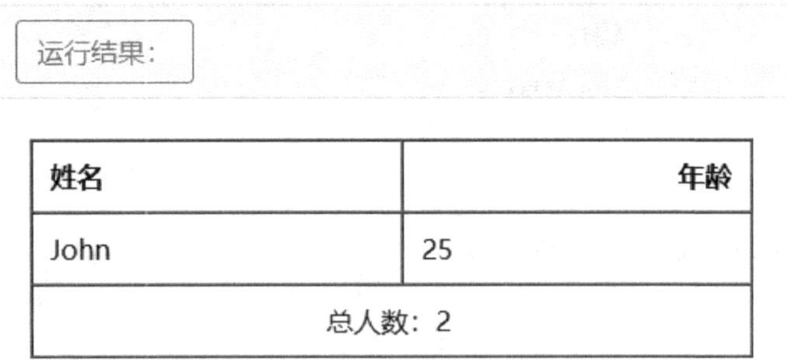

运行结果：

姓名	年龄
John	25
总人数: 2	

图 2 - 25 示例 2 - 25 运行结果

这个表格具有边框，指定了宽度、内边距和间距，以及对齐方式。还使用了 colspan 属性来合并两个单元格，显示总人数。

总之，HTML 表格标签是创建网页中数据表格的关键元素，它们允许以结构化的方式展示和组织数据，而属性则允许自定义表格的外观和布局。

2.8　习题

1. HTML 标题标签中(　　　)是最高级别的标题。
   A. <h1>　　　　　　B. <h3>　　　　　　C. <h5>　　　　　　D. <h6>
2. <li>标签必须嵌套在_____或_____标签内部。
3. 创建一个表格,包含 3 列、3 行数据。其中,第一列为序号,第二列为姓名,第三列为年龄。

第 3 章　HTML 表单

3.1　表单概述

HTML 表单是构建互动性网页的重要组成部分。通过表单,用户可以向网站提交数据,这些数据可以包括文本、数字、日期、选择等各种信息。下面将深入探讨 HTML 表单的基本概念、结构和用法。

表单概述

1. 基本概念

HTML 表单是一种 Web 页面元素,允许用户输入数据并将其发送到 Web 服务器以进行处理。它们通常包括文本字段、单选按钮、复选框、下拉菜单等元素,用户可以使用这些元素与网站进行互动。

2. 结构

HTML 表单的基本结构包括以下组件。

①＜form＞元素:定义表单的开始和结束。所有表单元素都应该包含在＜form＞元素内。

②表单控件:这些是用户可以与之互动的具体元素,如文本框、按钮、单选按钮、复选框等。

③＜input＞元素:用于创建各种输入字段,如文本、密码、数字等。

④＜button＞元素:创建提交按钮,使用户能够提交表单数据。

⑤＜select＞元素:创建下拉菜单,用户可以从中选择一个选项。

3. 用法

【示例 3-1】　以下是一个简单的 HTML 表单示例,用于收集用户的姓名和电子邮件地址。

```
HTML
<! DOCTYPE html>
<html>
<head>
    <title>示例表单</title>
</head>
<body>
    <h2>用户信息收集</h2>
    <form action = "process_form.php" method = "post">
        <label for = "name">姓名:</label>
        <input type = "text" id = "name" name = "name" required><br><br>
```

```
        <label for = "email">电子邮件:</label>
        <input type = "email" id = "email" name = "email" required><br><br>

        <input type = "submit" value = "提交">
    </form>
</body>
</html>
```

运行结果如图 3-1 所示。

运行结果:

用户信息收集

姓名: _____

电子邮件: _____

提交

图 3-1　示例 3-1 运行结果

在这个示例中,创建了一个简单的表单,包括姓名和电子邮件字段,以及一个提交按钮。用户填写表单后,数据将被提交到服务器上的"process_form. php"页面进行处理。

总之,HTML 表单是构建交互式 Web 应用程序的重要组件。通过了解表单的基本结构和元素,开发者可以创建各种用途的表单,从简单的用户反馈表单到复杂的登录和注册页面。熟练掌握 HTML 表单是成为 Web 开发者的关键步骤之一,它使开发者能够和用户进行有效的数据交互。

3.2　表单控件

下面介绍一些常见的 HTML 表单控件(input,textarea,select 等),包括它们的内容和含义。

表单控件

1. 文本输入框

文本输入框(text input)是用户可以在其中输入文本信息的基本控件。它的<input>元素的 type 属性设置为"text"。

【示例 3-2】

HTML

```
<label for = "username">用户名:</label>
```

```
<input type = "text" id = "username" name = "username" placeholder = "请输入用户名" required>
```

运行结果如图 3-2 所示。

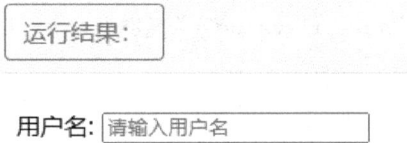

图 3-2　示例 3-2 运行结果

2. 密码输入框

密码输入框（password input）用于输入密码等敏感信息，输入的文本会被隐藏。它的<input>元素的 type 属性设置为"password"。

【示例 3-3】

HTML

```
<label for = "password">密码：</label>
<input type = "password" id = "password" name = "password" placeholder = "请输入密码" required>
```

运行结果如图 3-3 所示。

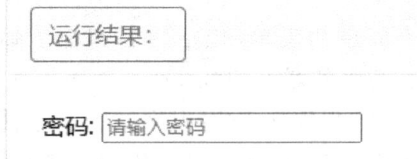

图 3-3　示例 3-3 运行结果

3. 自动完成输入框

自动完成输入框（datalist input）允许用户从预定义的选项中选择一个，同时也可以手动输入。它结合了<input>元素和<datalist>元素。

【示例 3-4】

HTML

```
<label for = "city">请选择或输入您的城市：</label>
<input list = "cities" id = "city" name = "city">
<datalist id = "cities">
  <option value = "纽约">
  <option value = "洛杉矶">
  <option value = "芝加哥">
```

```
<option value = "迈阿密">
</datalist>
```

运行结果如图 3-4 所示。

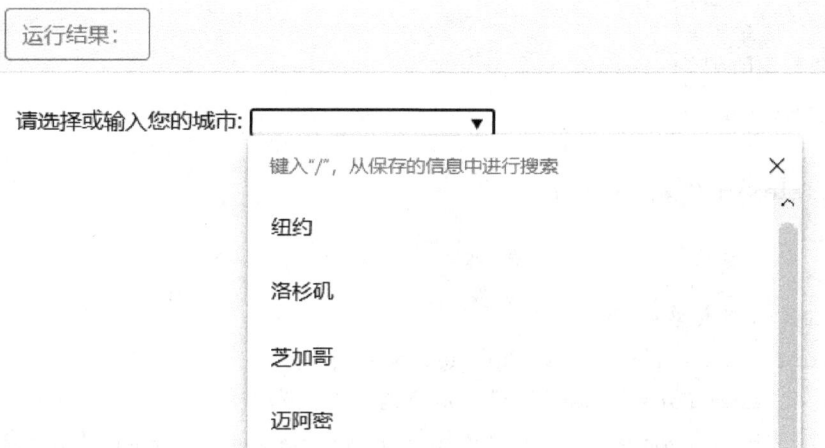

```
运行结果:
```

请选择或输入您的城市: [　　　　　　　　▼]

键入"/"，从保存的信息中进行搜索　　　　　　　　　✕

纽约

洛杉矶

芝加哥

迈阿密

图 3-4　示例 3-4 运行结果

4. 单选按钮

单选按钮(radio buttons)允许用户从多个选项中选择一个。它们使用<input>元素的 type 属性设置为"radio"。

【示例 3-5】

HTML

```
<p>请选择性别:</p>
<label for = "male">男性</label>
<input type = "radio" id = "male" name = "gender" value = "male">
<label for = "female">女性</label>
<input type = "radio" id = "female" name = "gender" value = "female">
<label for = "other">其他</label>
<input type = "radio" id = "other" name = "gender" value = "other">
```

运行结果如图 3-5 所示。

```
运行结果:
```

请选择性别:

男性 ○ 女性 ○ 其他 ○

图 3-5　示例 3-5 运行结果

5. 提交按钮

提交按钮（submit button）用于将表单数据发送到服务器进行处理。

【**示例 3 - 6**】 以下是一个完整的 HTML 表单示例，包括一个提交按钮。

HTML

```html
<! DOCTYPE html>
<html>
<head>
    <title>示例表单</title>
</head>
<body>
    <h1>示例表单</h1>
    <form action = "process. php" method = "post">
        <label for = "username">用户名:</label>
        <input type = "text" id = "username" name = "username" required><br>
<br>

        <label for = "password">密码:</label>
        <input type = "password" id = "password" name = "password" required><
br><br>

        <input type = "submit" value = "提交">
    </form>
</body>
</html>
```

运行结果如图 3 - 6 所示。

运行结果:

示例表单

用户名: _____

密码: _____

提交

图 3 - 6 示例 3 - 6 运行结果

在这个示例中，创建了一个包含两个输入字段（用户名和密码）和一个提交按钮的表单。表单的 action 属性指定了在提交时将数据发送到服务器端脚本的 URL（这里假设为"process.

php")。method 属性指定了使用 POST 方法来提交表单数据。

　　用户可以在用户名和密码字段中输入信息，然后点击"提交"按钮来提交表单。一旦点击了提交按钮，浏览器会将表单数据发送到服务器端的"process.php"脚本进行处理。服务器端的脚本可以通过 POST 请求接收表单数据，然后执行相应的操作，比如验证用户身份、存储数据等。

6. 重置按钮

重置按钮(reset button)允许用户重置表单中的所有输入。

【示例 3 - 7】　以下是一个 HTML 示例，其中包含一个重置按钮。

```
HTML
<! DOCTYPE html>
<html>
<head>
    <title>重置按钮示例</title>
</head>
<body>
    <form>
        <label for = "name">姓名:</label>
        <input type = "text" id = "name" name = "name"><br><br>

        <label for = "email">电子邮件:</label>
        <input type = "email" id = "email" name = "email"><br><br>

        <input type = "submit" value = "提交">
        <input type = "reset" value = "重置">
    </form>
</body>
</html>
```

运行结果如图 3-7 所示。

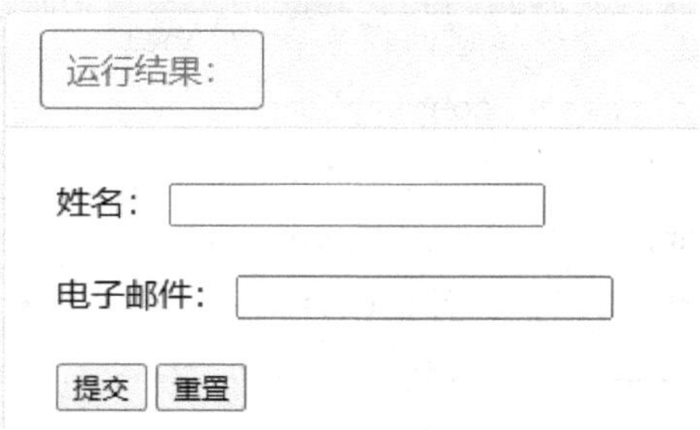

图 3-7　示例 3-7 运行结果

在这个示例中，创建了一个简单的 HTML 表单，其中包含两个文本输入字段（姓名和电子邮件），以及一个提交按钮和一个重置按钮。

7. 复选框

复选框（checkboxes）允许用户从多个选项中选择多个。它们使用<input>元素的 type 属性设置为 checkbox。

【示例 3 - 8】

HTML

```
<p>请选择您的兴趣爱好：</p>
<label for = "hobby1">阅读</label>
<input type = "checkbox" id = "hobby1" name = "hobbies" value = "reading">
<label for = "hobby2">旅行</label>
<input type = "checkbox" id = "hobby2" name = "hobbies" value = "travel">
<label for = "hobby3">音乐</label>
<input type = "checkbox" id = "hobby3" name = "hobbies" value = "music">
```

运行结果如图 3 - 8 所示。

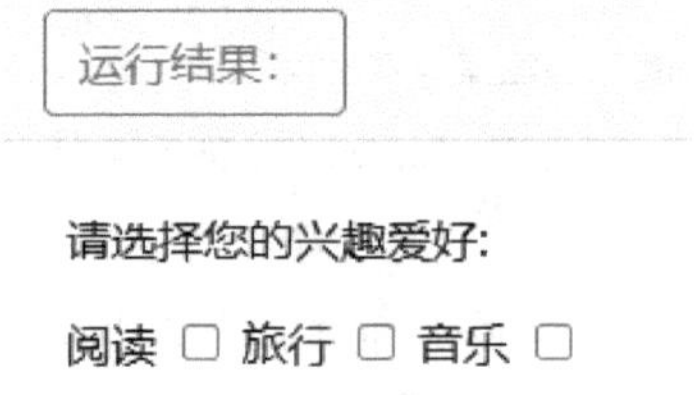

运行结果：

请选择您的兴趣爱好：

阅读 □ 旅行 □ 音乐 □

图 3 - 8 示例 3 - 8 运行结果

8. 下拉列表

下拉列表（select dropdown）允许用户从预定义的选项中选择一个。它使用<select>元素和<option>元素组合而成。

【示例 3 - 9】

HTML

```
<label for = "country">请选择您的国家：</label>
<select id = "country" name = "country">
  <option value = "usa">美国</option>
  <option value = "canada">加拿大</option>
  <option value = "uk">英国</option>
  <option value = "germany">德国</option>
</select>
```

运行结果如图 3 - 9 所示。

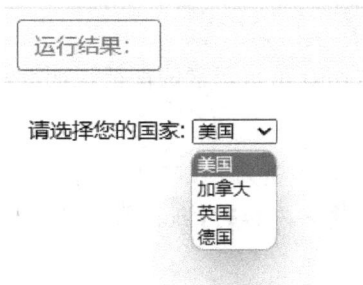

图 3-9　示例 3-9 运行结果

9. 多行文本框

多行文本框（textarea）允许用户输入多行文本，如评论或反馈。例如：

```html
HTML
<!DOCTYPE html>
<html>
<head>
    <title>评论表单</title>
</head>
<body>
    <h1>请留下您的评论：</h1>

    <form action="submit_comment.php" method="POST">
        <label for="comments">评论：</label>
        <textarea id="comments" name="comments" rows="4" cols="50"></textarea>

        <br>

        <input type="submit" value="提交评论">
    </form>
</body>
</html>
```

这些是常见的 HTML 表单控件，开发者可以根据需要组合它们以创建完整的表单。通过使用这些控件，开发者可以轻松地与用户交互，收集各种类型的数据。

3.3　表单新特性

HTML5 引入了许多新的表单元素和特性，以改善用户体验、增强表单验证和提供更多的输入选项。下面是一些 HTML5 表单的新特性。

表单新特性

1. 新的表单元素

以下是＜datalist＞元素和＜output＞元素的简要说明和相应的示例。

1）＜datalist＞元素

＜datalist＞元素用于定义一个选项列表，该列表通常与输入框结合使用，以提供自动完成输入的功能。用户在输入框中输入内容时，浏览器将显示与输入内容匹配的选项。

【示例 3 - 10】

```
HTML
＜label for = "fruits"＞选择一个水果：＜/label＞
＜input list = "fruits" id = "fruitInput"＞
＜datalist id = "fruits"＞
  ＜option value = "苹果"＞
  ＜option value = "香蕉"＞
  ＜option value = "橙子"＞
  ＜option value = "葡萄"＞
＜/datalist＞
```

运行结果如图 3 - 10 所示。

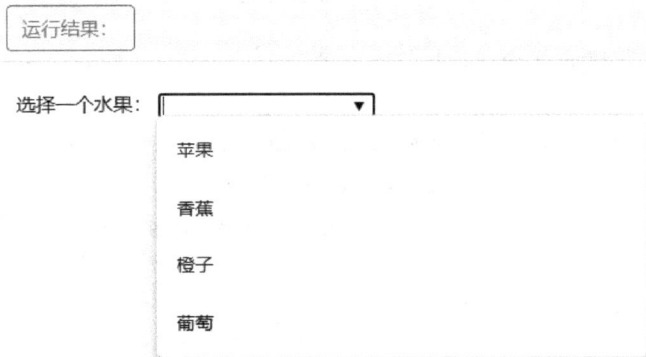

图 3 - 10 示例 3 - 10 运行结果

在这个示例中，创建了一个包含水果选项的＜datalist＞元素。输入框通过 list 属性与此＜datalist＞相关联，因此用户开始输入时，浏览器会自动显示匹配的选项。这提供了更好的用户体验，特别是当用户不确定可用选项时。

2）＜output＞元素

＜output＞元素用于在表单提交后显示计算结果或输出值。通常与 JavaScript 配合使用，以便在用户与表单交互时动态更新输出。

【示例 3 - 11】

```
HTML
＜form oninput = "result. value = parseInt(x. value) + parseInt(y. value)"＞
  ＜label for = "x"＞输入 X：＜/label＞
```

```
<input type = "number" id = "x" name = "x" value = "0">
<br>
<label for = "y">输入 Y:</label>
<input type = "number" id = "y" name = "y" value = "0">
<br>
<output name = "result" for = "x y">结果将显示在这里</output>
</form>
```

运行结果如图 3-11 所示。

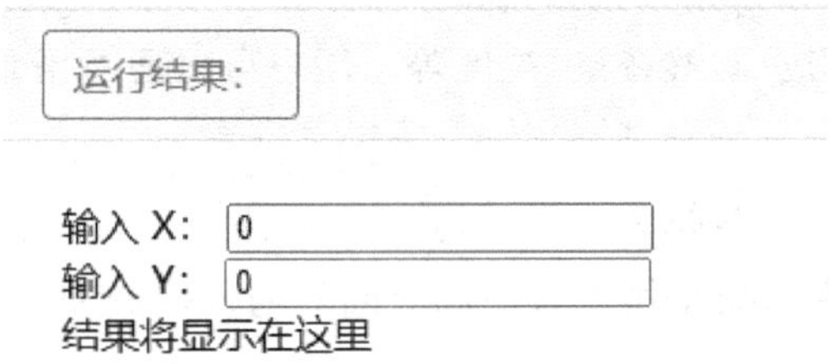

图 3-11　示例 3-11 运行结果

在这个示例中,创建了一个简单的表单,用户可以输入两个数字。通过使用 oninput 事件实现一个动态计算,将用户输入的两个数字相加,并将结果显示在<output>元素中。这提供了实时反馈,使用户能够看到计算结果。

总之,这些 HTML 元素提供了不同的功能和用途,但要注意<keygen>元素已经被废弃,不再推荐使用,而<datalist>和<output>元素仍然在现代 Web 开发中使用。

2. 新的输入类型

下面介绍 email、url、tel、number、range 等输入类型。

1)email 输入类型

email 输入类型用于接收电子邮件地址。例如:

```
<input type = "email" name = "user_email">
```

email 输入类型有助于确保用户提供有效的电子邮件地址。

2)url 输入类型

url 输入类型用于接收 URL 地址。例如:

```
<input type = "url" name = "website_url">
```

url 输入类型可以确保用户输入的内容符合 URL 的格式,如以"http://"或"https://"开头。

3)tel 输入类型

tel 输入类型用于接收电话号码。例如:

```
<input type = "tel" name = "user_phone">
```

tel 输入类型通常会在移动设备上弹出电话键盘,以方便用户输入电话号码。

4）number 输入类型

number 输入类型用于接收数值。例如：

```
<input type = "number" name = "quantity" min = "1" max = "100">
```

number 输入类型通常用于数量、年龄等，可以使用 min 和 max 属性来限制允许的范围。

5）range 输入类型

range 输入类型用于选择范围内的数值。例如：

```
<input type = "range" name = "volume" min = "0" max = "100">
```

range 输入类型通常用于调整音量、亮度等。用户可以通过滑块来选择值，而 min 和 max 属性定义了范围。

6）date、time、datetime 输入类型

date、time、datetime 输入类型用于日期和时间的输入。例如：

```
HTML
<input type = "date" name = "event_date">
<input type = "time" name = "event_time">
<input type = "datetime - local" name = "event_datetime">
```

date、time、datetime 输入类型使用户可以方便地选择日期和时间，浏览器会提供相应的控件。

7）color 输入类型

color 输入类型用于选择颜色。

```
<input type = "color" name = "background_color">
```

color 输入类型使用户可以通过一个颜色选择器来选择颜色值。

这些输入类型可以帮助提高用户体验，因为它们为不同类型的数据提供了合适的输入控件，并且在某些情况下可以进行数据验证，以减少用户输入错误。请注意，不同浏览器对这些输入类型的支持可能有所不同，因此在使用时需要进行兼容性测试。

3. 表单验证

HTML5 引入了内置的表单验证功能，如 required、pattern、min 和 max 等属性，可以在不使用 JavaScript 的情况下进行表单验证。

1）创建一个简单的 HTML 表单

下面创建一个简单的 HTML 表单，其中包括一些常见的输入字段，如文本框、复选框和单选按钮。

【示例 3 - 12】

```
HTML
<! DOCTYPE html>
<html>
```

```
<head>
    <title>示例表单</title>
</head>
<body>
    <h1>示例表单</h1>
    <form action = "submit.php" method = "post">
        <label for = "name">姓名:</label>
        <input type = "text" id = "name" name = "name" required><br><br>

        <label for = "email">电子邮件:</label>
        <input type = "email" id = "email" name = "email" required><br><br>

        <label>性别:</label>
        <input type = "radio" id = "male" name = "gender" value = "male">男性
        <input type = "radio" id = "female" name = "gender" value = "female">女性<br><br>

        <label>喜欢的颜色:</label>
        <input type = "checkbox" id = "red" name = "color" value = "red">红色
        <input type = "checkbox" id = "blue" name = "color" value = "blue">蓝色
        <input type = "checkbox" id = "green" name = "color" value = "green">绿色<br><br>

        <input type = "submit" value = "提交">
    </form>
</body>
</html>
```

运行结果如图 3-12 所示。

在这个示例中,创建了一个表单,包括姓名、电子邮件、性别和喜欢的颜色等字段,使用了 required 属性来确保姓名和电子邮件字段不能为空。

2)表单验证

要进行表单验证,可以使用 HTML5 内置的一些属性,如 required、type 和 pattern,也可以使用 JavaScript 来自定义验证逻辑。

(1)使用 required 和 type 属性。

①required 属性:如示例 3-12,将 required 属性添加到输入字段,确保用户必须填写这些字段,否则表单将无法提交。

②type 属性:可以使用 type 属性来指定输入字段的类型,如 text、email、number 等。浏览器会根据类型进行基本的验证。

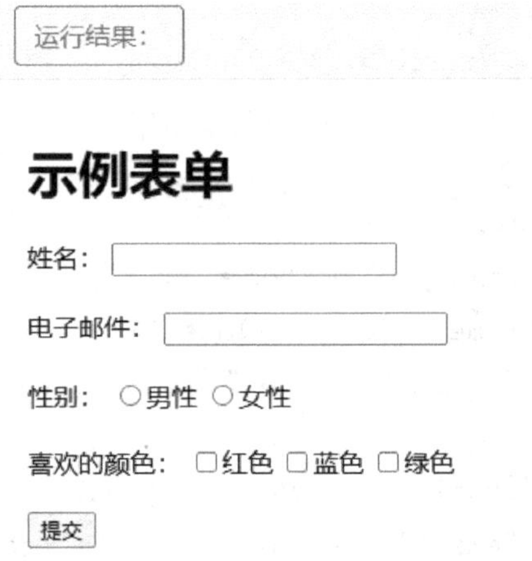

运行结果：

示例表单

姓名：

电子邮件：

性别： ○男性 ○女性

喜欢的颜色： □红色 □蓝色 □绿色

提交

图 3-12　示例 3-12 运行结果

（2）使用 pattern 属性。

pattern 属性允许指定一个正则表达式，用于验证输入字段的内容。

【示例 3-13】 以下是一个验证电话号码格式的示例。

HTML

```
<label for = "phone">电话号码：</label>
<input type = "text" id = "phone" name = "phone" pattern = "\d{3} - \d{2} - \d{4}"
placeholder = "格式：123 - 45 - 6789"><br><br>
```

运行结果如图 3-13 所示。

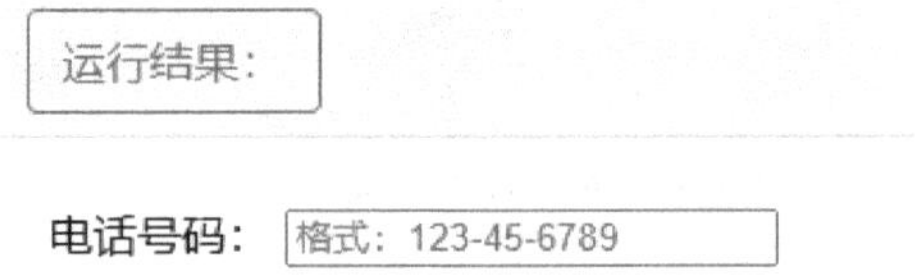

运行结果：

电话号码： 格式：123-45-6789

图 3-13　示例 3-13 运行结果

在这个示例中，pattern 属性包含一个正则表达式，用于匹配电话号码的格式。

（3）提交内容。

在上面的表单示例中，使用<form>元素的 action 属性指定了表单提交的 URL，以及 method 属性指定了提交方法（这里是 POST）。

当用户点击提交按钮时，表单的内容将被发送到指定的 URL（在这里是"submit. php"）进行处理。用户可以在服务器端编写代码来处理这些数据，如将数据保存到数据库中或发送电子邮件通知。

4. 新的属性

1）autocomplete（自动完成）

autocomplete 属性可以控制表单字段的自动完成功能。例如：

HTML

```
<input type = "text" name = "city" autocomplete = "on">
```

使用 autocomplete 属性可以启用或禁用浏览器的自动填充功能。在这个示例中，autocomplete 设置为"on"，即浏览器可以根据以前的输入自动填充表单字段。

2）autofocus（自动聚焦）

autofocus 属性可以自动聚集在页面加载时的表单字段。例如：

HTML

＜input type = "text" name = "username" autofocus＞

使用 autofocus 属性，当页面加载时，浏览器会自动将焦点设置在这个输入字段上，使用户能够立即开始输入。

3）placeholder（占位符）

placeholder 属性在表单字段中显示提示文件。例如：

HTML

＜input type = "email" name = "email" placeholder = "请输入您的电子邮件地址"＞

placeholder 属性用于在表单字段中显示灰色的提示文本，以指导用户输入。在这个示例中，用户会看到"请输入您的电子邮件地址"作为输入字段的提示。

4）form（表单关联）

form 属性为表单元素指定关联的＜form＞元素。例如：

HTML

＜form id = "myForm"＞
　　＜input type = "text" name = "username" form = "myForm"＞
＜/form＞

使用 form 属性，可以将表单字段与特定的＜form＞元素关联起来。在这个示例中，输入字段被关联到具有 ID "myForm"的表单。

5）multiple（多选文件上传）

multiple 属性允许多选的文件上传输入。例如：

HTML

＜input type = "file" name = "photos" multiple＞

multiple 属性允许用户选择多个文件进行上传。在这个示例中，用户可以同时选择多张照片来上传。

6）step（步长）

step 属性定义数值输入字段的步长。

HTML

＜input type = "number" name = "quantity" step = "5"＞

step 属性用于定义数值输入字段的步长。在这个示例中，用户只能输入 5 的倍数作为数量，如 5、10、15 等。

7）minlength 和 maxlength（文本长度限制）

minlength 和 maxlength 属性定义文本字段的最小和最大长度。

HTML

```
<input type = "text" name = "comment" minlength = "10" maxlength = "200">
```

minlength 和 maxlength 属性分别用于定义文本输入字段的最小和最大长度。在这个示例中，用户需要输入至少 10 个字符但不能超过 200 个字符的评论。

这些属性可以根据网页表单需求来使用，以增强用户体验和表单功能。

5. 表单元素属性扩展

（1）<input>元素的 list 属性与<datalist>元素关联，实现自动完成。

【示例 3 - 14】

HTML

```
<label for = "fruits">选择水果：</label>
<input type = "text" id = "fruits" list = "fruitList">
<datalist id = "fruitList">
  <option value = "苹果">
  <option value = "香蕉">
  <option value = "橙子">
  <option value = "草莓">
  <option value = "葡萄">
</datalist>
```

运行结果如图 3 - 14 所示。

图 3 - 14　示例 3 - 14 运行结果

在这个示例中，有一个输入字段（<input>），其 id 属性为"fruits"。然后，使用<datalist>元素创建了一个水果列表，该列表的 id 属性为"fruitList"，并包含多个<option>元素，每个元素都表示一个水果选项。

通过建立了关联，将<input>元素的 list 属性设置为与<datalist>元素的 id 相匹配，当用户开始在输入字段中输入内容时,浏览器将自动显示与输入内容匹配的选项,从而实现了自动完成的效果。

(2)<input>元素的 pattern 属性用于基于正则表达式进行自定义验证。

【示例 3 - 15】

HTML

```
<label for = "creditCard">请输入信用卡号:</label>
<input type = "text" id = "creditCard" pattern = "[0 - 9]{16}" required>
<button onclick = "validateCreditCard()">验证</button>
<p id = "validationResult"></p>

<script>
  function validateCreditCard() {
    const inputElement = document.getElementById("creditCard");
    const validationResult = document.getElementById("validationResult");
    const pattern = inputElement.getAttribute("pattern");
    const regex = new RegExp(`^${pattern}$`);

    if (regex.test(inputElement.value)) {
      validationResult.textContent = "信用卡号有效。";
      validationResult.style.color = "green";
    } else {
      validationResult.textContent = "请输入有效的 16 位数字信用卡号。";
      validationResult.style.color = "red";
    }
  }
</script>
```

运行结果如图 3 - 15 所示。

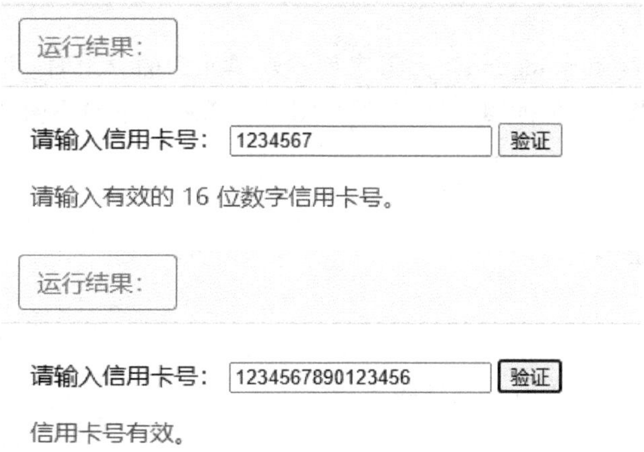

图 3 - 15　示例 3 - 15 运行结果

在这个示例中，有一个输入字段（＜input＞），其 type 属性为 text，id 属性为 creditCard。使用 pattern 属性指定一个正则表达式，该正则表达式要求输入的内容必须是 16 位数字。同时，还设置了 required 属性，以确保用户必须提供输入。

6. 上传文件控制

＜input type＝"file"＞元素允许用户上传文件到服务器，可以使用 accept 属性来指定允许上传的文件类型，以便限制用户只能选择特定类型的文件。这可以提高用户体验，并确保应用程序只接受特定类型的文件。

【示例 3 - 16】

```
HTML
<form action = "/upload" method = "post" enctype = "multipart/form - data">
    <label for = "fileInput">选择文件：</label>
    <input type = "file" id = "fileInput" name = "fileToUpload" accept = ".jpg, .
jpeg, .png">
    <input type = "submit" value = "上传文件">
</form>
```

运行结果如图 3 - 16 所示。

图 3 - 16　示例 3 - 16 运行结果

在这个示例中，创建了一个包含文件上传字段的表单。该输入字段具有 type＝"file"，并且具有 accept 属性，其值是文件扩展名的逗号分隔列表，用于指定允许上传的文件类型。用户只能选择上传 .jpg、.jpeg 和 .png 格式的文件，如果尝试选择其他类型的文件，浏览器会在文件选择对话框中限制可见文件类型，从而提供了限制文件类型的反馈。

7. 表单元素分组

当使用＜fieldset＞和＜legend＞元素来创建表单元素的分组时，可以将相关的表单元素放在一个边框内，并提供一个标题，以便更好地组织和描述表单的不同部分。

【示例 3 - 17】

```
HTML
<! DOCTYPE html>
<html>
<head>
    <title>表单分组示例</title>
</head>
<body>
```

```
<form>
  <fieldset>
    <legend>个人信息</legend>
    <label for = "firstName">名字:</label>
    <input type = "text" id = "firstName" name = "firstName"><br>

    <label for = "lastName">姓氏:</label>
    <input type = "text" id = "lastName" name = "lastName"><br>
  </fieldset>

  <fieldset>
    <legend>联系信息</legend>
    <label for = "email">电子邮件:</label>
    <input type = "email" id = "email" name = "email"><br>

    <label for = "phone">电话号码:</label>
    <input type = "tel" id = "phone" name = "phone"><br>
  </fieldset>

  <input type = "submit" value = "提交">
</form>
</body>
</html>
```

运行结果如图 3 - 17 所示。

图 3 - 17　示例 3 - 17 运行结果

在这个示例中,创建了一个简单的表单,其中包含两个分组,一个是"个人信息",另一个是"联系信息"。每个分组都由<fieldset>元素包围,而<legend>元素用于提供分组的标题。

使用<fieldset>和<legend>元素可以提高表单的可访问性和可用性,使用户更容易理解和填写表单。它们还有助于改善表单的外观和布局,将相关字段组织成易于浏览的方式。

8. 自定义表单样式

CSS 是用于控制网页中元素外观和布局的强大工具,包括表单元素。关于 CSS 更为详尽的知识，我们将在第 2 部分学习。下面是一些示例，说明如何使用 CSS 来自定义表单元素的外观和样式。

1）自定义输入框（text input）的外观

【示例 3 - 18】

HTML

```html
<! DOCTYPE html>
<html>
<head>
    <style>
        /* 设置输入框的背景颜色和边框样式 */
        input[type = "text"] {
            background - color: #f2f2f2;
            border: 1px solid #ccc;
            padding: 5px;
            border - radius: 5px;
        }

        /* 设置输入框获得焦点时的样式 */
        input[type = "text"]:focus {
            border - color: #007bff;
            box - shadow: 0 0 5px rgba(0, 123, 255, 0.5);
        }
    </style>
</head>
<body>
    <label for = "myInput">输入框：</label>
    <input type = "text" id = "myInput" name = "myInput" placeholder = "请输入文本">
</body>
</html>
```

运行结果如图 3 - 18 所示。

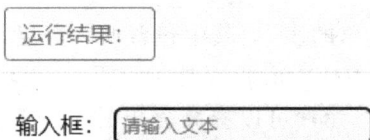

运行结果：

输入框：　请输入文本

图 3 - 18　示例 3 - 18 运行结果

2）自定义按钮（button）的样式

【示例 3 - 19】

HTML

```
<! DOCTYPE html>
<html lang = "en">
<head>
    <meta charset = "UTF - 8">
    <meta name = "viewport" content = "width = device - width, initial - scale = 1.
0">
    <title>按钮样式示例</title>
    <style>
        /* 设置按钮的背景颜色和文本颜色 */
        button {
            background - color：#007bff；
            color：#fff；
            padding：10px 20px；
            border：none；
            border - radius：5px；
            cursor：pointer；/* 添加光标样式,使其看起来可点击 */
        }

        /* 设置按钮悬停时的样式 */
        button：hover {
            background - color：#0056b3；
        }
    </style>
</head>
<body>
    <button>点击我</button>
</body>
</html>
```

运行结果如图 3 - 19 所示。

运行结果：

点击我

图 3 - 19　示例 3 - 19 运行结果

3）自定义复选框（checkbox）的样式

【示例 3 - 20】

HTML

```html
<! DOCTYPE html>
<html lang = "en">
<head>
    <meta charset = "UTF - 8">
    <meta name = "viewport" content = "width = device-width, initial-scale = 1.
0">
    <title>Custom Checkbox</title>
    <style>
        / * 隐藏默认的复选框 * /
        input[type = "checkbox"] {
            display: none;
        }

        / * 创建自定义的复选框外观 * /
        .checkbox-wrapper {
            display: inline-block;
            position: relative;
            padding-left: 25px;
            cursor: pointer;
        }

        / * 创建复选框的外观 * /
        .checkbox-wrapper::before {
            content: "";
            display: inline-block;
            width: 20px;
            height: 20px;
            border: 2px solid #007bff;
            background-color: #fff;
            border-radius: 3px;
            position: absolute;
            left: 0;
            top: 0;
        }
```

```
        /* 创建复选框选中时的外观 */
        .checkbox-wrapper input:checked + ::before {
            background-color: #007bff;
            border-color: #007bff;
        }
    </style>
</head>
<body>
    <label class = "checkbox-wrapper">
        <input type = "checkbox">
        Custom Checkbox 1
    </label>

    <br>

    <label class = "checkbox-wrapper">
        <input type = "checkbox">
        Custom Checkbox 2
    </label>
</body>
</html>
```

运行结果如图 3-20 所示。

运行结果：

☐Custom Checkbox 1
☐Custom Checkbox 2

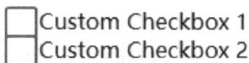

图 3-20　示例 3-20 运行结果

通过使用 CSS,可以更改颜色、边框、字体、大小等各种属性,以满足设计需求,并使表单元素看起来更符合网站或应用程序的整体风格。

3.4　习题

1. 在 HTML 中,用于输入文本信息的基本控件是(　　)。
   A. 单选按钮　　　　 B. 密码输入框　　　　 C. 提交按钮　　　　 D. 文本输入框
2. 在 HTML 中,<input>元素的 type 属性为"password"时,表示(　　)。
   A. 密码输入框　　　 B. 复选框　　　　　　 C. 单选框　　　　　 D.自动完成输入框

第4章 HTML 的嵌入

4.1 HTML 嵌入其他内容概述

HTML 由一系列标签(或称为元素)组成,这些标签描述了文档的结构和内容。HTML 中的一项重要功能是能够嵌入其他内容,包括文本、图像、音频、视频,以及其他媒体和资源。

HTML 中嵌入其他内容的主要方式是使用不同的标签来定义不同类型的内容。以下是一些常见的 HTML 嵌入内容的示例。

HTML 嵌入其他内容概述

1. 嵌入文本

HTML

```
<p>这是一个包含文本的段落。</p>
```

2. 嵌入图像

HTML

```
<img src = "image.jpg" alt = "图片描述">
```

3. 嵌入链接

HTML

```
<a href = "https://www.example.com">访问示例网站</a>
```

4. 嵌入音频

【示例 4-1】

HTML

```
<! DOCTYPE html>
<html lang = "en">
<head>
    <meta charset = "UTF-8">
    <meta name = "viewport" content = "width = device-width, initial-scale = 1.0">
    <title>音频播放器</title>
```

```
</head>
<body>
    <audio controls>
        <source src = "audio.mp3" type = "audio/mpeg">
    </audio>
</body>
</html>
```

运行结果如图 4 - 1 所示。

图 4 - 1　示例 4 - 1 运行结果

5. 嵌入视频

【示例 4 - 2】

HTML

```
<! DOCTYPE html>
<html lang = "en">
<head>
    <meta charset = "UTF - 8">
    <meta name = "viewport" content = "width = device-width, initial-scale = 1.0">
    <title>视频播放器</title>
</head>
<body>
    <video controls width = "400" height = "300">
        <source src = "video.mp4" type = "video/mp4">
    </video>
</body>
</html>
```

运行结果如图 4 - 2 所示。

运行结果：

图 4-2　示例 4-2 运行结果

6. 嵌入 iframe(内嵌网页)

【示例 4-3】

HTML

```
<iframe src = "http://www.zjnu.edu.cn/"></iframe>
```

运行结果如图 4-3 所示。

运行结果：

图 4-3　示例 4-3 运行结果

7. 嵌入其他 HTML 文档

HTML

```
<object data = "another.html" width = "400" height = "300"></object>
```

8. 嵌入表单元素

【示例 4-4】

HTML

```
<form action = "submit.php" method = "post">
```

```html
<input type = "text" name = "username" placeholder = "用户名">
<input type = "password" name = "password" placeholder = "密码">
<input type = "submit" value = "登录">
</form>
```

运行结果如图 4-4 所示。

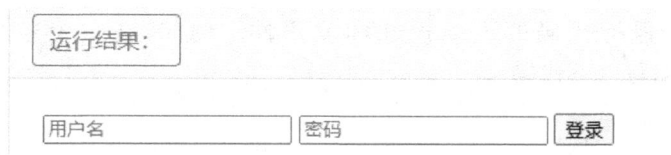

图 4-4　示例 4-4 运行结果

以上示例只是 HTML 中嵌入内容的一小部分。HTML 提供了各种不同的标签和属性，允许开发者嵌入各种类型的内容，以丰富和定制自己的网页。通过组合不同的元素，可以创建多媒体丰富、交互性强的网页，以满足不同的需求和目标。

4.2　嵌入 JavaScript 脚本

JavaScript 是一种用于为网页添加交互性和动态行为的编程语言。开发者可以在 HTML 中嵌入 JavaScript 脚本，以便在网页加载时或在用户与网页交互时执行 JavaScript 代码。以下是 HTML 中嵌入 JavaScript 脚本的基本方式。

嵌入 JavaScript 脚本

1. 内联脚本

在 HTML 文档中直接嵌入 JavaScript 代码，可以使用<script>标签。例如：

```html
HTML
<! DOCTYPE html>
<html>
<head>
    <title>嵌入 JavaScript 示例</title>
</head>
<body>
    <h1>这是一个内联 JavaScript 示例</h1>
    <script>
        // 在这里编写 JavaScript 代码
        alert('欢迎来到我的网页！');
    </script>
</body>
```

```
</html>
```

在这个示例中，JavaScript 代码被包含在＜script＞标签内，它在页面加载时执行，并显示一个弹出框。

2. 外部脚本

将 JavaScript 代码保存到外部文件中，然后在 HTML 文档中使用＜script＞标签引用这些文件。这有助于保持代码的可维护性和复用性。例如，在一个名为 script.js 的外部 JavaScript 文件中编写以下代码：

HTML
```
// script.js
function greet() {
    alert('欢迎来到我的网页！');
}
```

然后在 HTML 文档中引用该外部文件：

HTML
```
<! DOCTYPE html>
<html>
<head>
    <title>外部 JavaScript 示例</title>
</head>
<body>
    <h1>这是一个外部 JavaScript 示例</h1>
    <button onclick = "greet()">点击我</button>
    <script src = "script.js"></script>
</body>
</html>
```

在这个示例中，＜script＞标签中的 src 属性用于指定外部 JavaScript 文件的路径。当用户点击按钮时，调用了外部脚本中的 greet()函数。

无论是内联 JavaScript 还是外部 JavaScript，都可以用来操作网页的 DOM（文档对象模型）、处理用户输入、执行动画等各种任务，以增强网页的交互性和功能。

4.3 嵌入 CSS 样式表

在 HTML 中嵌入 CSS 样式表意味着将 CSS 样式规则直接包含在 HTML 文档中，以控制文档中元素的外观和布局。这样，可以在同一文档中定义和应用样式，而不必创建单独的外部 CSS 文件。在 HTML 文档的＜head＞部分，使用＜style＞标签来嵌入 CSS 样式表。样式规则写在＜style＞标签内部。例如：

嵌入 CSS 样式表

```
HTML
<! DOCTYPE html>
<html>
<head>
    <title>嵌入 CSS 样式表示例</title>
    <style>
        / * 这是一个 CSS 注释 * /

        / * 定义样式规则 * /
        body {
            font-family: Arial, sans-serif;
            background-color: #f0f0f0;
        }

        h1 {
            color: #333;
        }

        p {
            font-size: 16px;
            line-height: 1.5;
        }
    </style>
</head>
<body>
    <h1>嵌入 CSS 样式表示例</h1>
    <p>这是一个使用嵌入 CSS 样式表的简单示例。</p>
</body>
</html>
```

在这个示例中，<style>标签包含了内部的 CSS 样式规则，它们定义了 body、h1 和 p 元素的样式。这些样式规则会应用于页面中的相应元素，以改变它们的外观和布局。

通过嵌入 CSS 样式表，开发者可以轻松地在 HTML 文档中自定义网页的外观，而不需要创建额外的 CSS 文件。这使得样式与内容更紧密地关联在一起，更容易维护和修改。但请注意，对于大型项目，通常建议将样式规则放在外部 CSS 文件中，以提高代码的可维护性和可重用性。

4.4　习题

1. 下列关于向 HTML 页面嵌入 JavaScript 脚本的说法中，描述正确的是（　　　）。

    A. 只能放置在 HTML 页面中的＜head＞与＜/head＞之间

    B. 可以放置在 HTML 页面中的任何地方

    C. 必须被＜script＞与＜/script＞标签对所包含

    D. 必须被＜javascript＞与＜/script＞标签对所包含

2. 在 HTML 文档的＜head＞部分，使用（　　　　）标签来嵌入 CSS 样式表。

    A. ＜title＞   B. ＜body＞   C. ＜html＞   D. ＜canvas＞

第 5 章　HTML5 新特性

5.1　语义化标签

HTML 语义化标签是一种用于定义网页内容结构和含义的 HTML 标签。HTML 语义化标签有助于开发人员更清晰地描述页面内容的层次结构,使搜索引擎和辅助技术更容易理解和解释页面内容。下面将详细介绍一些常见的 HTML 语义化标签,包括＜section＞＜article＞＜nav＞等。

语义化标签

1.＜section＞标签

＜section＞标签用于表示文档中的一个独立的主题或部分,通常包含一个标题。这有助于将文档分成相关的段落,并为每个部分提供清晰的结构。例如:

```
HTML
＜section＞
  ＜h2＞介绍＜/h2＞
      ＜p＞这是一篇关于 HTML 语义化标签的文章。＜/p＞
＜/section＞
```

2.＜article＞标签

＜article＞标签用于表示一个独立的、完整的内容单元,如一篇新闻文章、博客帖子或论坛帖子。它应该有自己的标题和内容。例如:

```
HTML
＜article＞
＜h2＞最新科技新闻＜/h2＞
      ＜p＞今天发布了一款新的智能手机,...＜/p＞
＜/article＞
```

3.＜nav＞标签

＜nav＞标签用于定义导航链接的部分,通常包括站点的主要导航菜单。这有助于用户更容易地找到所需的页面或资源。

【示例 5-1】

```
HTML
＜nav＞
    ＜ul＞
        ＜li＞＜a href = "/"＞首页＜/a＞＜/li＞
```

```
        <li><a href = "/新闻">新闻</a></li>
        <li><a href = "/博客">博客</a></li>
        <li><a href = "/联系">联系我们</a></li>
    </ul>
</nav>
```

运行结果如图 5-1 所示。

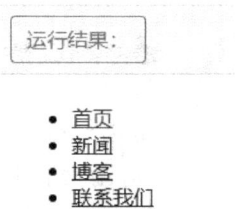

图 5-1　示例 5-1 运行结果

4. <aside>标签

<aside>标签用于表示一个与页面内容相关但不是主要内容的部分，如侧边栏、广告或引用。通常，<aside>标签的内容应该与周围的内容相关。

【示例 5-2】

```
HTML
<article>
<h2>最新科技新闻</h2>
    <p>今天发布了一款新的智能手机,...</p>
    <aside>
        <h3>相关链接</h3>
        <ul>
            <li><a href = "/评论">用户评论</a></li>
            <li><a href = "/相关文章">相关文章</a></li>
        </ul>
    </aside>
</article>
```

运行结果如图 5-2 所示。

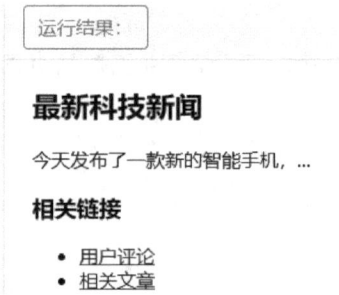

图 5-2　示例 5-2 运行结果

5. ＜header＞和＜footer＞标签

＜header＞和＜footer＞标签分别用于表示文档的页眉和页脚。＜header＞通常包含网页标题、标志或导航链接，而＜footer＞包含版权信息、联系方式等内容。

【示例 5－3】

HTML

```
<header>
    <h1>我的网站</h1>
    <nav>
        <ul>
            <li><a href = "/">首页</a></li>
            <li><a href = "/关于">关于我们</a></li>
            <!--更多导航链接-->
        </ul>
    </nav>
</header>


<!--页面主要内容-->


<footer>
    <p>&copy; 2023 我的网站</p>
    <p>联系我们:contact@example.com</p>
</footer>
```

运行结果如图 5－3 所示。

图 5－3　示例 5－3 运行结果

通过使用这些 HTML 语义化标签，可以提高页面的可访问性、搜索引擎优化和代码的可维护性，同时提供更清晰和有序的内容结构。这有助于改善用户体验并使网页更容易阅读和理解。

5.2 多媒体标签

HTML 多媒体标签是用来在网页上嵌入音频和视频内容的关键元素。这些标签允许网页开发者将丰富的多媒体内容无缝地集成到网页中，提供更丰富的用户体验。接下来将详细介绍 HTML 中的多媒体标签，包括 video 和 audio。

多媒体标签

1. <video>标签

<video>标签用于嵌入视频内容到网页中。它允许网页开发者指定视频文件的源，设置播放控制选项，以及提供备用文本描述。以下是一些重要的属性和例子。

①src：指定视频文件的 URL。

②controls：添加播放控制按钮，如播放、暂停、音量和进度条。

③width 和 height：指定视频的宽度和高度。

④poster：设置视频加载前显示的封面图片。

⑤autoplay：指定是否在页面加载时自动播放视频。

⑥loop：指定是否循环播放视频。

⑦preload：指定是否在页面加载时预加载视频。

HTML

```
<video src = "video.mp4" controls width = "480" height = "270" poster = "video-
poster.jpg">
</video>
```

2. <audio>标签

<audio>标签用于嵌入音频内容到网页中。它与<video>标签类似，但专注于音频播放。以下是一些关键属性和例子。

①src：指定音频文件的 URL。

②controls：添加音频播放控制按钮，如播放、暂停、音量和进度条。

③autoplay：指定是否在页面加载时自动播放音频。

④loop：指定是否循环播放音频。

⑤preload：指定是否在页面加载时预加载音频。

HTML

```
<audio src = "music.mp3" controls autoplay loop></audio>
```

HTML 多媒体标签使网页制作者能够为用户提供更具吸引力的内容，无论是通过视频来演示产品功能，还是通过音频来提供音乐、播客或语音导览。但请注意，不同的浏览器支持不同的多媒体格式，因此建议提供多个格式的媒体文件，以确保跨浏览器兼容性。

总之，<video>和<audio>标签是 HTML 中用于嵌入视频和音频内容的重要元素，它们允许网页开发者轻松地将多媒体资源集成到网页中，提供更丰富、更交互式的用户体验。通过了解这些标签及其属性，开发者可以更好地掌握如何在网页中嵌入多媒体内容。

5.3　图形标签

1. canvas

HTML 图形标签＜canvas＞是用于在网页上创建图形、绘制图像和执行图形操作的重要元素之一。它提供了一个空白的绘图区域,可以在其中使用 JavaScript 绘制各种图形、动画和交互性内容。下面详细介绍＜canvas＞标签的内容,包括其含义、用法和一些示例。

图形标签

1)含义和作用

＜canvas＞标签是 HTML5 中引入的一个重要元素,它允许开发者使用 JavaScript 绘制图形、图像和动画,以及在网页上创建交互性内容。这个标签的名称“canvas”意味着可以将网页视为一块画布,在上面可以绘制各种元素。它提供了一个可编程的 2D 绘图环境,允许开发者自由地创建和控制图形。

2)基本用法

要在网页上创建一个＜canvas＞,只需要在 HTML 中添加以下代码:

HTML

```
<canvas id = "myCanvas" width = "400" height = "200"></canvas>
```

上述代码创建了一个具有 400 像素宽和 200 像素高的画布,并为其指定了一个唯一的 ID“myCanvas”,以便在 JavaScript 中引用它。画布默认是透明的,因此可以在其上绘制任何内容。

3)绘图上下文(context)

要在＜canvas＞上绘制图形,需要获取绘图上下文(context),通常是 2D 绘图上下文。通过 JavaScript,可以使用以下代码来获取绘图上下文。

HTML

```
var canvas = document.getElementById("myCanvas");
var ctx = canvas.getContext("2d");
```

现在,我们可以使用 ctx 对象执行各种绘图操作。

4)绘制形状和路径

＜canvas＞的作用是绘制各种形状,如矩形、圆形、线条等。例如:

HTML

```
//绘制一个矩形
ctx.fillStyle = "blue";
ctx.fillRect(50, 50, 100, 80);

//绘制一个圆形
ctx.beginPath();
```

```
ctx.arc(200, 100, 50, 0, 2 * Math.PI);
ctx.fillStyle = "red";
ctx.fill();

//绘制一条线
ctx.beginPath();
ctx.moveTo(250, 50);
ctx.lineTo(350, 150);
ctx.strokeStyle = "green";
ctx.stroke();
```

5)图像绘制

<canvas>不仅可以绘制形状,还可以用于绘制图像,可以加载图像并将其绘制在画布上。

HTML
```
var img = new Image();
img.src = "image.jpg";

img.onload = function() {
  ctx.drawImage(img, 0, 0);
};
```

6)动画

<canvas>也可以用于创建动画,通过不断更新画布上的内容,可以实现各种动画效果。通常,使用 requestAnimationFrame 函数来控制动画的刷新频率,以避免性能问题。

HTML
```
function draw() {
  //清空画布
  ctx.clearRect(0, 0, canvas.width, canvas.height);

  //绘制动画内容
  //...

  //请求下一帧动画
  requestAnimationFrame(draw);
}

//启动动画
requestAnimationFrame(draw);
```

7）交互性

通过监听鼠标事件、触摸事件或键盘事件，可以使＜canvas＞具有交互性。例如，可以创建可点击的图形元素，或者根据用户输入更新画布内容。

HTML
```
canvas.addEventListener("click", function(event) {
    var x = event.clientX - canvas.getBoundingClientRect().left;
    var y = event.clientY-canvas.getBoundingClientRect().top;

    // 处理点击事件
    // ...
});
```

这些是＜canvas＞的一些基本概念和用法。它可以用于创建各种图形和交互性内容，是现代 Web 开发中不可或缺的一部分。

2．SVG

SVG（scalable vector graphics，可伸缩矢量图形）是一种用于描述二维矢量图形的 XML（可扩展标记语言）标准。它可以创建高质量的图形，无论图形大小如何，都可以无损地缩放。SVG 通常用于 Web 开发和图形设计，它具有许多优点，包括可伸缩性、分辨率无关性和易于编辑性。

1）含义

SVG 是一种 XML 基础的矢量图形格式，用于在 Web 上呈现图形和图像。与位图图像（如 JPEG 和 PNG）不同，SVG 图像以文本形式存储图形信息，因此可以轻松缩放，不会失真，并且可编辑。

2）基本示例

下面是绘制一个红色矩形的 SVG 例子。

HTML
```
<svg width = "100" height = "100" xmlns = "http://www.w3.org/2000/svg">
    <rect width = "100" height = "100" fill = "red" />
</svg>
```

在上面的例子中，使用＜svg＞元素来定义 SVG 容器，指定了宽度和高度。然后，使用＜rect＞元素来绘制一个矩形，指定了宽度、高度和填充颜色。

3）基本概念

①＜svg＞元素：SVG 文档的根元素，用于定义 SVG 图形容器的大小和命名空间。

②＜rect＞元素：用于绘制矩形。它可以定义矩形的宽度、高度、位置和样式。

③＜circle＞元素：用于绘制圆形。它可以定义圆的半径、中心点和样式。

④＜line＞元素：用于绘制直线。它可以定义起点、终点和样式。

⑤＜path＞元素：用于绘制复杂的路径。它使用路径数据来定义形状。

⑥fill 属性:定义图形的填充颜色。

⑦stroke 属性:定义图形的轮廓颜色。

⑧stroke-width 属性:定义轮廓的宽度。

4)高级特性

SVG 还支持一些高级特性,如渐变、滤镜、动画和文本渲染等,使更具表现力和交互性。例如:

HTML

```
<svg width = "200" height = "200" xmlns = "http://www.w3.org/2000/svg">
  <defs>
    <linearGradient id = "gradient" x1 = "0%" y1 = "0%" x2 = "100%" y2 = "100%">
      <stop offset = "0%" style = "stop-color:rgb(255,255,0);stop-opacity:1" />
      <stop offset = "100%" style = "stop-color:rgb(255,0,0);stop-opacity:1" />
    </linearGradient>
  </defs>
  <rect width = "200" height = "200" fill = "url(#gradient)" />
  <text x = "20" y = "40" font-size = "24" fill = "black">SVG 示例</text>
</svg>
```

在这个示例中,使用了渐变来填充矩形,并添加了文本。

总之,SVG 是一种强大的图形格式,适用于在 Web 上创建可伸缩的矢量图形。它可以用于创建静态图像、图表、地图、图标及复杂的数据可视化。通过了解 SVG 的基本元素和属性,可以开始创建 SVG 图形并将其集成到网页中。

5.4 习题

1. 以下(　　)不是 HTML5 新增的标签。

    A. <video>　　　　B. <audio>　　　　C. <marquee>　　　　D. <style>

2. 如何区别 HTML 和 HTML5?

第 2 部分　CSS

第6章 基础知识

6.1 什么是CSS

CSS(cascading style sheets,层叠样式表)是网页设计和排版的重要技术,它能让网页变得美观,更有吸引力,同时也能提升用户体验。下面让我们进一步了解CSS的含义、发展和特性。

1. 含义

CSS就像是网页的时尚顾问,它告诉网页上的各种元素(文字、图片、按钮等)应该长什么样子,它们应该放在哪里,以及它们如何在不同设备和屏幕尺寸上适应。简而言之,CSS决定了网页的外观和布局。

什么是CSS

2. 发展

当谈到CSS的发展时,可以把它比作一位时尚大师的演化历程。CSS是网页设计中的时尚达人,它负责为网页赋予视觉魅力和美感。以下是CSS发展的简要概述。

(1)CSS的诞生。在互联网早期,网页设计是一场"混乱的时尚秀"。每个网页都需要内嵌样式信息,这导致了代码的混乱和难以维护。为了解决这个问题,CSS在1996年首次问世。

(2)CSS1。CSS1是第一个版本,它引入了基本的样式规则,如颜色、字体、文本对齐等。它让设计者能够更好地掌握网页外观。

(3)CSS2。随着互联网的发展,对网页设计的需求也增加了。CSS2在2000年发布,引入了更多的样式选项,包括浮动、定位和更丰富的背景效果。

(4)CSS3。CSS3是一次巨大的飞跃,它将网页设计提升到一个全新的水平。它引入了许多新特性,如圆角、阴影、渐变、动画和响应式设计。这些功能使网页看起来更加吸引人,也提高了用户体验。

(5)模块化CSS。为了更好地管理和组织样式代码,开发者们引入了模块化CSS的概念,如Sass和Less。这些工具允许开发者编写更具可维护性的代码。

(6)CSS Grid和Flexbox。CSS Grid和Flexbox是两个重要的布局工具,它们使网页布局变得更加简单和灵活。它们为设计者提供了更多的控制权,让网页布局不再是一项困难的任务。

(7)CSS框架和库。为了加速开发过程,出现了许多CSS框架和库,如Bootstrap和Foundation。这些工具提供了现成的样式和组件,使开发者能够更快地创建漂亮的网页。

(8)CSS4和未来展望。CSS4正在不断发展中,它将进一步扩展CSS3的功能。未来,我们可以期待更多的样式效果和布局选项,以满足不断变化的设计趋势和用户需求。

3. 特性

(1)分离性。CSS可以将样式从网页内容中分离出来,使样式更易于管理和维护。

（2）层叠性。多个 CSS 样式可以同时应用于一个元素,它们会按照一定的规则层叠在一起,这样就可以精确控制元素的外观。

（3）响应式设计。CSS 使得网页可以根据不同的设备和屏幕尺寸自动调整布局和样式,以提供更好的用户体验。

（4）丰富的选择器。CSS 提供各种选择器,可以选择并修改网页中的特定元素,从而实现精细的样式控制。

（5）动画和过渡。CSS 可以创建平滑的过渡和动画效果,使网页更生动和吸引人。

（6）自定义字体。可以使用 CSS 来引入自定义字体,使得网页文本更具个性。

总之,CSS 是网页设计的核心技术之一,它令网页看起来漂亮、易于浏览,并适应不同的设备和屏幕。这就是为什么 CSS 如此重要且有趣的原因!

6.2　CSS 的作用

CSS 的主要作用是控制网页的外观和布局,它通过定义各种样式规则来实现这一目标。以下是 CSS 的一些主要作用。

CSS 的作用

（1）样式和布局控制。CSS 允许开发者精确地控制网页元素的外观,包括字体、颜色、大小、间距、边框等。这意味着开发者可以轻松地自定义网页,以满足特定设计需求或品牌标识。

（2）分离内容和样式。CSS 的一个重要概念是分离内容（HTML）和样式（CSS）。这使得网页更易于维护和更新,因为开发者可以在不改变内容的情况下更改样式,反之亦然。

（3）响应式设计。CSS 使网页可以适应不同的设备和屏幕尺寸。通过使用媒体查询和弹性布局技术,开发者可以创建响应式设计,确保开发者的网页在桌面、平板和移动设备上都能良好地呈现。

（4）动画和交互效果。CSS 还允许开发者创建动画和交互效果,使用户体验更加丰富。开发者可以使用 CSS 过渡、动画和变换来实现平滑的过渡效果,以及悬停、点击等交互效果。

（5）维护性和可重用性。通过将样式规则定义在一个 CSS 文件中,开发者可以在整个网站上重复使用相同的样式,从而提高代码的可维护性和可重用性,这也有助于确保网站的一致性。

总之,CSS 是网页设计和前端开发的关键组成部分,它赋予了开发者对网页外观和布局的完全控制权。通过合理地应用 CSS,开发者可以创建出功能良好且具有响应性的网站,以满足用户的需求。无论是网站开发者还是网页设计师,了解和精通 CSS 都是必不可少的技能。

6.3　CSS 的语法

CSS 的语法是一种用于定义网页样式和布局的标记语言。CSS 的语法旨在描述网页元素应该如何显示和排列,以及它们的外观和样式。以下是 CSS 的语法要点。

CSS 的语法

（1）选择器（selectors）。选择器是用于选择要应用样式的 HTML 元素的模式。常见的选择器包括元素选择器和类选择器。

（2）属性（properties）。属性定义了要应用于选定元素的样式规则，通常包括字体、颜色、边框、背景等。每个属性都有一个关联的值，如"color：red"将文本颜色设置为红色。

（3）属性值（property values）。属性值定义了属性的具体设置。属性值可以是颜色、尺寸、图片的 URL 等。例如，"font-size：16px"将文本字号设置为 16 像素。

（4）声明（declaration）。声明是由属性和属性值组成的一对，它们通常被包含在花括号内。多个声明可以一起定义一个样式规则。

（5）样式规则（rule）。样式规则由选择器和声明组成，它们定义了要应用于特定元素的样式。

```
CSS
p {
    color: blue;
    font-size: 14px;
}
```

（6）CSS 注释（comments）。可使用/ * ... * /来添加注释，注释不会影响样式。

（7）选择器组合（selector combinations）。开发者可以将多个选择器组合在一起，以便应用相同的样式规则。例如：

```
CSS
h1, h2, h3 {
    font-family: Arial, sans-serif;
}
```

（8）继承（inheritance）。一些样式属性会被子元素继承。如果开发者在父元素上定义了某个样式，它可能会应用到子元素上，除非子元素有自己的样式定义。

（9）层叠性（cascading）。当多个样式规则应用于同一元素时，CSS 会根据特定规则来确定最终的样式。这包括选择器的特殊性、重要性和来源等因素。

例如，以下示例展示了如何使用 CSS 语法来设置段落元素的文字颜色和字体大小：

```
CSS
/ * 这是一个 CSS 注释 * /

/ * 选择器 * /
p {
    / * 声明 1 * /
    color: blue;

    / * 声明 2 * /
    font-size: 16px;
}
```

总之，CSS 的语法非常重要，因为它可以控制网页的外观和布局，使开发者能够创建具有吸引力的网页。

<h1 style="text-align:center">6.4　习题</h1>

1. 下列（　　）的 CSS 语法是正确的。

    A．body：color＝black　　　　　　B．｛body：color＝black（body｝

    C．body｛color：black｝　　　　　　D．｛body；color；black｝

2. 简述 CSS 的主要作用。

第7章　选择器

7.1　类型选择器

CSS 类型选择器是一种 CSS 选择器,用于选择 HTML 文档中的特定元素类型。它们允许开发者为页面上的所有具有相同 HTML 元素类型的元素应用相同的样式规则。以下是关于 CSS 类型选择器的详细介绍。

1. 语法

CSS 类型选择器的语法非常简单,只需要使用 HTML 元素的名称作为选择器。例如,要选择所有段落元素,可以使用以下语法:

HTML

```
elementname {
  /*样式规则*/
}
```

当编写 CSS 样式时,通常会将样式规则与 HTML 文档结构相结合。

【示例 7-1】　以下是一个完整的示例,展示了如何将 CSS 规则应用到 HTML 文档。

HTML

```
<! DOCTYPE html>
<html>
<head>
  <style>
    /*选择所有段落元素并将其文本颜色设置为红色*/
    p {
      color: red;
    }

    /*选择所有标题1元素并设置字体大小和颜色*/
    h1 {
      font-size: 24px;
      color: blue;
    }

    /*选择所有列表项元素并添加项目符号*/
```

```
    li {
      list-style: circle;
    }
  </style>
</head>
<body>
  <h1>This is a Heading 1</h1>
  <p>This is a paragraph with red text color.</p>
  <ul>
    <li>List item 1</li>
    <li>List item 2</li>
    <li>List item 3</li>
  </ul>
</body>
</html>
```

运行结果如图 7-1 所示。

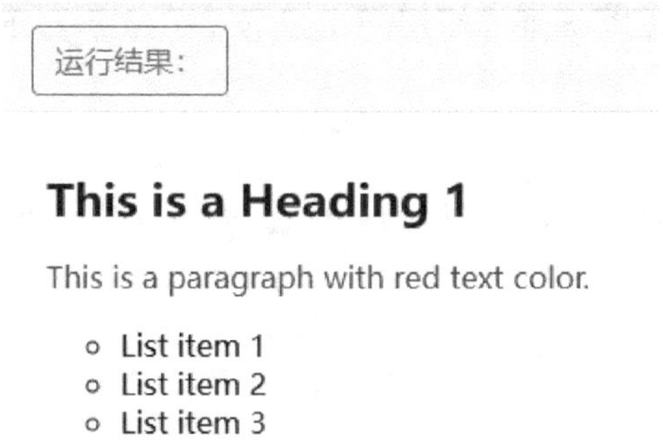

图 7-1 示例 7-1 运行结果

在这个示例中,创建了一个 HTML 文档,其中包括一个标题 1 元素(<h1>)、一个段落元素(<p>)和一个包含三个列表项元素(<li>)的无序列表(<ul>)。在<style>标签中嵌入 CSS 规则,以便样式被应用到文档中的相应元素。这将导致标题 1 的文本变成蓝色,段落文本变成红色,并且列表项前面会显示圆形的项目符号。

2. 适用

CSS 类型选择器适用于以下两种情况:

(1)当想要为整个文档中的特定元素类型定义样式时。

(2)当在页面上多次使用相同的元素类型时,可以使用 CSS 类型选择器来保持一致的样式。

3. 优缺点

1)优点

(1)简单易懂。CSS 类型选择器的语法非常简单,易于理解和使用。

(2)适用于通用样式。它们适用于需要应用于整个页面的通用样式,如段落或标题的样式。

(3)代码可维护性。类型选择器可以帮助保持页面上相同元素类型的一致性样式,从而提高代码的可维护性。

2)缺点

(1)缺乏精确性。类型选择器选择所有匹配的元素,这可能导致一些元素被错误地应用样式,特别是在页面结构复杂的情况下。

(2)无法选择特定的具有不同类或 ID 的元素。如果需要选择特定类或 ID 的元素,类型选择器无法满足这个需求。

(3)可能导致性能问题。如果在页面上有大量相同元素类型的元素,使用类型选择器可能会导致性能问题,因为它会选择所有匹配的元素并应用样式。

总之,CSS 类型选择器是一种简单而有用的选择器,适用于为整个文档中的特定元素类型定义通用样式。然而,对于更具体的选择需求,可能需要结合其他选择器,如类选择器或 ID 选择器。

7.2　通用选择器

CSS 通用选择器(universal selector)是一种选择器,它可以选择 HTML 文档中的所有元素。通用选择器通常使用一个星号(*)表示。下面是有关通用选择器的详细介绍。

通用选择器

1. 语法

通用选择器的语法非常简单,只需使用一个星号(*)即可表示,其基本语法如下:

```
HTML
 * {
    / * CSS 属性和值 * /
}
```

以下是一些通用选择器的用法。

(1)设置所有元素的字体颜色为红色。

```
CSS
 * {
    color: red;
}
```

(2)移除所有元素的内外边距和填充。

```
CSS
 * {
    margin: 0;
    padding: 0;
}
```

(3)设置所有链接的文本装饰为下划线。

CSS

```
* {
  text-decoration: underline;
}
```

2. 适用

通用选择器适用于快速重置默认样式、全局样式和全局重置三种情况。

(1)快速重置默认样式。通用选择器可用于快速重置浏览器默认样式,然后根据需要重新定义样式。

(2)全局样式。如果需要对整个页面的所有元素应用相同的样式,通用选择器可以派上用场。

(3)全局重置。在一些情况下,通用选择器可用于移除页面上的所有内外边距、填充和文本装饰,以确保一致的布局和样式。

3. 优缺点

1)优点

(1)简单易用。通用选择器非常简单,易于理解和使用。

(2)全局控制。通用选择器可以用来全局控制所有元素的样式,使得样式一致。

2)缺点

(1)性能问题。通用选择器会匹配页面上的每个元素,可能导致性能问题,特别是在大型文档上。

(2)不精确。由于其广泛的匹配,通用选择器不够精确,可能会影响到开发者不希望影响的元素。

(3)不推荐的使用。通常情况下,最好避免过度使用通用选择器,因为它们可能导致不必要的样式覆盖和冲突。

总之,通用选择器是一种强大的工具,但需要谨慎使用,通常情况下,最好只在必要时使用通用选择器,而不是在整个页面上广泛应用。

7.3　包含选择器

CSS 包含选择器用于选择具有特定属性值的元素,并且这些属性值包含指定的子字符串。包含选择器非常有用,因为它可以根据属性值中包含的文本来选择元素,而不仅仅是根据属性值的完全匹配。以下是有关 CSS 包含选择器的详细信息。

1. 语法

包含选择器的语法如下所示:

HTML

```
[attribute * = value]
```

其中，①［attribute］是要选择的属性的名称；

② * ＝是包含选择器，表示选择包含指定值的元素；

③value 是要查找的子字符串。

【示例 7 - 2】　假设有以下 HTML 代码：

HTML
```
<ul>
  <li data-category = "fruit">Apple</li>
  <li data-category = "fruit">Banana</li>
  <li data-category = "vegetable">Carrot</li>
  <li data-category = "fruit">Grapes</li>
</ul>
```

包含选择器选择具有 data-category 属性值包含 fruit 的元素，如下所示：

CSS
```
li[data-category * = "fruit"] {
  color: green;
}
```

运行结果如图 7 - 2 所示。

运行结果：

- Apple
- Banana
- **Carrot**
- Grapes

图 7 - 2　示例 7 - 2 运行结果

2. 适用

包含选择器非常适用于以下两种情况：

(1)当选择具有特定属性值的元素，但这些属性值包含子字符串。

(2)当根据元素的一部分属性值来样式化或操作元素时。

3. 优缺点

1)优点

(1)灵活性。包含选择器可以根据包含的子字符串选择元素，使得选择更加灵活。

(2)增强样式。可以使用包含选择器来为包含特定文本的元素添加特定样式，从而增强用户界面的可用性。

2）缺点

（1）性能问题。包含选择器可能会导致性能问题，特别是在大型文档中，因为它需要检查每个符合条件的元素的属性值。

（2）兼容性问题。某些旧版本的浏览器可能不支持包含选择器，因此需要谨慎使用，并提供备用样式或方案。

总之，包含选择器是一种强大的 CSS 选择器，可用于选择包含特定子字符串的元素。然而，应该谨慎使用，以确保性能和兼容性方面没有问题。

7.4　子元素选择器

CSS 子元素选择器（child selector）是一种 CSS 选择器，它可以选择父元素下的直接子元素。子元素是指位于父元素内部，直接作为其子级的元素，而不是进一步嵌套在其他元素中的元素。子元素选择器使用大于号（＞）来表示选择子元素。下面是关于 CSS 子元素选择器的详细信息。

子元素选择器

1. 语法

子元素选择器的语法如下：

CSS
```
父元素＞子元素 ｛
    属性：值；
｝
```

其中，①父元素：要选择的父元素的名称或选择器；

②子元素：要选择的子元素的名称或选择器；

③属性：要应用于所选子元素的 CSS 属性；

④值：要应用的 CSS 属性值。

【示例 7-3】　假设有以下 HTML 结构：

CSS
```
＜div class = "parent"＞
    ＜p＞这是直接子元素＜/p＞
    ＜span＞这也是直接子元素＜/span＞
    ＜div＞
        ＜p＞这不是直接子元素＜/p＞
    ＜/div＞
＜/div＞
```

可以使用子元素选择器来选择.parent 下的直接子元素＜p＞和＜span＞，如下所示：

CSS
```
.parent＞p ｛
```

```
        color：blue；
    }

.parent＞span {
        color：red；
    }
```

运行结果如图 7-3 所示。

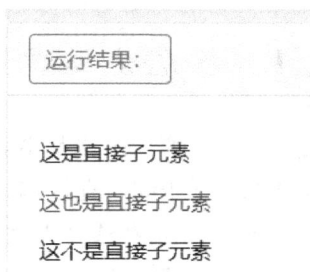

图 7-3　示例 7-3 运行结果

这将使.parent 下的直接子元素＜p＞文本颜色变为蓝色，＜span＞文本颜色变为红色。

2. 适用

子元素选择器适用于以下两种情况：

(1)当选择父元素下的直接子元素时，子元素选择器非常有用。

(2)它可以用于确保只选择特定级别的子元素，而不受嵌套结构中其他子元素的影响。

3. 优缺点

1)优点

(1)精确选择。子元素选择器可以精确选择直接子元素，而不会选择深层次的后代元素。

(2)控制样式。它可以更好地控制特定层次的元素样式，而不会影响其他层次。

2)缺点

(1)限制性。如果需要选择更深层次的元素，子元素选择器可能会显得过于限制性。

(2)兼容性问题。一些较旧的浏览器版本可能不支持子元素选择器，因此在使用时需要考虑浏览器兼容性。

总之，CSS 子元素选择器是一种强大的工具，用于选择特定层次的直接子元素，但在使用时需要谨慎考虑其限制性和兼容性。根据具体的需求，选择器的选择要明智。

7.5　相邻兄弟选择器

CSS 相邻兄弟选择器（adjacent sibling selector）是一种 CSS 选择器，它可以选择在同一父元素下紧接着出现的兄弟元素，即可以选择目标元素后面紧跟着的元素，而不选中其他兄弟元素。以下是有关 CSS 相邻兄弟选择器

相邻兄弟选择器

的详细信息。

1. 语法

相邻兄弟选择器使用加号(＋)作为分隔符,将两个元素选择器连接在一起。语法如下:

CSS
```
element1 + element2 {
    /＊CSS 属性和样式规则＊/
}
```

其中,①element1:要选择的元素的前一个兄弟元素;

②element2:要选择的元素。

【示例 7－4】　假设有以下 HTML 结构:

CSS
```
<ul>
    <li>Item 1</li>
    <li>Item 2</li>
    <li>Item 3</li>
    <li>Item 4</li>
</ul>
```

如果想选择第一个<li>元素后面的所有<li>元素,可以使用相邻兄弟选择器:

CSS
```
li + li {
    font-weight: bold;
}
```

这将使第一个<li>元素之后的所有<li>元素文本加粗。运行结果如图 7－4 所示。

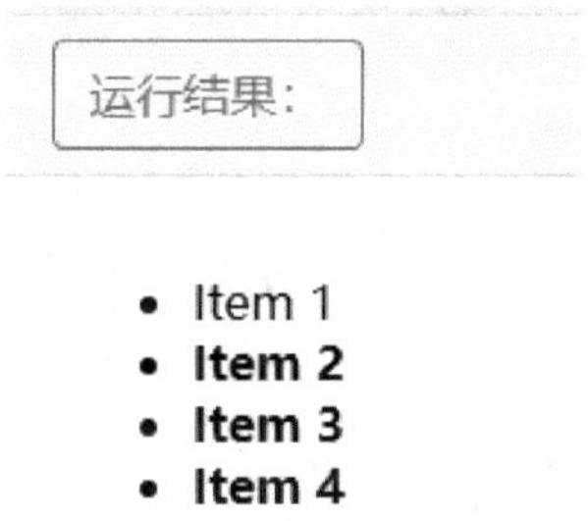

运行结果:

- Item 1
- **Item 2**
- **Item 3**
- **Item 4**

图 7－4　示例 7－4 运行结果

2. 适用

相邻兄弟选择器通常用于需要选择特定元素后紧跟的兄弟元素的情况。它适用于一些特定的布局和设计需求,但并不是常用的选择器。

3. 优缺点

1）优点

（1）可以精确选择特定的兄弟元素，而不影响其他兄弟元素。

（2）可以用于一些特定的样式需求，如为第一个元素后的所有兄弟元素应用样式。

2）缺点

（1）当 HTML 结构发生变化时，相邻兄弟选择器可能会失效，因为它依赖于元素在文档中的顺序。

（2）如果目标元素不是紧跟在兄弟元素后面，这个选择器就无法达到预期的效果。

（3）相邻兄弟选择器的使用相对较少，因为通常有其他更灵活的方式来选择和样式化元素。

总之，相邻兄弟选择器是一种 CSS 选择器，用于选择特定元素后面紧跟的兄弟元素。它适用于一些特定的场景，但在一般情况下可能不太常用。开发者在设计和开发中，应根据具体需求考虑是否使用它。

7.6　ID 选择器

CSS ID 选择器是一种 CSS 选择器，它用于选择具有特定 ID 属性的 HTML 元素。在 HTML 文档中，每个元素都可以附带一个唯一的 ID 属性，该属性可以在 CSS 中用作选择器的一部分，以便针对特定的元素应用样式或执行其他操作。以下是 CSS ID 选择器的详细介绍。

1. 语法

CSS ID 选择器以"#"字符开头，后跟 ID 属性的值。语法如下：

```CSS
#elementID {
    /* 样式规则 */
}
```

2. 选择器示例

假设你有以下 HTML 代码：

```HTML
<div id = "myDiv">这是一个示例</div>
```

可以使用 CSS ID 选择器来选择这个具有 ID 属性为"myDiv"的<div>元素：

```CSS
#myDiv {
    background-color: lightblue;
    color: darkblue;
}
```

3. 唯一性

每个 HTML 元素的 ID 属性值应该是唯一的。在同一个 HTML 文档中，不能有多个具有相同 ID 值的元素，否则将会引发问题。

4. 优先级

CSS ID 选择器的优先级相对较高，如果使用了相同的属性选择器和类选择器来选择同一个元素，具有 ID 选择器的样式规则将优先应用。

5. 使用场景

CSS ID 选择器通常用于针对特定页面元素应用唯一的样式规则。这在以下情况非常有用：

(1)对特定页面元素进行特殊样式化。

(2)使用 JavaScript 通过 ID 选择器来访问和操作特定元素。

(3)锚点链接，通过 ID 选择器可以将用户导航到页面内的特定部分。

6. 具体示例

我们使用彩虹文字效果案例，这需要对特定元素应用 ID 属性，并使用 ID 选择器来选择这些元素并应用样式。

【示例 7-5】　以下是一个基于 CSS ID 选择器的彩虹文字效果案例：

```
HTML
<! DOCTYPE html>
<html lang = "en">
<head>
    <meta charset = "UTF-8">
    <meta name = "viewport" content = "width = device-width, initial-scale = 1.0">
    <title>彩虹文字效果</title>
    <style>
        /* 使用 CSS ID 选择器设置文字样式 */
        #rainbow-header {
            font-size: 48px;
            text-align: center;
            background-image: linear-gradient(to right, #FF0000, #FF7F00, #FFFF00, #00FF00, #0000FF, #4B0082, #8B00FF);
            -webkit-background-clip: text;
            color: transparent;
        }
    </style>
</head>
<body>
```

```
        <! --使用具有"rainbow-header" id 的元素来应用效果-->
        <h1 id = "rainbow-header">彩虹文字效果</h1>
        <p>没有任何效果的文字</p>
    </body>
</html>
```

运行结果如图 7-5 所示。

图 7-5　示例 7-5 运行结果

在这个示例中，创建了一个简单的 HTML 文档，但是使用 ID 属性为一个特定元素指定了一个唯一的 ID，这个元素是<h1>标签。

通过使用 CSS ID 选择器，可以将样式应用于具有特定 ID 的唯一元素，这可以在网页中选择性地应用样式效果，而不会影响其他元素。这对于个性化定制某些元素的外观和效果非常有用。

请注意，滥用 ID 选择器可能会导致 CSS 的可维护性和灵活性下降，因为它们通常与特定 HTML 结构耦合，使样式更加难以重用。在实际开发中，建议优先考虑使用类选择器来组织和应用样式，仅在必要时使用 ID 选择器来唯一标识特定元素。

7.7　类选择器

CSS 类选择器是一种用于选择 HTML 元素并应用样式的方法之一。它通过匹配 HTML 元素的 class 属性来选择一个或多个元素，并为它们应用指定的样式规则。类选择器以点号（.）开头，后面跟随类名。以下是对 CSS 类选择器的详细介绍。

1. 语法

类选择器的语法非常简单，它由一个点号（.）和类名组成。语法如下所示：

```
CSS
.className {
    /* 样式规则 */
}
```

其中,className 是要选择的 HTML 元素的类名。

在{}中可以定义一个或多个样式规则,用于指定被选中元素的样式。

2. 选择器的匹配

类选择器会选择所有具有匹配类名的 HTML 元素,即一个类可以在多个元素中使用,而且一个元素也可以有多个类名。

HTML

```
<p class = "note">这是一个注释。</p>
<div class = "box note">这是一个带有类的盒子。</div>
```

在这个示例中,.note 类选择器会同时匹配第一个<p>和第二个<div>元素。

3. 多类选择器

多类选择器可以选择同时具有多个类的元素。只需将类名连接在一起,不需要添加任何空格。

CSS

```
.class1.class2 {
    /*样式规则*/
}
```

这将选择同时具有 class1 和 class2 的元素。

4. 样式继承

类选择器可以应用于不同的 HTML 元素,而不仅仅是特定的元素类型,即可以为多个不同类型的元素应用相同的样式规则。

5. 优先级

类选择器的优先级与其他选择器类型相同。如果多个选择器应用于同一个元素,将会按照样式表中的规则进行优先级比较。通常,ID 选择器具有更高的优先级,而内联样式具有最高的优先级。

6. 具体示例

【示例 7 - 6】　以下继续使用示例 7 - 5 的彩虹文字效果,来说明如何使用类选择器:

HTML

```
<! DOCTYPE html>
<html lang = "en">
<head>
    <meta charset = "UTF - 8">
    <meta name = "viewport" content = "width = device-width, initial-scale = 1.
0">
    <title>彩虹文字效果</title>
    <style>
        /*使用 CSS 类选择器设置文字样式*/
```

```
        .rainbow-text {
            font-size: 48px;
            text-align: center;
            background-image: linear-gradient(to right, #FF0000, #FF7F00, #
    FFFF00, #00FF00, #0000FF, #4B0082, #8B00FF);
            -webkit-background-clip: text;
            color: transparent;
        }
    </style>
</head>
<body>
    <!--使用具有"rainbow-text"类的元素来应用效果-->
    <h1 class = "rainbow-text">彩虹文字效果</h1>
    <p class = "rainbow-text">这是一个相关案例。</p>
</body>
</html>
```

运行结果如图 7-6 所示。

图 7-6 示例 7-6 运行结果

在这个示例中，创建了一个简单的 HTML 文档，但不再直接在<h1>标签中应用样式。相反，为具有"rainbow-text"类的元素应用样式。在<h1>和<p>标签中分别使用"rainbow-text"类，以便将彩虹文字效果应用到这两个元素上。通过使用 CSS 类选择器，可以轻松地将相同的样式应用于多个元素，使代码更具可维护性和灵活性。这对于在网页设计中保持一致的外观和效果非常有用。

总之，CSS 类选择器是一种强大的工具，用于选择和样式化 HTML 元素，特别适用于在不同元素之间共享相同样式的情况。通过为元素添加类名，可以轻松地选择它们，并为它们定义样式规则。

7.8　分组选择器

CSS 分组选择器是一种 CSS 选择器,可以将一组选择器组合在一起,以同时为多个元素应用相同的样式。这有助于简化样式表并提高可维护性,因为可以将样式规则应用于多个元素,而不需要为每个元素都创建单独的样式规则。以下是有关 CSS 分组选择器的详细信息。

1. 语法

CSS 分组选择器的语法非常简单,只需将多个选择器用逗号分隔,然后在后面添加样式规则。语法如下所示:

```css
选择器 1, 选择器 2, 选择器 3 {
    属性 1: 值 1;
    属性 2: 值 2;
    /* 更多属性和值 */
}
```

2. 具体示例

当使用 HTML 和 CSS 创建一个完整的案例时,需要一个 HTML 文件和一个 CSS 文件。

【示例 7-7】　以下是一个包含标题元素的简单示例。

1)创建一个 HTML 文件(如 index. html)

```css
<! DOCTYPE html>
<html lang = "en">
<head>
    <meta charset = "UTF - 8">
    <meta name = "viewport" content = "width = device-width, initial-scale = 1.0">
    <link rel = "stylesheet" href = "styles.css">
    <title>标题样式示例</title>
</head>
<body>
    <h1>这是标题 1</h1>
    <h2>这是标题 2</h2>
    <h3>这是标题 3</h3>
</body>
</html>
```

2)创建一个 CSS 文件(如 styles. css)

CSS

```
/* styles.css */

h1, h2, h3 {
    color: #333;
    font-family: Arial, sans-serif;
    font-weight: bold;
}
```

运行结果如图 7-7 所示。

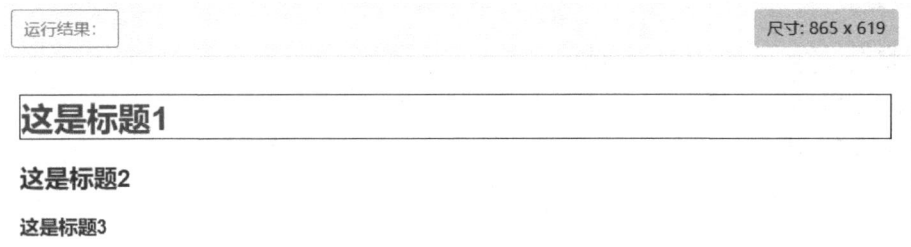

图 7-7 示例 7-7 运行结果

在这个示例中,首先,创建一个 HTML 文件,其中包括三个不同级别的标题元素(h1、h2 和 h3);然后,在 HTML 文件的头部链接了一个名为 styles.css 的 CSS 文件。在 CSS 文件中定义了一个选择器,它会应用于所有的 h1、h2 和 h3 元素,将它们的文字颜色设置为#333,字体设置为 Arial 或 sans-serif(如果 Arial 不可用)并加粗。

将这两个文件保存在同一目录下,然后打开 HTML 文件,将看到标题元素的样式已经被应用。当然这是一个非常简单的示例,我们还可以根据自己的需求进一步定制样式。

3. 适用

CSS 分组选择器在以下三种情况非常有用:

(1)当为多个不同类型的元素应用相同的样式时,以减少样式规则的重复。

(2)当将一组元素的样式规则保持一致性,以提高网站或应用程序的整体外观。

(3)当想要更容易地维护和管理样式表时,因为它减少了样式规则的数量。

4. 优缺点

1)优点

(1)减少了样式表的大小,提高了性能,因为浏览器不需要处理多个重复的样式规则。

(2)提高了可维护性,因为只需在一个地方更改样式,即可影响多个元素。

(3)更清晰地表示样式的相关性,因为相关的元素可以在同一个规则块中组合在一起。

2)缺点

(1)可能导致过度使用,降低了样式表的可读性,使其难以维护。

(2)如果滥用分组选择器,可能会增加样式表的复杂性。

（3）在某些情况下，不当使用分组选择器可能导致样式冲突或不必要的继承问题。

总之，CSS 分组选择器是一个强大的工具，可以简化样式表并提高可维护性，但应谨慎使用，以确保样式表保持清晰。

7.9　属性选择器

CSS 属性选择器是一种 CSS 选择器，用于选择具有特定属性和属性值的 HTML 元素。它可以根据元素的属性来定位和样式化元素，而不仅仅是依赖元素的标签名或类名。属性选择器通常以方括号中的属性和值组合的形式出现。以下是一些常用的 CSS 属性选择器和它们的详细介绍。

属性选择器

（1）[attribute]。这是最基本的属性选择器，用于选择具有指定属性的任何元素，无论其值是什么。例如，[href]将选择所有包含 href 属性的元素。

（2）[attribute＝value]。这个选择器用于选择具有特定属性和特定值的元素。例如，[type＝"text"]将选择所有 type 属性值为"text"的元素。

（3）[attribute～＝value]。这个选择器用于选择具有指定属性，且属性值中包含指定值的元素，属性值可以是以空格分隔的多个单词。例如，[class～＝"btn"]将选择所有 class 属性包含单词"btn"的元素。

（4）[attribute|＝value]。这个选择器用于选择具有指定属性，且属性值以指定值或指定值后紧跟短横线(-)的元素。这通常用于选择语言属性。例如，[lang|＝"en"]将选择 lang 属性值为"en"或以"en-"开头的元素。

（5）[attribute^＝value]。这个选择器用于选择具有指定属性，且属性值以指定值开头的元素。例如，[href^＝"https：∥"]将选择所有 href 属性以"https：∥"开头的元素。

（6）[attribute＄＝value]。这个选择器用于选择具有指定属性，且属性值以指定值结尾的元素。例如，[src＄＝".png"]将选择所有 src 属性以".png"结尾的元素。

（7）[attribute*＝value]。这个选择器用于选择具有指定属性，且属性值包含指定值的元素，无论其位置在何处。例如，[title*＝"example"]将选择所有 title 属性值中包含"example"的元素。

【示例 7-8】　以下是一个基于 CSS 属性选择器的彩虹文字效果案例。

```
HTML
<! DOCTYPE html>
<html lang = "en">
<head>
    <meta charset = "UTF-8">
    <meta name = "viewport" content = "width = device-width, initial-scale = 1.
0">
    <title>Rainbow Text</title>
    <style>
        /* 使用 CSS 属性选择器设置文字样式 */
        [data-rainbow] {
```

```
            font-size: 48px;
            text-align: center;
            background-image: linear-gradient(to right, #FF0000, #FF7F00, #
FFFF00, #00FF00, #0000FF, #4B0082, #8B00FF);
            -webkit-background-clip: text;
            color: transparent;
        }
    </style>
</head>
<body>
    <!--使用带有"data-rainbow"属性的元素来应用效果-->
    <h1 data-rainbow>彩虹文字效果</h1>
    <p>一段没有任何效果的文字</p>
</body>
</html>
```

运行结果如图 7-8 所示。

运行结果：

彩虹文字效果

一段没有任何效果的文字

图 7-8　示例 7-8 运行结果

在这个示例中，使用了一个简单的 HTML 文档，但是没有直接指定 ID 或类，而是为 <h1> 标签添加了一个自定义的 data-rainbow 属性。使用 CSS 属性选择器可以根据元素的属性选择性地应用样式效果，这可以在特定元素上应用效果，而不需要使用 ID 或类来标记元素。这对于处理具有特定属性的元素非常有用。

属性选择器可以增强 CSS 的选择能力，能够更精确地选择和样式化 HTML 元素，尤其在处理复杂的文档结构或特定的需求时非常有用。

7.10　伪类选择器

CSS 伪类选择器是用于选择 HTML 元素的一种特殊方式，它们允许开发者根据元素的状态、位置或其他特征来选择元素，而不仅仅是根据元素的名称或类名。伪类选择器通常以冒号（:）开头，用于为元素的不同状态或特征应用样式。以下是一些常见的 CSS 伪类选择器以及它们的详细介绍。

伪类选择器

1. :hover

:hover 伪类选择器用于选择鼠标悬停在元素上时的状态,可以使用它来为鼠标悬停在元素上时应用样式,如改变颜色、背景等。

【示例 7 - 9】　如何使用:hover 来改变按钮的颜色。

HTML
```
<! DOCTYPE html>
<html lang = "en">
<head>
    <meta charset = "UTF - 8">
    <meta name = "viewport" content = "width = device-width, initial-scale = 1.0">
    <title>Hover 伪类选择器示例</title>
    <style>
        /* 初始按钮样式 */
        .my-button {
            padding: 10px 20px;
            background-color: #3498db;
            color: #fff;
            border: none;
            border-radius: 5px;
            cursor: pointer;
            transition: background-color 0.3s ease;
        }

        /* 当鼠标悬停在按钮上时,改变背景颜色 */
        .my-button:hover {
            background-color:red;
        }
    </style>
</head>
<body>
    <button class = "my-button">悬停在我上面</button>
</body>
</html>
```

运行结果如图 7-9 所示。

在这个示例中,创建了一个按钮,并为它定义了初始样式。使用:hover 伪类选择器,当鼠标悬停在按钮上时,按钮的背景颜色会从蓝色变为红色,以此来演示:hover 的效果。当鼠标悬停在按钮上时,按钮的背景颜色将会发生变化,为用户提供了视觉反馈。

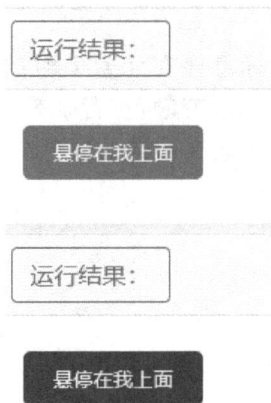

图 7-9　示例 7-9 运行结果

2. :active

:active 伪类选择器选择被激活的元素,通常是鼠标点击元素但尚未释放鼠标按钮时的状态。这可用于创建按钮按下的效果。

【**示例 7 - 10**】　将示例 7 - 9 改为基于:active 伪类选择器。

HTML

```
<! DOCTYPE html>
<html lang = "en">
<head>
    <meta charset = "UTF - 8">
    <meta name = "viewport" content = "width = device-width, initial-scale = 1.
0">
    <title>Active 伪类选择器示例</title>
    <style>
        / * 初始按钮样式 * /
        .my-button {
            padding: 10px 20px;
            background-color: #3498db;
            color: #fff;
            border: none;
            border-radius: 5px;
            cursor: pointer;
            transition: background-color 1 s ease;
        }

        / * 当按钮被点击时,改变背景颜色 * /
        .my-button:active {
```

```
            background-color:red;
        }
    </style>
</head>
<body>
    <button class = "my-button">点击我</button>
</body>
</html>
```

运行结果如图 7 - 10 所示（由于点击时按钮颜色变化过快，下面只展示按钮初始的静态图）。

运行结果：

点击我

图 7 - 10　示例 7 - 10 运行结果

在这个示例中，使用了 :active 伪类选择器，它用于选择在用户点击元素并保持鼠标按下状态时应用的样式。当用户点击按钮时，按钮的背景颜色会从蓝色变为红色，然后在用户松开鼠标按钮后返回初始状态。这提供了一种视觉反馈，让用户知道他们已经成功地点击了按钮。

3. :focus

:focus 伪类选择器选择当前拥有焦点的元素，通常用于输入字段、链接或表单元素，以突出显示用户正在与之交互的元素。

【示例 7 - 11】　将示例 7 - 9 改为基于 :focus 伪类选择器。

HTML
```
<! DOCTYPE html>
<html lang = "en">
<head>
    <meta charset = "UTF - 8">
    <meta name = "viewport" content = "width = device-width, initial-scale = 1.
0">
    <title>Focus 伪类选择器示例</title>
    <style>
        /*初始按钮样式*/
        .my-button {
            padding: 10px 20px;
```

```
            background-color：#3498db；
            color：#fff；
            border：none；
            border-radius：5px；
            cursor：pointer；
            transition：background-color 0.3s ease；
        }

        /* 当按钮被聚焦时，改变背景颜色 */
        .my-button:focus {
            outline：none；/* 移除默认的聚焦边框样式 */
            background-color:red；
        }
    </style>
</head>
<body>
    <button class = "my-button">点击我或使用 Tab 键聚焦</button>
</body>
</html>
```

运行结果如图 7-11 所示。

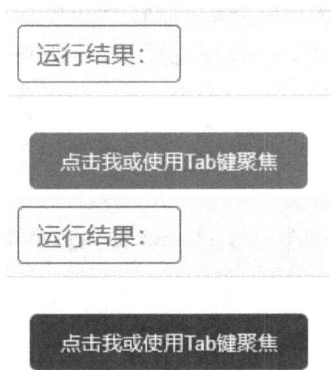

图 7-11　示例 7-11 运行结果

4．:nth-child( )

:nth-child()伪类选择器允许选择一组元素中的第几个子元素，可以使用它来创建具有规律的样式，如为列表中的每隔偶数项应用样式。

【示例 7-12】　如何使用:nth-child()伪类选择器为一个列表中的每隔偶数项应用样式。

```
HTML
<html>
    <style>
```

```
/*选择每隔偶数项并应用样式*/
ul li:nth-child(even) {
  background-color: lightgray;
  color: darkblue;
}
        </style>
        <body>
            <ul>
                <li>第一个项</li>
                <li>第二个项</li>
                <li>第三个项</li>
                <li>第四个项</li>
                <li>第五个项</li>
            </ul>
        </body>
</html>
```

运行结果如图 7-12 所示。

图 7-12　示例 7-12 运行结果

在这个示例中,使用:nth-child(even)伪类选择器选择了列表中的每隔偶数项,并为它们应用了背景颜色为灰色和文字颜色为深蓝色的样式。这将导致第二项和第四项被选择并应用样式,从而创建了具有规律的样式效果。

5． :first-child 和 :last-child

:first-child 伪类选择器选择某个元素的第一个子元素,而:last-child 选择某个元素的最后一个子元素。

【示例 7-13】

```
HTML
<html>
        <style>
/*选择第一个子元素并应用样式*/
ul li:first-child {
```

```
    background-color: lightgray;
    color: darkblue;
}

/* 选择最后一个子元素并应用样式 */
ul li:last-child {
    background-color: lightgray;
    color: darkblue;
}

            </style>
            <body>
                <ul>
                        <li>第一个项</li>
                        <li>第二个项</li>
                        <li>第三个项</li>
                        <li>第四个项</li>
                        <li>第五个项</li>
                </ul>
            </body>
</html>
```

运行结果如图 7 - 13 所示。

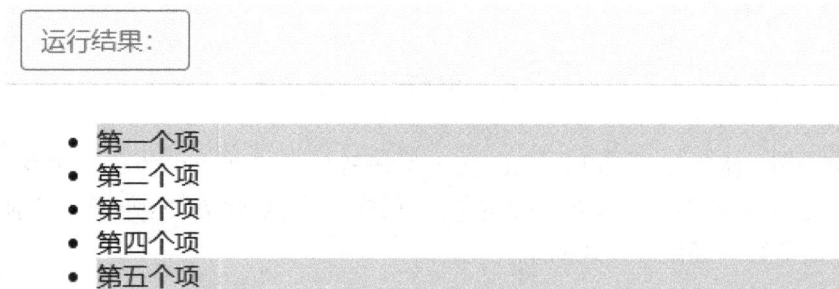

图 7 - 13　示例 7 - 13 运行结果

在这个示例中，使用:first-child 选择器选择列表中的第一个子元素，并使用:last-child 选择器选择列表中的最后一个子元素。然后，为这两个子元素应用相同的样式，即背景颜色为灰色，文字颜色为深蓝色。这将导致第一个和最后一个项被选择并应用样式。

使用:first-child 和:last-child 选择器是一种简单的方式来为列表中的首尾元素应用样式，但请注意，这只会选择第一个和最后一个元素，而不会选择其他子元素，如果需要选择其他子元素，可以考虑使用其他伪类选择器。

6. :nth-of-type( )

:nth-of-type()伪类选择器选择同类型元素中的第几个元素。这在不同类型元素混合的情况下非常有用。

【示例 7-14】 采用:nth-of-type()伪类选择器来呈现示例 7-9 的效果：

HTML

```
<html>
        <style>
/* 选择 ul 下的第一个 li 元素并应用样式 */
ul li:nth-of-type(1) {
  background-color：lightgray；
  color：darkblue；
}

/* 选择 ul 下的最后一个 li 元素并应用样式 */
ul li:nth-of-type(5) {
  background-color：lightgray；
  color：darkblue；
}
        </style>
        <body>
                <ul>
                        <li>第一个项</li>
                        <li>第二个项</li>
                        <li>第三个项</li>
                        <li>第四个项</li>
                        <li>第五个项</li>
                </ul>
        </body>
</html>
```

运行结果如图 7-14 所示。

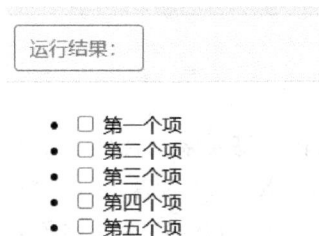

运行结果：

- ☐ 第一个项
- ☐ 第二个项
- ☐ 第三个项
- ☐ 第四个项
- ☐ 第五个项

图 7-14　示例 7-14 运行结果

在这个示例中，使用：nth-of-type(1)伪类选择器选择 ul 下的第一个 li 元素，并使用：nth-of-type(5)伪类选择器选择 ul 下的最后一个 li 元素。然后，为这两个特定类型的元素应用相同的样式，即背景颜色为灰色，文字颜色为深蓝色。这将导致第一个和最后一个项被选择并应用样式。

7．:checked

:checked 伪类选择器用于选择已选中的表单元素，如复选框和单选按钮。

【示例 7 - 15】

```
HTML
<html>
        <style>
/*选择已选中的复选框的父列表项并应用样式*/
ul li input:checked + label {
  background-color: lightgray;
  color: darkblue;
}
        </style>
        <body>
            <ul>
                <li><input type = "checkbox" id = "item1"><label
for = "item1">第一个项</label></li>
                <li><input type = "checkbox" id = "item2"><label
for = "item2">第二个项</label></li>
                <li><input type = "checkbox" id = "item3"><label
for = "item3">第三个项</label></li>
                <li><input type = "checkbox" id = "item4"><label
for = "item4">第四个项</label></li>
                <li><input type = "checkbox" id = "item5"><label
for = "item5">第五个项</label></li>
            </ul>
        </body>
</html>
```

运行结果如图 7 - 15 所示。

在这个示例中，使用了复选框和标签元素来构建每个列表项，并使用了 for 属性将标签与相应的复选框关联起来，使用 input:checked 选择已选中的复选框，然后通过＋选择相邻的标签元素，并为它们应用样式，即背景颜色为灰色，文字颜色为深蓝色。这样，当用户选中复选框时，相应的列表项就会应用样式。这是一种用于根据用户输入状态选择元素并应用样式的方法。

运行结果：

- ☐ 第一个项
- ☐ 第二个项
- ☐ 第三个项
- ☐ 第四个项
- ☐ 第五个项

运行结果：

- ☑ 第一个项
- ☑ 第二个项
- ☑ 第三个项
- ☐ 第四个项
- ☐ 第五个项

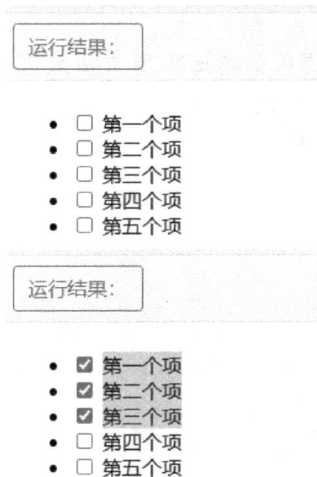

图 7 - 15 示例 7 - 15 运行结果

我们也可以将彩虹文字效果示例转化为基于 CSS 伪类选择器的案例，通过使用伪类选择器来选择特定状态或条件下的元素并应用样式。

【**示例 7 - 16**】 以下是一个基于 CSS 伪类选择器的彩虹文字效果案例。

HTML

```
<! DOCTYPE html>
<html lang = "en">
<head>
    <meta charset = "UTF - 8">
    <meta name = "viewport" content = "width = device-width, initial-scale = 1.0">
    <title>彩虹文字效果</title>
    <style>
        /* 使用 CSS 伪类选择器设置文字样式 */
        h1::after {
            content："彩虹文字效果 2"；
            font-size：48px；
            text-align：center；
            background-image：linear-gradient(to right, #FF0000, #FF7F00, #FFFF00, #00FF00, #0000FF, #4B0082, #8B00FF)；
            -webkit-background-clip：text；
            color：transparent；
        }
    </style>
</head>
```

```
<body>
    <! --在<h1>标签后使用伪类选择器应用效果-->
    <h1>彩虹文字效果 1</h1>
    <p>没有任何效果的文字</p>
</body>
</html>
```

运行结果如图 7 - 16 所示。

运行结果:

彩虹文字效果1彩虹文字效果2

没有任何效果的文字

图 7 - 16　示例 7 - 16 运行结果

在这个案例中,依然使用了一个简单的 HTML 文档,但是没有为特定元素添加额外的属性或类。我们将彩虹效果应用到了<h1>标签的文本后,因此文本"彩虹文字效果 1"的前面部分保持不变,而后面部分"彩虹文字效果 2"将显示为彩虹色的字体效果,背景色会在文本区域内渐变。

通过使用 CSS 伪类选择器,可以选择特定元素的伪元素,并为它们应用样式,而不需要额外的 HTML 标记或属性。这提供了一种更灵活的方式来修改文档的外观。

7.11　习题

1. 下列不是 CSS 选择器的是(　　　)。
   A. 类选择器　　　　　　　　　　　　B. 超文本标记选择器
   C. 标签选择器　　　　　　　　　　　D. ID 选择器
2. 类选择器是通过(　　　)来选择元素的。
   A. 元素名称　　　　B.元素的 ID　　　　C.元素的类名　　　D. 任意属性
3. 简述 CSS ID 选择器。

第 8 章　盒模型

8.1　什么是盒模型

盒模型（box model）用于描述网页中元素的布局和样式，它是网页设计和开发中的重要基础之一。以下是关于盒模型的详细介绍。盒模型表示一个 HTML 元素在页面上所占用的空间，这个空间被划分为四个部分，分别是内容区域、内边距、边框和外边距。这些部分的组合决定了元素在页面中的布局和样式。

什么是盒模型

（1）内容区域。元素的实际内容，如文本、图像等。

（2）内边距。内容区域与元素的边框之间的空白区域。内边距可以用来控制元素内容与边框之间的距离。

（3）边框。内边距外部的边框，它围绕着内容和内边距。边框可以有不同的样式、宽度和颜色。

（4）外边距。边框外部的空白区域，用于控制元素与其周围元素之间的间距。

【示例 8-1】　以下用一个简单的 HTML 元素为例来说明盒模型的概念。

```
HTML
<! DOCTYPE html>
<html>
<head>
    <style>
        .box {
            width: 200px;
            height: 100px;
            padding: 20px;
            border: 2px solid #000;
            margin: 10px;
        }
    </style>
</head>
<body>
    <div class = "box">这是一个盒模型示例</div>
</body>
</html>
```

运行结果如图 8-1 所示。

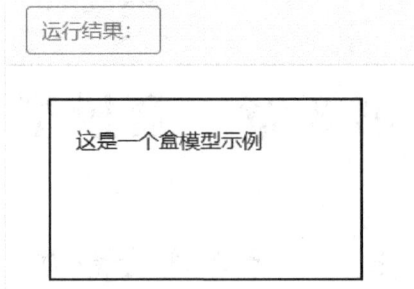

```
运行结果：
```

```
这是一个盒模型示例
```

图 8-1　示例 8-1 运行结果

在这个示例中，创建了一个带有类名为"box"的＜div＞元素，并应用了样式规则。这个元素的盒模型可以描述如下：

①内容区域的宽度为 200 像素，高度为 100 像素。

②内边距为 20 像素，就是内容区域与边框之间有 20 像素的空白。

③边框宽度为 2 像素，边框样式为实线，边框颜色为黑色。

④外边距为 10 像素，这个元素与其周围元素之间有 10 像素的间距。

这个示例演示了如何使用盒模型来布局和样式化 HTML 元素，它可以帮助开发者精确控制元素在页面上的位置和外观。

总之，盒模型将一个网页元素视为一个矩形框，通过 CSS 属性以实现元素的布局和样式设置。理解盒模型是网页开发中的重要基础，可以帮助开发者更好地控制和定位页面上的元素。

8.2　盒模型的属性

1. 内容区域

内容区域是盒模型中的一个重要部分，它表示网页元素内部用于显示文本、图像、视频或其他内容的区域。内容区域的属性和特性对于页面布局和设计至关重要，以下是内容区域的详细介绍。

盒模型的属性

1）内容区域大小

内容区域大小由元素的 width（宽度）和 height（高度）属性决定。这些属性控制了元素内部可用于放置内容的空间。例如，要搭建一个包含文本内容和图像的网站文章模块，下面写入该模块的内容区域大小：

HTML

```
.article {
    width：100％；/* 让文章模块宽度充满其父容器，自动适应不同设备和窗口大小 */
    max-width：800px；/* 设置最大宽度，以防止文章变得过宽 */
    margin：0 auto；/* 居中文章模块 */

    /* 为内容区域添加内边距，增加内容与边框之间的空白 */
```

```
    padding: 20px;
  }


  .article img {
    max-width: 100%; /*图片的最大宽度设置为100%,以适应内容区域*/
    height: auto; /*图片的高度自动调整,以保持宽高比*/
  }
```

2)文本流

内容区域通常用于显示文本内容。文本可以按照从左到右的水平流动或从上到下的垂直流动排列。文本流的方向可以通过 CSS 属性进行控制,比如 direction 属性用于指定文本的流动方向。

3)图像和媒体

内容区域不仅仅用于文本,还可以包含图像、音频、视频等多媒体元素。这些媒体元素可以在内容区域中显示或播放。

【示例 8-2】 下面写入文本流和图片。

HTML

```
<! DOCTYPE html>
<html lang = "en">
<head>
  <meta charset = "UTF-8">
  <meta name = "viewport" content = "width = device-width, initial-scale = 1.0">
  <style>
    .article {
      width: 100%;
      max-width: 800px;
      margin: 0 auto;
      padding: 20px;
    }


    .article img {
      max-width: 100%;
      height: auto;
    }


    .article p {
      text-align: justify; /*文本两端对齐*/
      line-height: 1.5; /*设置行高,提高可读性*/
    }
```

```
        </style>
    </head>
    <body>
        <div class = "article">
            <h1>示例文章标题</h1>
            <p>这是一段示例文章内容。这里可以包含大段的文本，用于详细描述文章的内
容。文本可以按照从左到右的水平流动排列，也可以根据需要调整为垂直流动。</p>
            <img src = "example.jpg" alt = "示例图片">
            <p>继续添加更多文本内容，以展示如何在内容区域中适当地自动换行和对齐文本。
a ex sit amet dolor rhoncus tincidunt.</p>
        </div>
    </body>
</html>
```

运行结果如图 8-2 所示。

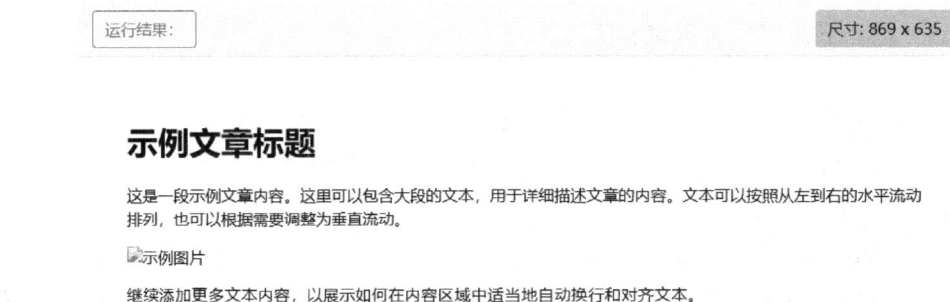

运行结果：　　　　　　　　　　　　　　　　　　　　　　　　尺寸：869 x 635

示例文章标题

这是一段示例文章内容。这里可以包含大段的文本，用于详细描述文章的内容。文本可以按照从左到右的水平流动
排列，也可以根据需要调整为垂直流动。

示例图片

继续添加更多文本内容，以展示如何在内容区域中适当地自动换行和对齐文本。

图 8-2　示例 8-2 运行结果

4）子元素

内容区域可以包含其他 HTML 元素，这些元素被称为子元素。子元素可以是文本、图像、嵌套的盒子等。子元素的排列和布局会影响内容区域的呈现方式。

【示例 8-3】　下面在示例 8-2 中继续插入子元素。

HTML

```
    <!--在文章中插入子元素，例如链接和引用-->
    <p>访问我们的<a href = "https://www.example.com">示例网站</a>以了解
更多信息。</p>
    <blockquote>
        <p>这是一段引用文本，可以包含引用的来源和内容。引用通常以缩进的方式呈
现，以突出引用的内容。</p>
        <cite>——示例引用来源</cite>
    </blockquote>

    <ul>
```

```
    <li>这是一个无序列表项。</li>
    <li>这是另一个无序列表项。</li>
  </ul>
```

运行结果如图 8-3 所示。

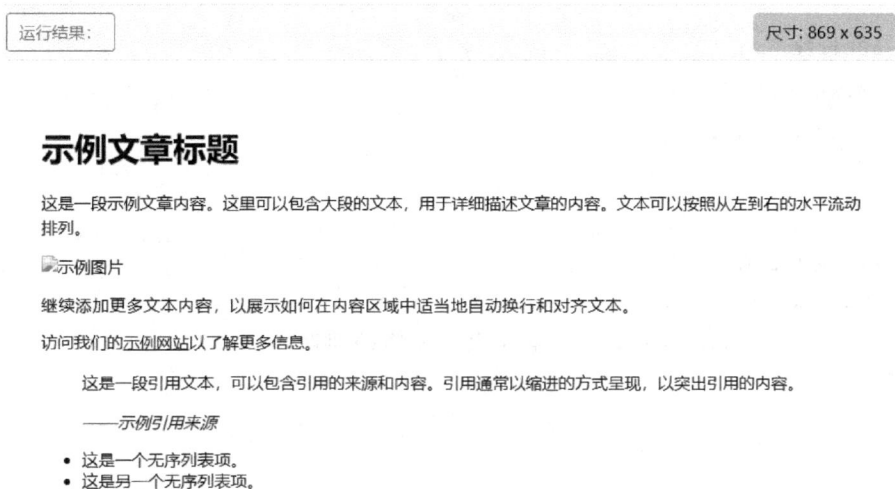

图 8-3　示例 8-3 运行结果

在这个示例中添加了以下子元素：

①<a>元素：用于创建链接，用户可以单击链接以访问其他页面。

②<blockquote>元素：用于创建引用块，通常用于引用其他文本或来源，还包含了<cite>元素来指定引用的来源。

③<ul>和<li>元素：用于创建无序列表，其中包含列表项。

5）文本格式化

内容区域可以通过 CSS 来进行文本格式化，包括字体、字号、颜色、行高、文本对齐等样式属性的设置。这些样式属性可以改变内容区域内文本的外观。

【示例 8-4】　以下将示例 8-2 和 8-3 进行文本格式化：

HTML

```html
<! DOCTYPE html>
<html lang = "en">
<head>
  <meta charset = "UTF - 8">
  <meta name = "viewport" content = "width = device-width, initial-scale = 1.0">
  <style>
    . article {
      width: 100 % ;
      max-width: 800px;
      margin: 0 auto;
```

```css
   padding：20px；
   font-family：Arial, sans-serif；/* 设置字体 */
   line-height：1.6；/* 设置行高 */
 }


 .article img {
   max-width：100％；
   height：auto；
 }


 .article p {
   text-align：justify；
   margin-bottom：10px；/* 添加段落之间的间距 */
 }


 .article a {
   color：blue；
   text-decoration：underline；
 }


 .article blockquote {
   border-left：2px solid ＃ccc；/* 添加引用块的左边框 */
   padding-left：10px；/* 添加引用块的左内边距 */
   font-style：italic；/* 使引用块文本斜体显示 */
 }


 .article cite {
   display：block；/* 使引用来源单独显示在下一行 */
   font-size：14px；/* 设置引用来源的字体大小 */
   margin-top：5px；/* 添加引用来源的上外边距 */
 }


 .article ul {
   list-style-type：disc；/* 设置无序列表的标记样式为实心圆点 */
   margin-left：20px；/* 添加列表的左内边距 */
 }


 .article li {
   margin-bottom：5px；/* 添加列表项之间的间距 */
```

```
        }
    </style>
</head>
<body>
    <div class = "article">
        <h1>示例文章标题</h1>
        <p>这是一段示例文章内容。这里可以包含大段的文本,用于详细描述文章的内
容。文本可以按照从左到右的水平流动排列。</p>
        <img src = "example.jpg" alt = "示例图片">
        <p>继续添加更多文本内容,以展示如何在内容区域中适当地自动换行和对齐文
本。Lorem ipsum dolor sit amet, consectetur adipiscing elit.</p>


        <!--在文章中插入子元素,例如链接和引用-->
        <p>访问我们的<a href = "https://www.example.com">示例网站</a>以了解
更多信息。</p>
        <blockquote>
            <p>这是一段引用文本,可以包含引用的来源和内容。引用通常以缩进的方式呈
现,以突出引用的内容。</p>
            <cite>——示例引用来源</cite>
        </blockquote>


        <ul>
            <li>这是一个无序列表项。</li>
            <li>这是另一个无序列表项。</li>
        </ul>
    </div>
</body>
</html>
```

运行结果如图 8-4 所示。

在这个示例中进行了以下文本格式化。

①字体:通过 font-family 属性来设置文本字体,以确保良好的可读性。

②行高:通过 line-height 属性设置文本的行高,以增强文本的可读性和美观性。

③段落间距:通过 margin-bottom 属性在段落之间添加间距,以改善文本排列。

④链接样式:通过颜色和下划线来设置链接的样式,以使它们在文本中更加突出。

⑤引用块样式:通过添加左边框、左内边距和斜体文本来美化引用块。

⑥引用来源样式:通过调整字体大小和上外边距来优化引用来源的显示。

⑦无序列表样式:通过 list-style-type 属性设置实心圆点标记样式,并通过左内边距和列
表项间距来美化无序列表。

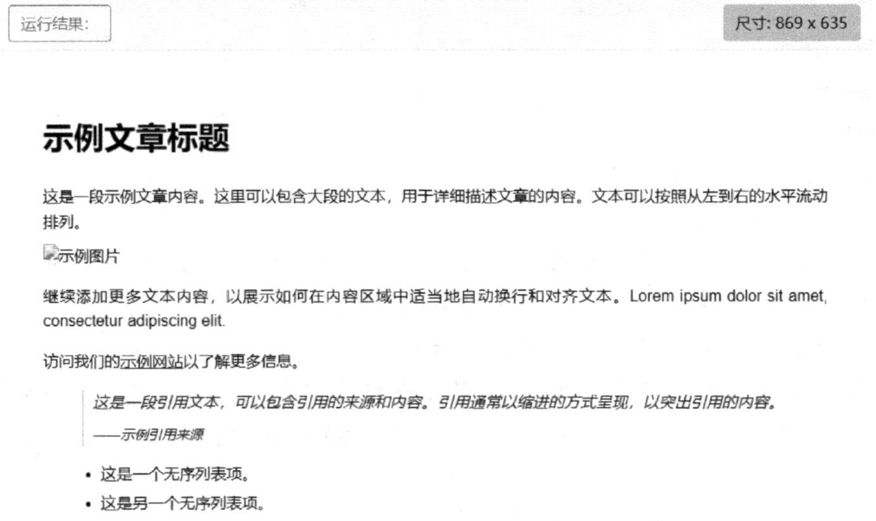

运行结果：
尺寸：869 x 635

示例文章标题

这是一段示例文章内容。这里可以包含大段的文本，用于详细描述文章的内容。文本可以按照从左到右的水平流动排列。

示例图片

继续添加更多文本内容，以展示如何在内容区域中适当地自动换行和对齐文本。Lorem ipsum dolor sit amet, consectetur adipiscing elit.

访问我们的示例网站以了解更多信息。

> 这是一段引用文本，可以包含引用的来源和内容。引用通常以缩进的方式呈现，以突出引用的内容。
> ——示例引用来源

- 这是一个无序列表项。
- 这是另一个无序列表项。

图 8-4　示例 8-4 运行结果

6）背景色和背景图像

内容区域可以设置背景色和背景图像，以增加页面元素的可视吸引力。通过 CSS 的 background-color 和 background-image 属性可以实现这些效果。

【示例 8-5】　为示例 8-4 设置背景色：

```
HTML
/*设置背景颜色*/
background-color：#f0f0f0;
}
```

运行结果如图 8-5 所示。

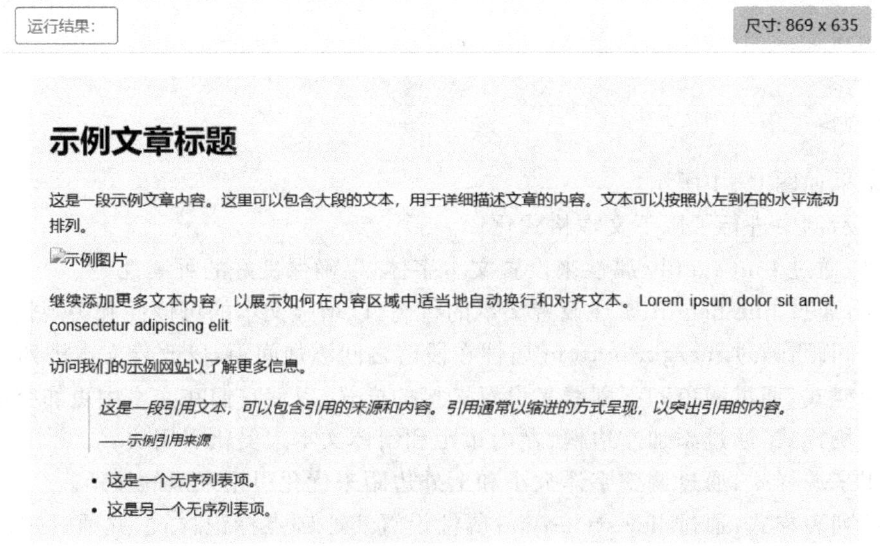

运行结果：
尺寸：869 x 635

示例文章标题

这是一段示例文章内容。这里可以包含大段的文本，用于详细描述文章的内容。文本可以按照从左到右的水平流动排列。

示例图片

继续添加更多文本内容，以展示如何在内容区域中适当地自动换行和对齐文本。Lorem ipsum dolor sit amet, consectetur adipiscing elit.

访问我们的示例网站以了解更多信息。

> 这是一段引用文本，可以包含引用的来源和内容。引用通常以缩进的方式呈现，以突出引用的内容。
> ——示例引用来源

- 这是一个无序列表项。
- 这是另一个无序列表项。

图 8-5　示例 8-5 运行结果

　　在这个示例中,为文章内容区域(.article)添加了 background-color 属性,并将背景色设置为♯f0f0f0,这是一个灰色的背景色示例。我们可以根据自己的设计偏好选择任何背景色。背景色的添加可以帮助突出文章内容,提高页面的可读性和视觉吸引力。

　　7)文本溢出

　　如果内容区域中的内容太多,超出了它的宽度和高度,就会发生文本溢出。开发者可以使用 CSS 属性(如 overflow 和 text-overflow)来控制溢出文本的处理方式,如隐藏溢出部分、显示滚动条等。

　　【示例 8 - 6】　以下演示了如何处理文本溢出并添加滚动条:

```
CSS
<! DOCTYPE html>
<html lang = "en">
<head>
    <meta charset = "UTF - 8">
    <meta name = "viewport" content = "width = device-width, initial-scale = 1.0">
    <title>文本溢出滚动条示例</title>
    <style>
        / * 定义容器 * /
        .container {
            width: 300px; / * 容器宽度 * /
            height: 200px; / * 容器高度 * /
            overflow: auto; / * 当文本溢出时显示滚动条 * /
            border: 1px solid ♯ccc; / * 边框样式 * /
            padding: 10px; / * 内边距 * /
        }

        / * 定义文本样式 * /
        .text {
            white-space: pre-line; / * 保留换行符 * /
        }
    </style>
</head>
<body>
    <div class = "container">
        <p class = "text">
```

　　　　　　这是一个示例文本,用于演示文本溢出时如何添加滚动条。这段文本内容可能会很长,但是由于容器高度的限制,只有部分文本会显示在容器内。当文本超出容器高度时,会自动出现垂直滚动条,允许用户滚动查看完整的文本内容。这对于显示长文本、日志或其他需要限制显示区域的内容非常有用。

```
        </p>
      </div>
  </body>
</html>
```

运行结果如图 8-6 所示。

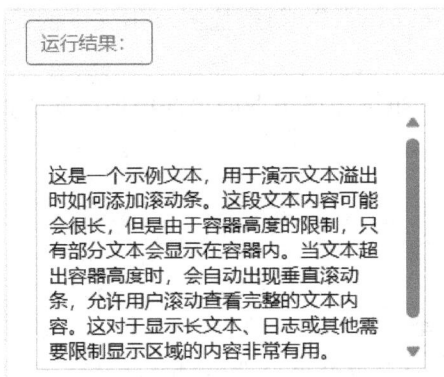

图 8-6　示例 8-6 运行结果

在这个示例中，创建了一个包含文本的容器<div>，并为该容器定义了样式。容器具有固定的宽度和高度，并设置了"overflow：auto；"来启用滚动条。文本的样式使用了"white-space：pre-line；"来保留换行符，确保文本以原始的格式呈现。

当文本溢出容器高度时，会自动出现垂直滚动条，用户可以使用滚动条来查看完整的文本内容。这个案例中的 CSS 样式和 HTML 结构可以根据具体需求进行调整，但核心思想是通过设置容器的尺寸和样式，以及使用"overflow：auto；"来解决文本溢出并添加滚动条。这种方法适用于各种情况，如显示长文本、日志、评论框等需要限制显示区域的场景。

2．内边距

内边距（padding）是盒模型中的一个重要属性，它用于控制元素的内容区域与边框之间的距离。内边距位于元素的边框内部，用于确定内容区域的大小和元素边框之间的间隙。以下是关于内边距的详细介绍。

1）内边距的属性

①上内边距（padding-top）：控制内容区域与顶部边框之间的距离。
②右内边距（padding-right）：控制内容区域与右侧边框之间的距离。
③下内边距（padding-bottom）：控制内容区域与底部边框之间的距离。
④左内边距（padding-left）：控制内容区域与左侧边框之间的距离。

2）内边距的值

①内边距的值可以使用像素（px）、百分比（％）、em、rem 等单位进行定义。
②内边距值可以是非负数，用来指定内容区域与相应边框之间的距离。
③内边距的值可以不同，允许分别控制上、右、下、左的内边距大小，从而实现更灵活的布局。

3）内边距的影响

①内边距影响了元素的内容区域的大小。增加内边距会使内容区域减小，减少内边距会

使内容区域增大。

②内边距还可以用来增加元素的可读性,通过将文本或内容远离边框,使内容更加清晰可见。

4)内边距的盒模型计算

①内边距会影响元素的总宽度和总高度,这在盒模型的计算中是重要的一部分。

②具体计算方式:总宽度＝内容区域宽度＋左内边距＋右内边距＋左边框宽度＋右边框宽度

③总高度＝内容区域高度＋上内边距＋下内边距＋上边框宽度＋下边框宽度

CSS

```
.box {
    padding-top: 20px;
    padding-right: 10%;
    padding-bottom: 30px;
    padding-left: 5px;
}
```

上述示例是一个 CSS 类名为"box"的元素定义了不同方向上的内边距,分别是 20 像素、10%、30 像素和 5 像素。这将影响元素的内容区域大小和与边框的距离。

内边距是 CSS 布局中的重要组成部分,可以用来创建美观的页面布局、改善内容的可读性,以及调整元素之间的间距。

3. 边框

边框(border)是盒模型中的一个重要属性,它围绕着元素的内容区域,用于分隔不同元素、装饰元素,以及为元素提供视觉效果。在网页开发中,可以使用 CSS 来定义元素的边框属性,以控制边框的样式、宽度和颜色等方面。以下是有关边框的详细介绍。

1)边框样式(border-style)

边框样式属性用于定义边框的样式,可以有不同的取值,包括但不限于:

①solid:实线边框。

②dotted:点状边框。

③dashed:虚线边框。

④double:双线边框。

⑤groove:3D 凹槽边框。

⑥ridge:3D 凸起边框。

⑦inset:3D 内阴影边框。

⑧outset:3D 外阴影边框。

⑨none:无边框。

可以通过设置 border-style 属性来选择合适的边框样式。

2)边框宽度(border-width)

(1)边框宽度属性用于指定边框的宽度,可以使用像素(px)、百分比(%)或其他单位来定义。

(2)可以设置上、右、下和左四个边框的宽度。例如:

CSS

border-width：1px 2px 3px 4px；

这将分别为上、右、下和左设置不同宽度的边框。

3）边框颜色（border-color）

（1）边框颜色属性用于定义边框的颜色，如颜色名称、十六进制值或 RGB 值。

（2）类似于边框宽度，也可以为上、右、下和左四个边框分别设置不同的颜色。

4）边框圆角（border-radius）

（1）边框圆角属性用于创建元素的边框或边框角的圆角效果，使元素看起来更加圆润。

（2）可以为四个角分别指定圆角半径，或者使用单一属性来设置所有四个角的圆角半径

CSS

border-radius：10px；/＊所有四个角都有 10px 的圆角＊/

border-radius：5px 10px 15px 20px；/＊分别指定上、右、下、左四个角的圆角半径＊/

5）边框缩写属性（border）

为了简化边框的设置，CSS 提供了一个缩写属性 border，它可以同时设置边框的样式、宽度和颜色。例如：

CSS

border：2px solid ♯000；/＊2px 宽的黑色实线边框＊/

【示例 8－7】 以下为示例 8－5 设置边框：

HTML

```
/＊设置边框＊/
    border：2px solid blue；/＊2px 粗细的蓝色边框＊/
}
```

运行结果如图 8－7 所示。

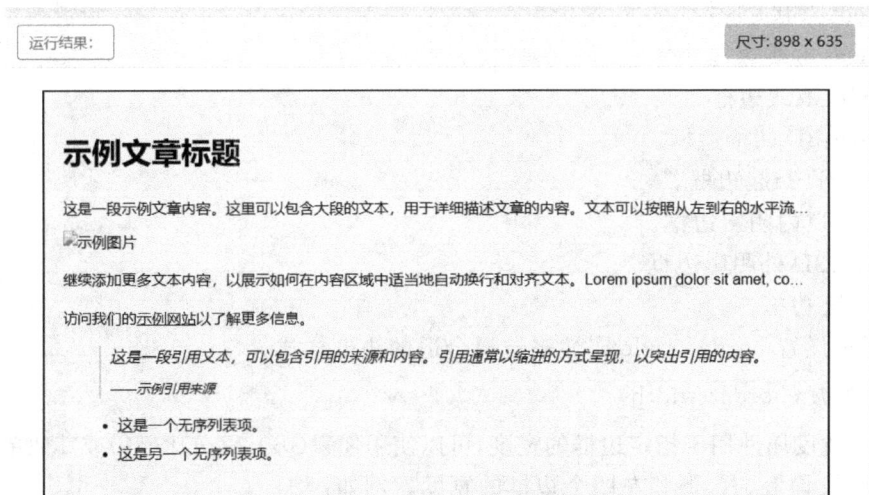

图 8－7 示例 8－7 运行结果

在这个示例中,使用了.article 类的 border 属性来添加边框,设置边框为 2 像素粗细的蓝色边框。

总之,边框是网页设计中的重要组成部分,通过合理设置边框属性,可以为元素增加装饰效果、分隔元素、创建按钮和面板等,从而实现各种不同的设计需求。理解如何使用边框属性将有助于更好地控制元素的外观和布局。

8.3　习题

1. 在 CSS 中,盒模型的属性不包括(　　　)。

A. Font　　　　　B. margin　　　　　C. padding　　　　D. border

2. 简述 CSS 盒模型的属性。

第9章 CSS布局

9.1 流动布局

CSS流体布局是一种基于百分比单位或相对单位（如em或rem）来设计网页布局的方法，以使网页能够在不同屏幕尺寸和设备上自适应。这种布局方式允许页面元素随着视口大小的变化而自动调整大小和位置。CSS流体布局适用于需要在不同设备和屏幕尺寸上提供一致的用户体验的网站。它常用于响应式设计，使网页能够适应桌面、平板和手机等多种设备。

流动布局

1. 属性

CSS流动布局主要具有以下四种属性。

①width和max-width：用于设置元素的宽度。

②margin和padding：用于设置外边距和内边距，以控制元素之间的间距。

③float：用于控制元素的浮动。

④媒体查询（media queries）：用于根据不同的屏幕宽度应用不同的样式。

2. 优缺点

1）优点

（1）自适应性。流体布局可以根据不同屏幕大小和分辨率进行自适应调整，使网页内容在各种设备上都能够合理展示。

（2）相对简单。相对于Flexbox和Grid布局，流体布局的实现较为简单，特别适用于简单网页结构。

（3）兼容性好。流体布局的兼容性较好，可以在旧版浏览器上正常工作。

2）缺点

（1）控制性较差。流体布局难以实现精确的控制，尤其在复杂的网页布局要求下，可能会导致布局不稳定。

（2）限制多列布局。流体布局对于多列布局的支持相对较差，因此在这方面的布局要求可能会受到限制。

【示例9-1】

CSS

```
<! DOCTYPE html>
<html lang = "en">
<head>
```

```html
<meta charset = "UTF-8">
<meta name = "viewport" content = "width = device-width, initial-scale = 1.
0">
<title>Grid Layout Example</title>
<style>
        .container {
    width: 90%;
    max-width: 1200px;
    margin: 0 auto;
    overflow: hidden; /* 清除浮动 */
}

.box {
    width: 30%;
    float: left;
    margin: 10px;
    padding: 20px;
    background-color: #3498db;
    color: #fff;
    text-align: center;
    border-radius: 5px;
    box-shadow: 0 0 5px rgba(0, 0, 0, 0.3);
}
</style>
</head>
<body>
    <div class = "container">
        <div class = "box">
            <p>Box 1</p>
        </div>
        <div class = "box">
            <p>Box 2</p>
        </div>
        <div class = "box">
            <p>Box 3</p>
        </div>
        <div class = "box">
            <p>Box 4</p>
        </div>
```

```
<div class = "box">
    <p>Box 5</p>
</div>
<div class = "box">
    <p>Box 6</p>
</div>
    </div>
</body>
</html>
```

运行结果如图 9-1 所示。

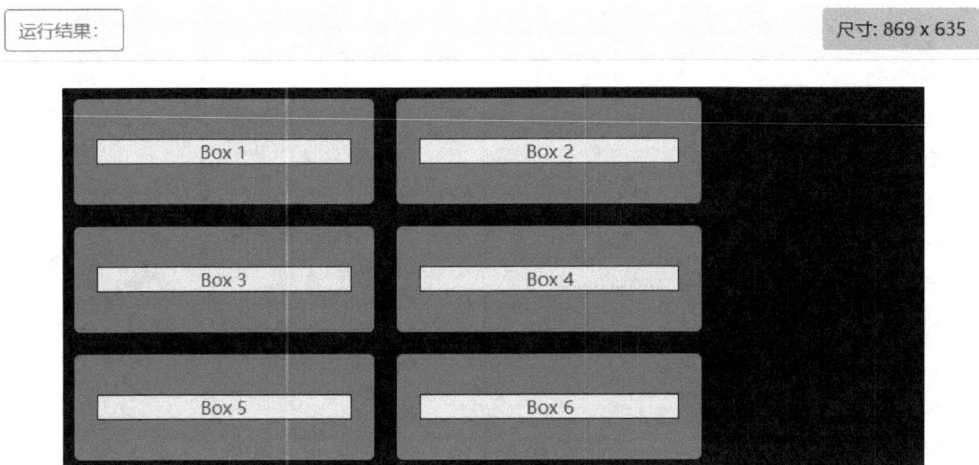

图 9-1　示例 9-1 运行结果

在这个示例中，. container 使用了百分比宽度和 max-width 来确保容器在不同屏幕尺寸上自适应，并居中对齐。. box 是容器内的元素，也使用了百分比宽度和浮动来自适应并在一行内显示多个元素。

9.2　Flexbox 布局

Flexbox 是一种用于设计复杂布局结构的 CSS 布局模型，它使得在一个容器内的子元素能够自动调整大小和位置，以适应不同的屏幕尺寸。Flexbox 布局是单一维度的，通常用于处理一行或一列的布局。Flexbox 非常适合用于创建复杂的导航菜单、网格布局、居中对齐和等高列布局等。

1. 属性

Flexbox 布局主要具有以下五种属性。

①display：flex：定义一个容器为 Flex 容器。

②flex-direction：定义主轴的方向（水平或垂直）。

③justify-content：控制 Flex 容器内子元素在主轴上的对齐方式。

④align-items：控制 Flex 容器内子元素在交叉轴上的对齐方式。

⑤flex：定义子元素的弹性增长和收缩因子。

2．优缺点

1）优点

（1）灵活性。Flexbox 提供了更灵活的布局方式，特别适用于单行或单列布局，可以轻松实现均匀分布、对齐和排序等效果。

（2）简单的嵌套。Flexbox 允许嵌套，可以实现复杂的布局结构，而不需要过多的 HTML 结构调整。

（3）响应式设计。Flexbox 可以与媒体查询一起使用，实现响应式设计，适应不同屏幕尺寸。

2）缺点

（1）复杂布局挑战。对于某些复杂多维度布局，Flexbox 可能不如 Grid 布局灵活。

（2）兼容性。虽然 Flexbox 在现代浏览器中得到广泛支持，但在旧版浏览器上可能存在兼容性问题。

【示例 9 - 2】　将示例 9 - 1 改为 Flexbox 布局：

CSS

```css
.container {
    display: flex;
    flex-wrap: wrap;
    justify-content: center;
    max-width: 1200px;
    margin: 0 auto;
}


.box {
    flex: 0 0 calc(30% -20px);
    margin: 10px;
    padding: 20px;
    background-color: #3498db;
    color: #fff;
    text-align: center;
    border-radius: 5px;
    box-shadow: 0 0 5px rgba(0, 0, 0, 0.3);
    box-sizing: border-box;
}
```

运行结果如图 9 - 2 所示。

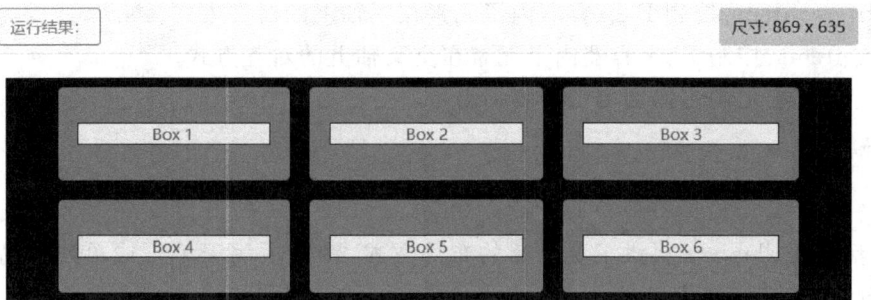

图 9-2 示例 9-2 运行结果

这个示例使用了 Flexbox 布局来创建容器.container,其中包含六个盒子。每个盒子具有"flex:0 0 calc(30%-20px);",这个值确定了每个盒子的宽度,考虑到了外边距和内边距盒子的宽度。Flexbox 布局使盒子在容器内均匀分布,并且会根据屏幕宽度自动调整布局。这种方法使得布局更灵活,并且不需要使用浮动和清除浮动来管理元素的位置。

9.3 Grid 布局

Grid 布局是一种用于创建多行多列网格布局的 CSS 布局模型。Grid 布局提供了更复杂的二维布局,可以在行和列方向上精确控制元素的位置和大小。Grid 布局适用于复杂的网站布局,如新闻网站、电子商务网站和仪表板等。

1. 属性

Grid 布局主要具有以下四种属性。

①display:grid:定义一个容器为 Grid 容器。

②grid-template-columns 和 grid-template-rows:定义网格的列和行。

③grid-gap:定义行列之间的间隔。

④grid-column 和 grid-row:定义元素在网格中的位置。

2. 优缺点

1)优点

(1)多维度布局。Grid 布局适用于多行多列的复杂布局,可以轻松创建网格结构,支持水平和垂直对齐,以及各种自适应布局。

(2)精确控制。Grid 布局提供了更精确的控制,可以指定每个单元格的大小、位置和排列顺序。

(3)响应式设计。像 Flexbox 一样,Grid 布局也可以用于响应式设计,适应不同的屏幕尺寸。

2)缺点

(1)复杂性。Grid 布局的学习曲线较陡峭,相对于简单的布局需求,可能会显得烦琐。

(2)兼容性。与 Flexbox 一样,Grid 布局在旧版浏览器上可能存在兼容性问题,需要考虑降级方案。

【**示例 9-3**】 将示例 9-1 改为 Grid 布局:

```
CSS
.container {
    display: grid;
    grid-template-columns: repeat(auto-fill, minmax(calc(30%-20px), 1fr));
    gap: 20px;
    max-width: 1200px;
    margin: 0 auto;
}


.box {
    padding: 20px;
    background-color: #3498db;
    color: #fff;
    text-align: center;
    border-radius: 5px;
    box-shadow: 0 0 5px rgba(0, 0, 0, 0.3);
    box-sizing: border-box;
}
```

运行结果如图 9-3 所示。

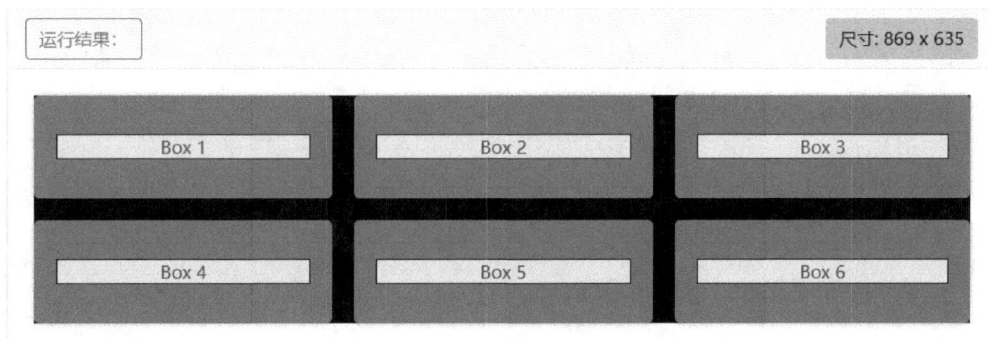

图 9-3　示例 9-3 运行结果

在这个示例中，使用了 CSS Grid 布局来创建容器 .container 和盒子 .box。每个 .box 具有相同的样式，包括背景颜色、文本颜色、内边距、圆角和阴影。

总之，CSS 流体布局适用于简单的自适应布局，Flexbox 适用于单一维度的复杂布局，而 Grid 布局适用于更复杂的二维网格布局。根据项目需求和设计目标，可以选择合适的布局方式或将它们结合使用。

9.4　CSS 导航栏与菜单

下面介绍常见的 CSS 导航栏和菜单类型，包括垂直导航栏、水平导航栏和下拉菜单。

1. 垂直导航栏

垂直导航栏通过设置容器的宽度、背景色和链接的样式来创建。链接以块级元素的形式显示，垂直排列。这种导航栏适合边栏式的网站布局。

CSS 导航栏与菜单

【示例 9-4】

```
HTML
<! DOCTYPE html>
<html>
<head>
  <style>
    .vertical-nav {
      width: 200px;
      background-color: #333;
      color: #fff;
      padding: 20px;
    }

    .vertical-nav a {
      display: block;
      color: #fff;
      text-decoration: none;
      padding: 10px;
    }
  </style>
</head>
<body>
  <div class = "vertical-nav">
    <a href = " # ">Home</a>
    <a href = " # ">About</a>
    <a href = " # ">Services</a>
    <a href = " # ">Contact</a>
  </div>
</body>
```

```
</html>
```

运行结果如图 9-4 所示。

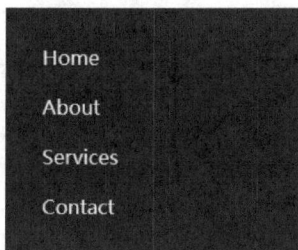

图 9-4　示例 9-4 运行结果

2. 水平导航栏

水平导航栏通过设置背景色、链接样式和水平排列的列表项来创建。这种导航栏适合网页的顶部导航。

【示例 9-5】

```
HTML
<! DOCTYPE html>
<html>
<head>
  <style>
    .horizontal-nav {
      background-color：#333;
      color：#fff;
      padding：10px;
    }

    .horizontal-nav ul {
      list-style-type：none;
      margin：0;
      padding：0;
    }

    .horizontal-nav li {
```

```
        display: inline;
        margin-right: 20px;
      }

      .horizontal-nav a {
        color: #fff;
        text-decoration: none;
      }
    </style>
  </head>
  <body>
    <div class = "horizontal-nav">
      <ul>
        <li><a href = "#">Home</a></li>
        <li><a href = "#">About</a></li>
        <li><a href = "#">Services</a></li>
        <li><a href = "#">Contact</a></li>
      </ul>
    </div>
  </body>
</html>
```

运行结果如图 9-5 所示。

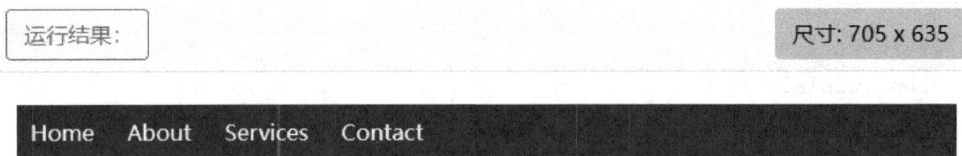

图 9-5　示例 9-5 运行结果

3. 下拉菜单

下拉菜单通过使用 CSS 的 position 属性和伪类选择器（如 : hover）来实现。当鼠标悬停在主菜单上时，下拉菜单项会显示。这种导航菜单类型常见于网站的子菜单或多级菜单。

【示例 9-6】

HTML

```
<! DOCTYPE html>
<html>
<head>
  <style>
```

```css
    .dropdown {
      position: relative;
      display: inline-block;
    }

    .dropdown-content {
      display: none;
      position: absolute;
      background-color: #333;
      min-width: 160px;
      box-shadow: 0px 8px 16px 0px rgba(0,0,0,0.2);
    }

    .dropdown:hover .dropdown-content {
      display: block;
    }

    .dropdown-content a {
      color: #fff;
      padding: 12px 16px;
      text-decoration: none;
      display: block;
    }

    .dropdown-content a:hover {
      background-color: #444;
    }
  </style>
</head>
<body>
  <div class = "dropdown">
    <span>Menu</span>
    <div class = "dropdown-content">
      <a href = " # ">Item 1</a>
      <a href = " # ">Item 2</a>
      <a href = " # ">Item 3</a>
    </div>
```

```
    </div>
</body>
</html>
```

运行结果如图 9-6 所示。

图 9-6　示例 9-6 运行结果

垂直导航栏、水平导航栏和下拉菜单是常见的 CSS 导航栏和菜单类型，选择哪种类型取决于网站设计需求和布局。CSS 提供了丰富的样式和布局选项，可创建各种导航栏和菜单风格。

9.5　习题

1. 下面 CSS 属性中（　　）是用来定义主轴的方向（水平或垂直）。
   A. flex-direction　　B. flex　　　　　　C. float　　　　　　D. grid-gap
2. 简述 CSS Flexbox 布局的属性有哪些？

第 10 章 响应式设计

10.1 什么是响应式设计

随着移动设备的普及,响应式设计已成为现代网络开发的重要组成部分。下面将详细探讨响应式设计的概念、原则、优势,以及如何实施它。

1. 响应式设计的概念

响应式设计(responsive design)是使网站或应用程序的布局和内容能够根据用户的设备和屏幕尺寸自动调整,以提供最佳的用户体验,包括在计算机、平板和手机等各种设备上都能够正常浏览和操作网站或应用。响应式设计的目标是避免用户需要在不同设备上使用不同版本的网站或应用,而是提供一个灵活且一致的界面。

2. 响应式设计的原则

要实现成功的响应式设计,需要考虑以下几个关键原则。

(1)流体网格布局(fluid grid layout)。使用相对单位(如百分比)而不是绝对单位(如像素)来定义网页布局。这样,页面元素将根据屏幕宽度自动调整大小和位置。

(2)媒体查询(media queries)。媒体查询是 CSS3 的一部分,允许根据设备的属性(如屏幕宽度、高度、方向等)应用不同的样式。通过媒体查询,可以为不同的屏幕尺寸和设备类型定制样式。

(3)弹性图像和媒体(flexible images and media)。图像和媒体元素也应该根据屏幕尺寸进行调整,以防止图像变形或截断。通常,可以使用 CSS 中的 max-width 属性来控制图像的最大宽度。

(4)内容优先(content first)。设计师和开发者应该优先考虑内容,确保在不同设备上都能够清晰呈现。这意味着需要精简和优化内容,以适应较小的屏幕空间。

(5)渐进增强(progressive enhancement)。响应式设计应该从基本的核心功能开始,然后根据设备的能力逐渐增强用户体验。这确保了在不支持高级功能的设备上仍然能够提供基本功能。

(6)测试与反馈(testing and feedback)。在不同设备和浏览器中测试网站或应用,收集用户反馈,并根据需要进行修复和改进。

3. 响应式设计的优势

响应式设计具有多方面的优势,这些优势使其成为现代网页和应用开发的首选方法之一。

(1)跨平台兼容性。响应式设计可以确保网站在各种操作系统和设备上应用都能够正常运行,不需要为每种设备单独开发。

(2)更好的用户体验。用户不需要在不同设备上来回切换,他们可以获得一致的界面和体验，无论他们是在桌面上浏览还是使用移动设备。

（3）SEO 优势。搜索引擎通常更喜欢响应式设计，因为它提供了一个单一的 URL，无需担心重复内容。这有助于提高搜索引擎排名。

（4）维护便捷性。响应式设计意味着只需要维护一个代码库，而不是多个不同版本的代码。这降低了维护成本和复杂性。

（5）未来可扩展性。新设备和屏幕尺寸不断涌现，响应式设计使你的网站或应用具备未来适应性，而无需进行大规模重构。

4. 如何实施响应式设计

要成功实施响应式设计，需要遵循一系列步骤。

（1）规划和分析。首先了解目标受众和他们的设备偏好。然后制订响应式设计的计划和战略。

（2）创建流体网格。使用 CSS 来创建流体网格布局，确保页面元素可以根据屏幕尺寸自动调整。

（3）媒体查询。使用媒体查询来定义不同屏幕尺寸和设备类型下的样式。这可以在 CSS 文件中使用@media 规则来实现。

（4）弹性图像和媒体。确保所有图像和媒体元素都可以根据屏幕尺寸进行调整。这通常需要在 CSS 中设置 max-width 属性。

（5）测试和调试。在各种设备和浏览器中测试网站或应用，解决布局和样式问题。可以使用开发者工具和模拟器进行测试，也可以邀请真实用户提供反馈。

（6）优化性能。响应式设计可能导致加载时间较长，因此需要优化性能。这包括压缩图像、减少 HTTP 请求和使用缓存。

（7）反馈和改进。持续收集用户反馈，并根据需要进行改进。响应式设计是一个不断演进的过程。

（8）维护。定期检查和更新你的网站或应用，以确保其在新设备和浏览器版本上仍然正常运行。

【示例 10-1】

```
HTML
<! DOCTYPE html>
<html lang = "en">
<head>
    <meta charset = "UTF-8">
    <meta name = "viewport" content = "width = device-width, initial-scale = 1.
0">
    <title>响应式设计案例</title>
<style>
        img {
    max-width: 100%;
    height: auto;
```

```
    }
  </style>
</head>
<body>
    <header>
        <h1>响应式设计案例</h1>
        <nav class = "menu">
            <button class = "menu-toggle">&#9776;</button>
            <ul>
                <li>首页</li>
                <li>关于</li>
                <li>联系我们</li>
            </ul>
        </nav>
    </header>
    <main>
        <section class = "content">
            <p>这是用于演示目的的示例文本。</p>
        </section>
    </main>
    <script src = "script.js"></script>
</body>
</html>
```

运行结果如图 10 - 1 所示。

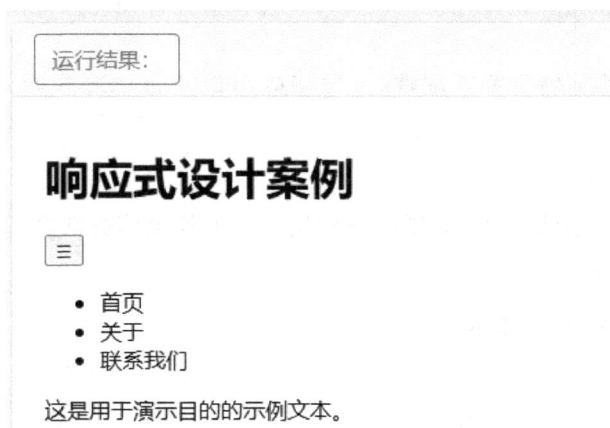

图 10 - 1　示例 10 - 1 运行结果

　　响应式设计是一种使网站和应用程序能够适应不同设备和屏幕尺寸的重要方法。它的原则包括流体网格布局、媒体查询、弹性图像和媒体、内容优先、渐进增强、测试与反馈等。响应式设计的优势包括跨平台兼容性、更好的用户体验、SEO 优势、维护便捷性和未来可扩展性。成功实施响应式设计需要规划、分析、创建流体网格、媒体查询、弹性图像和媒体、测试和调试、性能优化、反馈和改进及维护等步骤。通过遵循这些步骤，可以为用户提供一致的、高质量的跨设备体验，同时确保自己的网站或应用在不断发展的移动设备市场中保持竞争力。

10.2 媒体查询

媒体查询（media queries）是 CSS3 的一项功能，它允许开发者根据设备的属性和特征来应用不同的 CSS 样式。媒体查询是响应式设计的关键组成部分，它使网页和应用程序能够适应不同的屏幕尺寸、设备类型和浏览器特性，以提供更好的用户体验。下面将详细介绍媒体查询的工作原理、语法和常见用法。

1. 媒体查询的工作原理

媒体查询基于媒体类型和媒体特性来选择性地应用 CSS 样式。媒体类型用于确定媒体查询是否应该应用，而媒体特性则用于检查设备的属性。当浏览器加载网页时，它会检查媒体查询，并根据条件选择性地应用 CSS 规则。

2. 媒体查询的工作流程

1）检查媒体类型

浏览器会检查媒体类型，如 screen（屏幕）、print（打印机）或 speech（语音阅读器）。如果媒体类型匹配，则继续下一步。

2）检查媒体特性

浏览器会检查媒体查询中定义的媒体特性，如屏幕的宽度、高度、设备方向、分辨率等。如果媒体特性匹配，则应用相应的 CSS 规则。

3）应用样式

如果媒体类型和媒体特性都匹配，浏览器将应用相关的 CSS 规则，从而改变页面的外观和布局。

3. 媒体查询的语法

媒体查询的语法包括@media 规则和条件块。以下是媒体查询的基本语法：

```HTML
@media 媒体类型 and（媒体特性）{
    / * CSS 规则 * /
}
```

对语法的说明如下。

①@media：媒体查询始于@media 关键字。

②媒体类型：可选的部分，用于指定媒体类型，如 screen、print、speech 等。如果省略，则默认为 all，表示适用于所有媒体类型。

③and：用于连接媒体类型和媒体特性。

④媒体特性：用于指定要匹配的设备属性，如"max-width：768px"表示屏幕宽度小于等于768 像素。

⑤CSS 规则：在满足媒体查询条件时应用的 CSS 样式规则。

4. 常见的媒体特性

媒体特性允许开发者根据不同的设备属性来应用样式。以下是一些常见的媒体特性。

1）宽度相关特性

①width：屏幕宽度。

②min-width：最小屏幕宽度。

③max-width：最大屏幕宽度。

2）高度相关特性

①height：屏幕高度。

②min-height：最小屏幕高度。

③max-height：最大屏幕高度。

3）设备方向

orientation：设备方向，可以是 portrait（纵向）或 landscape（横向）。

4）分辨率

resolution：屏幕分辨率，通常以 dpi（每英寸像素数）为单位。

5）媒体功能

①color：屏幕颜色位数。

②aspect-ratio：屏幕宽高比。

③device-aspect-ratio：设备宽高比。

6）媒体类型

①screen：电脑屏幕。

②print：打印机。

③speech：语音阅读器。

5. 常见的媒体查询用法

以下是一些常见的媒体查询用法示例。

1）根据屏幕宽度应用样式

HTML
```
@media (max-width：768px){
  /*当屏幕宽度小于等于 768px 时应用的样式*/
}
```

2）根据设备方向应用样式

HTML

```
@media (orientation：landscape) {
  /* 当设备横向时应用的样式 */
}
```

3）组合多个媒体特性

HTML
```
@media (min-width：600px) and (max-width：1024px) {
  /* 当屏幕宽度在 600px 到 1024px 之间时应用的样式 */
}
```

4）不同媒体类型的样式

HTML
```
@media screen {
  /* 适用于屏幕的样式 */
}

@media print {
  /* 适用于打印的样式 */
}
```

5）使用媒体特性为高分辨率屏幕提供高清图像

HTML
```
@media (min-resolution：2dppx) {
  /* 适用于高分辨率屏幕(Retina 等)的样式 */
}
```

【**示例 10-2**】 以下示例在小屏幕上，文本和标题较小，菜单被隐藏；在大屏幕上，文本和标题较大，菜单可见。

HTML
```
<! DOCTYPE html>
<html lang = "en">
<head>
    <meta charset = "UTF-8">
    <meta name = "viewport" content = "width = device-width, initial-scale = 1.0">
    <title>媒体查询案例</title>
    <style>
        /* 基本样式 */
        body {
            font-size：16px;
```

```
            line-height: 1.5;
        }


        /* 媒体查询-当视口宽度小于或等于 768px 时应用 */
        @media (max-width: 768px) {
            body {
                font-size: 14px;
            }
            h1 {
                font-size: 24px;
            }
            .menu {
                display: none;
            }
        }


        /* 媒体查询-当视口宽度大于 768px 时应用 */
        @media (min-width: 769px) {
            body {
                font-size: 18px;
            }
            h1 {
                font-size: 36px;
            }
            .menu {
                display: block;
            }
        }
    </style>
</head>
<body>
    <h1>媒体查询案例</h1>
    <p>这是用于演示目的的示例文本。</p>
    <ul class = "menu">
        <li>首页</li>
        <li>关于</li>
        <li>联系我们</li>
    </ul>
</body>
```

```
</html>
```

运行结果如图 10 - 2 所示。

(a) 在小于或等于768px宽度的视口下　　　　　(b) 在大于768px宽度的视口下

图 10 - 2　示例 10 - 2 运行结果

下面对这个示例进行分析。

（1）基本样式部分设置了全局的字体大小为 16 像素，行高为 1.5。

（2）第一个媒体查询针对视口宽度小于或等于 768 像素的情况，它降低了文本的字体大小到 14 像素，同时增加了标题（h1）的字体大小到 24 像素，并隐藏了菜单（.menu）。

（3）第二个媒体查询针对视口宽度大于 768 像素的情况，它将文本的字体大小提高到 18 像素，标题（h1）的字体大小提高到 36 像素，并显示菜单（.menu）。

6. 媒体查询的实际应用

媒体查询在响应式设计中扮演着关键角色，允许开发者根据不同设备的属性和特性来优化布局和样式。媒体查询的一些实际应用主要包括以下五点。

①调整字体大小和行距以适应不同屏幕尺寸。

②隐藏或显示特定的页面元素，以提供更好的用户体验。

③更改导航菜单的布局，以适应小屏幕设备。

④为高分辨率屏幕提供高清图像。

⑤针对打印样式进行优化，以确保页面在打印时呈现良好。

总之，媒体查询是响应式设计的核心技术之一，它使开发者能够根据不同设备的特性为用户提供最佳的体验。通过灵活运用媒体查询，可以确保自己的网页或应用在各种设备上都能够正常工作，并提供一致的外观和功能。

10.3　弹性布局单位

弹性布局单位（flexible layout units）是用于响应式设计的一种关键概念，它们帮助开发者创建灵活的布局，使网页在不同屏幕尺寸和设备上应用都能良好适应。在弹性布局中，开发者通常使用相对单位而不是固定单位来定义尺寸和布局，这些相对单位使页面元素能够根据父容器或视口的大小动态调整。下面详细介绍弹性布局单位的常见类型。

1. 百分比单位

百分比单位(percentage units)是相对于父容器的尺寸来定义元素的宽度、高度、内边距和外边距的单位。它们常见于响应式设计中,因为它们允许元素在不同尺寸的容器中自动调整。例如:

```
HTML
.container {
    width: 80%; /* 宽度为父容器宽度的 80% */
    padding: 2%; /* 内边距为父容器宽度的 2% */
    margin: 0 auto; /* 水平居中 */
}
```

使用百分比单位时,元素的尺寸会随着父容器的大小而变化,从而实现了相对于视口或其他容器的弹性布局。

2. em 单位

em 是相对于元素的字体大小来定义其他属性的单位。一个 em 等于当前元素的字体大小。例如:

```
HTML
p {
    font-size: 1.2em; /* 字体大小为父元素字体大小的 1.2 倍 */
    margin-bottom: 1.5em; /* 底边距为字体大小的 1.5 倍 */
}
```

em 单位在文本和字体大小的调整中非常有用,因为它们可以随着字体大小的变化而自动调整元素的尺寸。

3. rem 单位

rem(根 em)是相对于根元素(通常是<html>元素)的字体大小来定义其他属性的单位。与 em 不同,rem 不会受到嵌套元素字体大小的影响。这使得 rem 单位在响应式设计中更容易控制元素的尺寸。例如:

```
HTML
body {
    font-size: 16px; /* 根元素字体大小 */
}


p {
    font-size: 1.2rem; /* 字体大小为根元素字体大小的 1.2 倍 */
    margin-bottom: 1.5rem; /* 底边距为字体大小的 1.5 倍 */
}
```

使用 rem 单位可以更轻松地管理整个页面的相对尺寸。

4. vw 和 vh 单位

vw（视口宽度单位）和 vh（视口高度单位）是相对于浏览器视口的宽度和高度来定义元素的单位。1vw 等于视口宽度的 1%，1vh 等于视口高度的 1%。这些单位非常适用于创建根据屏幕大小变化的响应式布局。例如：

HTML
```
.header {
    width：80vw；/* 宽度为视口宽度的 80% */
}


.footer {
    height：10vh；/* 高度为视口高度的 10% */
}
```

使用 vw 和 vh 单位可以确保元素在不同屏幕尺寸上都有良好的可见性。

5. vmin 和 vmax 单位

vmin（视口最小单位）和 vmax（视口最大单位）也是相对于浏览器视口的宽度和高度来定义元素的单位。vmin 等于视口宽度和高度中的较小值的百分比，vmax 等于视口宽度和高度中的较大值的百分比。这些单位能够更精确地控制元素的大小和布局。例如：

HTML
```
.container {
    width：40vmin；/* 宽度为视口宽度和高度中的较小值的 40% */
}


.button {
    font-size：4vmax；/* 字体大小为视口宽度和高度中的较大值的 4% */
}
```

vmin 和 vmax 单位可用于创建适应性强的响应式布局。

【**示例 10-3**】 使用 Flexbox 布局使内容垂直居中，并在小屏幕和大屏幕上自动调整字体大小，以实现响应式设计。

HTML
```
<! DOCTYPE html>
<html lang = "en">
<head>
    <meta charset = "UTF-8">
    <meta name = "viewport" content = "width = device-width, initial-scale = 1.
0">
    <title>弹性布局案例</title>
<style>
```

```
        .container {
    display: flex;
    flex-direction: column;
    align-items: center;
    text-align: center;
    font-size: 16px;
    line-height: 1.5;
    padding: 20px;
}

.menu {
    list-style: none;
    display: flex;
    margin: 0;
    padding: 0;
}

.menu li {
    margin: 0 10px;
    font-size: 16px;
}

/* 媒体查询-当视口宽度小于或等于 768px 时应用 */
@media (max-width: 768px) {
    .container {
        font-size: 14px;
    }

    .menu li {
        font-size: 14px;
    }
}

/* 媒体查询-当视口宽度大于 768px 时应用 */
@media (min-width: 769px) {
    .container {
        font-size: 18px;
    }
```

```
.menu li {
    font-size: 18px;
    }
}
    </style>
</head>
<body>
    <div class = "container">
        <h1>弹性布局案例</h1>
        <p>This is a sample text for demonstration purposes.</p>
    <ul class = "menu">
        <li>首页</li>
        <li>关于</li>
        <li>联系我们</li>
    </ul>
        </div>
</body>
</html>
```

运行结果如图 10 - 3 所示。

(a) 在小于或等于768px宽度的视口下

(b) 在大于768px宽度的视口下

图 10 - 3　示例 10 - 3 运行结果

下面对这个示例进行分析。

（1）.container 使用 Flexbox 布局，"display：flex；"声明容器为弹性容器，"flex-direction：

column;"设置主轴方向为纵向,"align-items：center;"居中对齐项目,"text-align：center;"居中对齐文本,同时设置了全局的字体大小和行高。

(2).menu 使用 Flexbox 布局,将列表项水平排列,同时去除了列表项的默认样式。

(3)媒体查询部分分别降低了容器和菜单字体大小,以适应小屏幕(小于或等于 768px 宽度)和增加字体大小以适应大屏幕(大于 768px 宽度)。

总之,弹性布局单位是响应式设计的重要组成部分,开发者可以创建适应不同屏幕尺寸和设备的布局和样式。常见的弹性布局单位包括百分比单位、em 单位、rem 单位、vw 和 vh 单位及 vmin 和 vmax 单位。通过灵活使用这些单位,开发者可以实现更好的响应式设计,以提供更好的用户体验。

10.4　习题

1. 实现移动端优先的响应式设计时,媒体查询的断点通常按(　　)设置。

　A. min-width 从大屏到小屏递减

　B. max-width 从小屏到大屏递增

　C. min-width 从小屏到大屏递增

　D. 仅使用 orientation 检测横竖屏

2. 以下(　　)最适合用于响应式字体大小。

　A. px　　　　　　　B. em　　　　　　　C. rem　　　　　　　D. vw

第11章　动画与过渡

11.1　动画与过渡的基本概念

CSS 动画与过渡是用于创建网页和应用程序中的交互效果的两种常见技术。它们都可以通过 CSS 来实现，但在设计和使用上有一些区别。

1. CSS 动画

CSS 动画（animations）是一种更强大的 CSS 技术，允许创建复杂的动画序列。它涵盖了更多的属性和选项，可以实现更多类型的动画效果。动画通常需要通过关键帧（keyframes）来定义，其中规定了动画的各个阶段的状态。

1）应用

（1）加载动画。在页面加载时显示动画，以吸引用户的注意力。

（2）交互性动画。创建与用户交互的动画效果，如滚动触发、按钮点击等。

（3）复杂的元素变化。可以在元素上应用多个动画，从而创建复杂的效果，如旋转、缩放、淡入、淡出等。

2）优点

（1）高度可定制。CSS 动画提供了丰富的选项，几乎可以实现任何动画效果。

（2）流畅的复杂动画。可以创建复杂的、连续的动画序列。

（3）可重用性。可以定义一次动画并在多个元素上重复使用。

3）缺点

（1）较复杂。相对于过渡，CSS 动画的设置和定义可能更加复杂。

（2）性能开销。复杂的动画可能会导致性能问题，特别是在移动设备上。

（3）学习曲线。对于初学者来说，掌握 CSS 动画可能需要更多的时间和经验。

总之，CSS 过渡适用于简单的、平滑的过渡效果，而 CSS 动画更适合复杂的、高度可定制的动画序列。在实际项目中，可以根据具体需求和性能要求选择适当的技术。有时也可以将两者结合使用，以实现更多样化的动画效果。

2. CSS 过渡

CSS 过渡（transitions）是一种用于平滑过渡 CSS 属性的变化效果的技术。它适用于一系列属性，如颜色、大小、位置等。通过定义过渡的持续时间、延迟、过渡类型以及触发过渡的事件，可以创建流畅的动画效果。过渡通常在鼠标悬停、焦点聚焦或其他事件触发时发生。

1）应用

（1）按钮效果。当用户将鼠标悬停在按钮上时，可以使按钮的颜色逐渐变化以表示交互性。

（2）导航菜单。当用户将鼠标悬停在导航链接上时，可以使用过渡来平滑地显示子菜单。

（3）输入字段。在输入框中添加过渡效果，以在用户聚焦输入字段时使其变得更明显。

2）优点

（1）简单易用。过渡的设置非常简单，通常只需要几行 CSS 代码。

（2）平滑的效果。过渡可以创建平滑的动画效果，不会显得突兀。

（3）性能友好。过渡通常具有较低的性能开销，因为它们是在图形处理器（graphics processing unit，GPU）上处理的，可以平滑地进行动画。

3）缺点

（1）有限的控制。过渡提供的控制选项相对较少，无法实现复杂的动画效果。

（2）不能处理复杂动画。对于需要更高级的动画，如路径动画或自定义动画序列，过渡不够灵活。

（3）浏览器兼容性。某些旧版本的浏览器可能不支持过渡效果或支持不完全，需要添加兼容性代码。

11.2　CSS 动画属性

CSS 动画属性是一组用于创建动画效果的 CSS 属性，网页开发人员利用它可以在不使用 JavaScript 的情况下为网页添加交互和动态性。下面将详细介绍 CSS 动画属性。

1. 动画概述

动画是网页设计中重要的一部分，它可以吸引用户的注意力，并有效地传达信息。CSS 动画属性允许开发人员通过在样式表中定义动画效果，而不需要编写复杂的 JavaScript 代码来实现动态效果。CSS 动画可以应用于元素的各种属性，如位置、大小、颜色、透明度等。

要创建 CSS 动画，我们需要了解以下几个关键概念。

1）关键帧动画

关键帧动画是一种基本的 CSS 动画技术，它可以在动画的不同时间点定义关键帧，然后让浏览器自动插值生成中间状态，从而创建动画效果。关键帧动画由以下三个部分组成。

①@keyframes 规则：定义动画的名称和关键帧。

②百分比值（0%、50%、100% 等）：表示动画的不同时间点。

③属性值：描述元素在不同时间点的状态。

2）动画属性

在 CSS 中，有一组专门用于动画的属性，它们可以应用于元素，控制动画的各个方面，如持续时间、延迟、速度曲线等。这些属性包括以下几点。

①animation-name：指定要使用的关键帧动画的名称。

②animation-duration：定义动画的持续时间。

③animation-timing-function：控制动画的速度曲线。

④animation-delay：设置动画开始之前的延迟时间。

⑤animation-iteration-count：指定动画的播放次数。

⑥animation-direction：定义动画是否反向播放。

⑦animation-fill-mode：确定动画在播放前和播放后如何应用样式。

⑧animation-play-state：控制动画的播放状态。

2. 动画属性详解

让我们深入了解这些动画属性，以便更好地理解如何创建和自定义 CSS 动画。

1）animation-name

animation-name 属性用于指定要应用的关键帧动画的名称。关键帧动画是使用 @keyframes 规则定义的，可以有多个不同的关键帧动画可供选择。

```HTML
/ * 定义关键帧动画 * /
@keyframes slide-in {
  from {
    transform：translateX(-100 % );
  }
  to {
    transform：translateX(0);
  }
}


/ * 应用关键帧动画 * /
.element {
  animation-name：slide-in;
}
```

在这个示例中，定义了一个名为 slide-in 的关键帧动画，然后将它应用于具有 .element 类的元素。这将使元素从左侧滑入。

2）animation-duration

animation-duration 属性用于定义动画的持续时间，以秒（s）或毫秒（ms）为单位。它决定了动画从开始到结束所需的时间。

```HTML
.element {
  animation-name：slide-in;
  animation-duration：2s; / * 持续时间为 2 s * /
}
```

在这个示例中，动画持续时间为 2 s，元素将在 2 s 内完成从左侧滑入的动画。

3）animation-timing-function

animation-timing-function 属性用于控制动画的速度曲线，它决定了动画在播放期间如何变化。速度曲线可以是线性的、缓慢的、快速的等。

HTML

```
.element {
    animation-name：slide-in；
    animation-duration：2s；
    animation-timing-function：ease-in-out；/*缓慢开始和结束*/
}
```

在这个示例中，使用 ease-in-out 速度曲线，使动画在开始和结束时变得缓慢，中间时较快。

以下是一些常见的速度曲线值。

①ease：默认值，缓慢开始和结束。

②linear：线性速度，动画匀速进行。

③ease-in：缓慢开始。

④ease-out：缓慢结束。

⑤ease-in-out：缓慢开始和结束。

4）animation-delay

animation-delay 属性用于设置动画开始之前的延迟时间，以秒（s）或毫秒（ms）为单位。它允许开发者在页面加载后一段时间后再播放动画。

HTML

```
.element {
    animation-name：slide-in；
    animation-duration：2s；
    animation-delay：1s；/*延迟 1 s 后开始动画*/
}
```

在这个示例中，动画将在元素加载后的 1 s 后开始播放。

5）animation-iteration-count

animation-iteration-count 属性用于指定动画的播放次数。可以将其设置为具体的数字，也可以使用 infinite 来让动画无限循环。

HTML

```
.element {
    animation-name：slide-in；
    animation-duration：2s；
    animation-iteration-count：3；/*动画播放 3 次*/
}
```

在这个示例中，动画将播放 3 次。

HTML

```
.element {
    animation-name：slide-in；
```

```
  animation-duration：2s；
    animation-iteration-count：infinite；/＊无限循环动画＊/
}
```

在这个示例中，动画将无限循环，直到页面被关闭或动画被停止。

6）animation-direction

animation-direction 属性用于定义动画的播放方向。

①normal：正常播放（从起始到结束）。

②reverse：反向播放（从结束到起始）。

③alternate：交替播放，正向和反向交替。

④alternate-reverse：反向交替播放，反向和正向交替。

```
HTML
.element {
    animation-name：slide-in；
    animation-duration：2s；
    animation-direction：alternate；/＊交替播放＊/
}
```

在上面的示例中，动画将正向和反向交替播放。

7）animation-fill-mode

animation-fill-mode 属性用于确定动画在播放前和播放后如何应用样式。

①none：不应用样式。

②forwards：在动画结束后应用最后一帧的样式。

③backwards：在动画开始前应用第一帧的样式。

④both：同时应用 forwards 和 backwards。

```
HTML
.element {
    animation-name：slide-in；
    animation-duration：2s；
    animation-fill-mode：forwards；/＊播放后应用最后一帧的样式＊/
}
```

在这个示例中，动画播放后将应用最后一帧的样式。

8）animation-play-state

animation-play-state 属性用于控制动画的播放状态。它可以有以下值：

①running：动画正在播放。

②paused：动画被暂停。

```
HTML
.element {
    animation-name：slide-in；
```

```
    animation-duration: 2s;
    animation-play-state: paused; / * 动画被暂停 * /
}
```

在这个示例中,动画将被暂停,直到再次设置为 running。

3. 具体示例

让我们通过一些示例来演示如何使用这些动画属性来创建各种动画效果。

1)淡入淡出动画

【示例 11 - 1】 这个示例创建了一个淡入淡出的动画效果,元素将在 4 s 内从透明度为 0 到 1 再到 0,然后无限循环播放。

```
HTML
<! DOCTYPE html>
<html lang = "en">
<head>
    <meta charset = "UTF - 8">
    <meta name = "viewport" content = "width = device-width, initial-scale = 1.
0">
    <title>Keyframe Animation Example</title>
<style>
@keyframes fade-in-out {
  0% {
    opacity: 0;
  }
  50% {
    opacity: 1;
  }
  100% {
    opacity: 0;
  }
}

.element {
  animation-name: fade-in-out;
  animation-duration: 4s;
  animation-iteration-count: infinite;
  animation-timing-function: ease-in-out;
}
</style>
</head>
```

```
<body>
    <div class = "element">动画</div>
</body>
</html>
```

运行结果如图 11-1 所示。

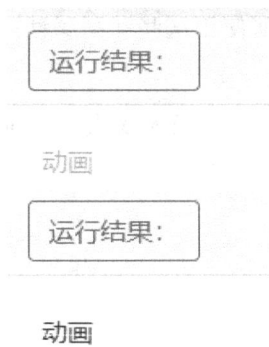

图 11-1 示例 11-1 运行结果

2）旋转动画

【示例 11-2】 将示例 11-2 改为旋转动画，创建一个元素无限循环旋转的动画效果，持续时间为 2 s。

```
CSS
@keyframes rotate {
    0% {
        transform: rotate(0deg);
    }
    100% {
        transform: rotate(360deg);
    }
}


.element {
    animation-name: rotate;
    animation-duration: 2s;
    animation-iteration-count: infinite;
    animation-timing-function: linear;
}
```

运行结果如图 11-2 所示。

4. 动画性能优化

虽然 CSS 动画提供了一种轻量级的方式来创建动态效果，但在设计和使用动画时，需要

运行结果：　　　　　　　　　　　　　　尺寸：730 × 635

运行结果：

动画

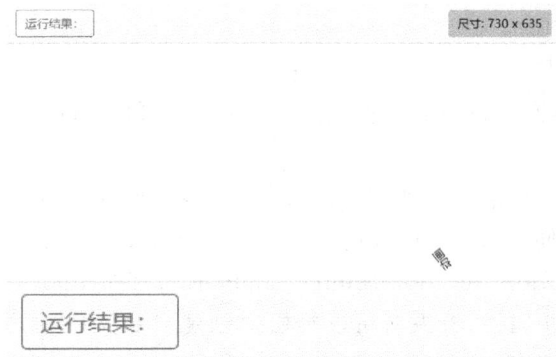

图 11 - 2　示例 11 - 2 运行结果

考虑性能问题，以确保页面在各种设备和网络条件下都能顺畅运行。以下是一些动画性能优化的建议。

1）使用硬件加速

在一些情况下，使用 CSS 属性如 transform 和 opacity 可以触发硬件加速，从而提高动画的性能。尽量避免频繁修改布局属性（如 width 和 height），因为这可能会使浏览器重绘，导致性能下降。

2）使用 requestAnimationFrame

如果需要在 JavaScript 中控制动画，建议使用 requestAnimationFrame 来执行动画操作。这个 API 能够确保动画在浏览器的下一帧中运行，以获得更平滑的动画效果。

3）最小化动画元素的数量

尽量减少页面上同时播放动画的元素数量。太多的动画元素会占用大量的系统资源，降低性能。

4）优化动画效果

避免使用过于复杂的动画效果，因为它们可能导致性能下降。简单的动画效果通常更流畅。

5）使用适当的分辨率

如果在动画中使用了图像或视频，确保它们的分辨率适合当前设备和屏幕大小，以减少资源消耗。

6)测试在不同设备上

最后,始终在不同类型的设备和不同浏览器上测试动画,以确保它们在各种情况下都能正常工作和流畅运行。

CSS 动画属性是创建交互性和动态性的重要工具,它们允许开发人员在网页中添加各种动画效果。通过了解和使用 animation-name、animation-duration、animation-timing-function、animation-delay、 animation-iteration-count、 animation-direction、 animation-fill-mode 和 animation-play-state 这些属性,开发者可以轻松地创建自定义的动画效果。但请注意性能问题,以确保动画在不同设备和浏览器上都能顺畅运行。

11.3 CSS 过渡属性

CSS 过渡属性是一种用于实现简单动画效果的技术。与 CSS 动画不同,CSS 过渡属性使元素从一种状态平滑地过渡到另一种状态,而不需要定义关键帧和关键帧动画。这使得过渡属性成为在网页中添加一些生动性和交互性的简单方法。下面将详细介绍 CSS 过渡属性,包括如何使用它们、CSS 动画的比较等。

1. CSS 过渡属性概述

CSS 过渡属性可以在元素的不同状态之间创建平滑的动画效果。这些状态可以是元素的各种 CSS 属性值的变化,如颜色、大小、位置、透明度等。通过定义过渡属性,可以指定元素在何种条件下,以及在何种时间内应用这些状态的变化。

过渡属性的核心思想是从一个起始状态(或属性值)到一个终止状态(或属性值)平滑地过渡,而不需要手动指定中间步骤。这一点与 CSS 动画不同,后者需要明确定义关键帧和每个关键帧的属性值。

2. 使用 CSS 过渡属性

要使用 CSS 过渡属性,需要了解以下三个关键属性。

1)transition-property

transition-property 属性用于指定应用过渡效果的 CSS 属性。这可以是单个属性,也可以是多个属性,多个属性之间用逗号分隔。

```
HTML
/* 单个属性 */
.element {
  transition-property: width;
}


/* 多个属性 */
.element {
  transition-property: width, height, background-color;
```

```
}
```

在这个示例中，分别将过渡应用到了单个属性（width）和多个属性（width、height、background-color）上。

2）transition-duration

transition-duration 属性定义了过渡效果的持续时间，以秒（s）或毫秒（ms）为单位。

HTML

```
.element {
    transition-duration：0.5s；/ * 持续时间为 0.5 s * /
}
```

在这个示例中，过渡效果将在 0.5 s 内完成。

3）transition-timing-function

transition-timing-function 属性用于控制过渡效果的速度曲线，它决定了过渡过程中属性值的变化速度。

HTML

```
.element {
    transition-timing-function：ease-in-out；/ * 缓慢开始和结束 * /
}
```

在这个示例中，使用了 ease-in-out 的速度曲线，使过渡在开始和结束时变得缓慢，中间时较快。

3. 过渡效果的触发

过渡效果的触发通常有鼠标交互触发和 CSS 状态变化触发两种方式。

1）鼠标交互触发

鼠标交互触发是指通过鼠标事件（如鼠标悬停、点击等）来触发过渡效果，元素在用户与之交互时产生平滑的过渡效果，提升了用户体验。

HTML

```
/ * 鼠标悬停时触发过渡 * /
.element {
    transition：width 0.3s ease-in-out；
}

.element：hover {
    width：200px；
}
```

在这个示例中，当用户将鼠标悬停在元素上时，元素的宽度将平滑地从原始宽度过渡到 200px。

2）CSS 状态变化触发

CSS 状态变化触发是指通过改变 CSS 类或伪类的状态来触发过渡效果。通常用于在元素的不同状态之间切换时应用过渡效果。

```
HTML
/* 初始状态 */
.element {
  width: 100px;
  height: 100px;
  background-color: blue;
  transition: width 0.3s ease-in-out;
}

/* 激活状态 */
.element.active {
  width: 200px;
}
```

在这个示例中，当元素的类被改变为 .element.active 时，宽度属性将平滑地过渡到 200px。

4. 具体示例

下面通过一些示例来演示如何使用 CSS 过渡属性创建各种动画效果。

1）渐变背景色

【**示例 11-3**】 这个示例创建了一个在鼠标悬停时背景色渐变的效果。

```
HTML
<! DOCTYPE html>
<html lang = "en">
<head>
    <meta charset = "UTF-8">
    <meta name = "viewport" content = "width = device-width, initial-scale = 1.
0">
    <title>Keyframe Animation Example</title>
<style>
/* 初始状态 */
.element {
  width: 100px;
  height: 100px;
  background-color: blue;
  transition: background-color 0.5s ease-in-out;
```

```
}

/*鼠标悬停时改变背景色*/
.element:hover {
  background-color: red;
}
</style>
</head>
<body>
    <div class = "element">动画</div>
</body>
</html>
```

运行结果如图 11-3 所示。

(a) 初始状态　　　　　　　　　　(b) 悬停时

图 11-3　示例 11-3 运行结果

2)按钮变大变小

【示例 11-4】　这个示例创建了一个按钮,在鼠标悬停时放大,在鼠标点击时缩小的效果。

```
HTML
<! DOCTYPE html>
<html lang = "en">
<head>
    <meta charset = "UTF-8">
    <meta name = "viewport" content = "width = device-width, initial-scale = 1.
0">
    <title>Button Interaction Example</title>
<style>
/*初始状态*/
.button {
  width: 100px;
```

```
    height：40px；
    font-size：16px；
    transition：transform 0.3s ease-in-out；
    background-color：#3498db；
    color：#fff；
    border：none；
    border-radius：4px；
    cursor：pointer；
    outline：none； /* 去除默认的按钮轮廓样式 */
}

/* 鼠标悬停时按钮变大 */
.button：hover {
    transform：scale(2.1)；
}

/* 鼠标点击时按钮变小 */
.button：active {
    transform：scale(0.9)；
}
</style>
</head>
<body>
    <button class = "button">悬停并点击我</button>
</body>
</html>
```

运行结果如图 11 - 4 所示。

图 11 - 4　示例 11 - 4 运行结果

5. 与 CSS 动画的比较

虽然 CSS 过渡属性和 CSS 动画都可以用于创建动态效果，但它们适用于不同的情况和需求。以下是它们之间的一些比较。

1)复杂性

(1)CSS 过渡属性更适合简单的动画效果,无需定义关键帧和关键帧动画。这对于快速添加一些基本的过渡效果非常有用。

(2)CSS 动画更适合复杂的动画需求,可以定义详细的关键帧和属性值,实现更高级的动画效果。

2)控制

(1)CSS 过渡属性的触发通常是依赖于用户的交互或状态变化,如鼠标悬停或类的变化。

(2)CSS 动画通常需要 JavaScript 或关键帧动画来控制动画的播放、暂停和重播等行为。

3)性能

(1)CSS 过渡属性通常比 CSS 动画更轻量,因为它们不需要大量的关键帧定义。

(2)CSS 动画在处理复杂动画时可能会更高效,因为它们可以在 GPU 上执行硬件加速。

4)浏览器支持

(1)CSS 过渡属性在现代浏览器中得到广泛支持,并且可以用于绝大多数项目。

(2)CSS 动画也得到广泛支持,但在处理旧版本的浏览器时可能需要提供降级方案。

CSS 过渡属性是一种用于创建简单动画效果的强大工具,它们可以平滑地过渡元素的属性值,以增加网页的交互性和吸引力。通过了解并合理使用 transition-property、transition-duration 和 transition-timing-function 这些属性,开发者可以创建各种动画效果,从渐变背景色到按钮大小的变化。与 CSS 动画不同,过渡属性更简单,更适合用于快速实现基本的动画效果。但在选择使用哪种技术时,应考虑项目需求、性能和兼容性。

11.4　习题

1. 以下 CSS 属性中(　　)用于定义动画的持续时间。
    A. animation-delay　　　　　　　　　B. animation-duration
    C. animation-timing-function　　　　　D. animation-iteration-count

2. 关于 CSS 过渡,以下说法正确的是(　　)。
    A. 过渡效果只能应用于颜色属性
    B. transition-property 用于指定要过渡的 CSS 属性
    C. 过渡必须通过 JavaScript 触发
    D. 过渡不支持步进函数(steps)

3. 简述 CSS 过渡属性和 CSS 动画的区别。

第 12 章　现代 CSS 预处理框架与工具

12.1　Bootstrap

Bootstrap 是一种流行的开源前端框架,用于构建响应式和现代化的网站和 Web 应用程序。Bootstrap 最初由 Twitter 开发,并在 GitHub 上开源,目的是简化 Web 开发过程,提高开发者的效率。以下是 Bootstrap 工具的详细介绍。

（1）响应式设计。Bootstrap 的一个主要特点是其响应式设计。这意味着使用 Bootstrap 构建的网站和应用程序可以自动适应不同设备和屏幕大小,包括计算机、平板和手机。这有助于确保用户在不同设备上都能获得良好的用户体验。

（2）网格系统。Bootstrap 提供了一个灵活的网格系统,使开发者能够轻松创建多列布局。开发者可以使用预定义的网格类来指定每个列的宽度,从而创建各种布局,无需编写复杂的 CSS 代码。

（3）CSS 样式。Bootstrap 包含了一系列预定义的 CSS 类和组件,可以用于样式化网站元素。这些类涵盖了文本、按钮、表格、表单元素、导航菜单等各种元素,使开发者能够快速创建吸引人的界面。

（4）组件。Bootstrap 还提供了一系列常用的 UI 组件,如模态框、警告框、标签页、导航栏、轮播、下拉菜单等。这些组件可以通过简单的 HTML 结构和 CSS 类来实现,无需自己编写 JavaScript 代码。

（5）JavaScript 插件。Bootstrap 包含了一些内置的 JavaScript 插件,如轮播插件、模态框插件、下拉菜单插件等,用于增强用户交互和功能。这些插件可以轻松地与 Bootstrap 的 CSS 组件集成,使网站或应用程序更加交互式。

（6）定制化。Bootstrap 允许开发者通过自定义变量和样式表来定制化框架,以满足特定项目的需求。这使得开发者能够创建独特的设计风格,而不仅仅是使用 Bootstrap 的默认样式。

（7）社区支持。由于 Bootstrap 的广泛使用,有大量的社区支持和资源可用。开发者可以轻松地找到教程、模板、插件和问题解答,以帮助他们更好地使用 Bootstrap。

（8）跨浏览器兼容性。Bootstrap 经过了广泛测试,确保在各种现代浏览器上表现良好。这有助于减少跨浏览器兼容性问题,使开发过程更加平稳。

总之,Bootstrap 是一个功能强大的前端框架,适用于各种 Web 开发项目,可以帮助开发者快速构建美观、响应式和功能丰富的网站和应用程序。通过其灵活性和丰富的组件,开发者可以节省大量时间和精力,同时提供出色的用户体验。

12.2　LESS/Sass

LESS(leaner style sheets)和 Sass(syntactically awesome style sheets)是两种常见的 CSS

预处理器,它们扩展了原始 CSS 语言,提供了更多的功能和便利性,用于简化和改善 CSS 代码的编写和维护。下面将详细介绍 LESS 和 Sass,包括其基本概念、语法特性、用法和优势。

1. LESS 和 Sass 简介

LESS 和 Sass 都是 CSS 预处理器,它们允许开发者使用一些高级特性,然后将其编译成普通的 CSS 文件,以供 Web 应用程序使用。这些高级特性包括变量、嵌套、混合、函数、操作符等,这些功能可以极大地改进 CSS 的可维护性和可扩展性。

LESS 是一种动态样式表语言,由 Alexis Sellier 于 2009 年创建。它使用一种类似于 CSS 的语法,但增加了许多功能,如变量、嵌套规则、运算符等。LESS 的编译器可以将 LESS 代码转换为 CSS。

Sass 是另一种 CSS 预处理器,最早由 Hampton Catlin 于 2006 年创建。Sass 有两种语法:旧版 Sass 语法(也称为缩进 Sass)和 SCSS(Sassy CSS)。SCSS 语法更接近原始 CSS,因此更易于学习和迁移。

2. LESS/Sass 的基本概念

在了解 LESS 和 Sass 的语法和功能之前,先介绍一些它们的基本概念。

1)变量

LESS 和 Sass 允许定义变量,以便在整个样式表中重复使用特定的值。这有助于提高代码的可维护性,并使全局样式更易于更新。例如,在 Sass 中,可以这样定义一个颜色变量:

```HTML
$ primary-color: #3498db;
```

2)嵌套规则

嵌套规则是一种将 CSS 规则组织为更具可读性和可维护性的方式。通过嵌套选择器,模拟 HTML 结构,减少代码重复。例如:

```HTML
nav {
  ul {
    list-style: none;
  }

  li {
    display: inline-block;
  }
}
```

3)混合(mixins)

混合是一种将 CSS 属性和值定义为可重用的代码块的方法。这类似于函数,可以在需要时将混合应用到不同的选择器上。例如:

```HTML
```

```
@mixin border-radius( $ radius) {
  border-radius： $ radius；
}

.button {
  @include border-radius(5px)；
}
```

4）继承

继承允许一个选择器继承另一个选择器的属性，减少了重复的样式。这使得代码更加干净且易于维护。例如：

```
HTML
.error {
  border：1px solid #c00；
  color：#c00；
}

.alert {
  @extend .error；
  background-color：#fdd；
}
```

5）运算符

LESS 和 Sass 支持数学运算，能够执行加法、减法、乘法和除法等操作，以计算属性的值。例如：

```
HTML
$ base-font-size：16px；
$ line-height：1.5；
$ font-size： $ base-font-size * $ line-height；
```

6）条件语句

条件语句可以根据条件应用不同的样式。这对于实现响应式设计非常有用。例如：

```
HTML
$ screen-size：768px；

body {
  font-size：16px；
  @if $ screen-size> = 768px {
    font-size：18px；
```

```
    }
}
```

3. LESS/Sass 的语法特性

LESS 的语法与原始 CSS 类似,但有一些扩展。以下是一些 LESS 的语法特性。

①定义变量:使用@符号来定义变量,如@color:♯333;。

②嵌套规则:使用大括号和选择器嵌套规则。

③导入文件:使用@import 指令导入其他 LESS 文件。

④混合:使用.class 或♯id 来定义混合,使用.class()来应用混合。

⑤运算符:支持加法、减法、乘法和除法等运算符。

Sass 有两种语法:旧版 Sass 语法和 SCSS(Sassy CSS)语法。SCSS 语法更接近原始 CSS,因此更受欢迎。以下是 SCSS 语法的示例。

①定义变量:使用 $ 符号来定义变量,如 $color:♯333;。

②嵌套规则:使用大括号和选择器嵌套规则。

③导入文件:使用@import 指令导入其他 Sass 文件。

④混合:使用@mixin 来定义混合,使用@include 来应用混合。

⑤运算符:支持加法、减法、乘法和除法等运算符。

要开始使用 LESS 和 Sass,需要完成以下步骤。

(1)安装预处理器。首先,需要在项目中安装 LESS 或 Sass 编译器,可以使用 npm、Yarn 或 Ruby gem 来安装它们。

(2)创建样式文件。创建一个以.less(对于 LESS)或.scss(对于 Sass)为扩展名的样式文件。

(3)编写代码。使用预处理器的语法和功能来编写样式代码,包括变量、嵌套规则、混合、继承等。

(4)编译。运行编译器将 LESS 或 Sass 文件编译成普通的 CSS 文件。这通常可以通过命令行或构建工具来完成。

(5)链接样式表。将生成的 CSS 文件链接到 HTML 文件中。

(6)浏览器中测试。在浏览器中查看网站或应用程序,确保样式正确应用。

4. LESS/Sass 的优势

使用 LESS 和 Sass 的主要优势包括以下几个方面。

(1)更干净的代码。通过使用变量、混合和嵌套规则,可以减少重复的代码,使 CSS 更加干净和可维护。

(2)可维护性。预处理器使得修改样式更容易,因为只需在一个地方更新变量或混合,所有使用它们的地方都会自动更新。

(3)代码重用。混合和继承功能允许更好地重用样式,从而减少代码量。

(4)数学运算。支持数学运算可以简化计算属性值的过程,提高了样式表的灵活性。

(5)响应式设计。条件语句允许根据屏幕尺寸或其他条件应用不同的样式,从而实现响应式设计。

(6)社区支持。LESS 和 Sass 都有庞大的社区支持,提供了大量的文档、库和工具。

(7)跨浏览器兼容性。生成的 CSS 代码通常兼容各种现代浏览器,并提供了一致的样式。

(8)易于学习。虽然有一些新的概念和语法要学习,但 LESS 和 Sass 的学习曲线相对较低,特别是对于有经验的 CSS 开发者。

总之,LESS 和 Sass 是两种功能强大的 CSS 预处理器,它们可以显著改善 CSS 代码的编写和维护过程。通过引入变量、嵌套规则、混合、继承和其他高级特性,它们使开发者能够更轻松地创建干净、可维护和灵活的样式表。无论是个人项目还是大型团队协作,使用 LESS 和 Sass 都可以提高开发效率,减少错误,并使样式更具可维护性。因此,它们已成为现代 Web 开发的重要工具之一。

12.3 习题

1. 以下( )是 CSS 预处理器的常见功能?

   A. 自动添加浏览器前缀

   B. 支持变量和嵌套语法

   C. 实时压缩图片

   D. 生成 JavaScript 代码

2. Less 预处理器默认支持的功能不包括( )。

   A. 嵌套规则

   B. 实时浏览器热更新

   C. 变量定义

   D. 混合宏

第 3 部分　JavaScript

第 13 章　JavaScript 基础知识

13.1　JavaScript 简介

JavaScript 是一种广泛用于网页开发和构建交互性应用程序的高级编程语言。下面将详细介绍 JavaScript 的概念、发展历程、应用、特性和作用，以便更好地理解这门语言的重要性和影响。

JavaScript 简介

1. JavaScript 概念

JavaScript 是一种脚本语言，用于在 Web 浏览器中实现动态网页交互。它是一种高级语言，具有以下五个重要概念。

(1)脚本语言。JavaScript 是一种解释性脚本语言，不需要编译成机器码，而是由浏览器解释执行。

(2)面向对象。JavaScript 是一种面向对象的语言，它支持对象、类、继承等概念，允许开发者以对象的方式组织和管理代码。

(3)动态性。JavaScript 允许在运行时动态修改和添加对象的属性和方法，使得编程更加灵活。

(4)事件驱动。JavaScript 常用于处理用户交互事件，如点击、鼠标移动等，以实现响应式用户界面。

(5)跨平台。JavaScript 可以在各种操作系统和浏览器上运行，使得开发者可以跨平台开发应用。

2. JavaScript 的发展历程

JavaScript 的发展历程可以分为以下几个重要阶段。

(1)诞生阶段(1995 年)。JavaScript 由 Netscape 公司的 Brendan Eich 创建，最初被称为 LiveScript。它被设计为在网页上添加一些简单的交互性。

(2)标准化阶段(1997 年)。JavaScript 被提交给欧洲计算机制造商协会(European Computer Manufacturers Association，ECMA)进行标准化，从而产生了 ECMAScript 标准。这标志着 JavaScript 的成熟和跨浏览器兼容性的改进。

(3)浏览器战争(2000 年)。在 Netscape 与 Microsoft 的竞争中，JavaScript 得到了快速的发展和改进。

(4)Ajax 和 Web 2.0(2000 年)。JavaScript 的重要性在构建富互联网应用程序(如 Gmail 和 Google Maps)方面变得明显，这些应用程序使用 Ajax(异步 JavaScript and XML)技术实现无需刷新页面的交互。

(5)Node.js 的出现(2009 年)。Node.js 是基于 JavaScript 的服务器端运行环境，使得

JavaScript 不仅可以用于客户端,还可以用于服务器端编程,实现了全栈开发的可能性。

(6)ES6 及之后版本(2015 年以后)。ECMAScript 6(ES6)引入了许多新的语言特性,如箭头函数、类、模块、Promise 等,使 JavaScript 更加现代化。

(7)WebAssembly(2017 年)。WebAssembly 的出现允许在浏览器中运行更高性能的编程语言,但 JavaScript 仍然是 Web 开发中不可或缺的一部分。

3. JavaScript 的应用

JavaScript 的应用范围非常广泛,主要包括以下几个领域。

(1)网页开发。JavaScript 是构建交互性网页的核心技术之一,用于实现动态效果、表单验证、响应式布局等。

(2)Web 应用程序。许多 Web 应用程序,包括社交媒体、电子邮件客户端、在线办公套件等,都使用 JavaScript 来提供丰富的用户体验。

(3)移动应用开发。通过框架如 React Native 和 Ionic,开发者可以使用 JavaScript 构建跨平台的移动应用程序。

(4)游戏开发。JavaScript 可以用于构建 2D 和 3D 游戏,如使用 Phaser 和 Three.js 等游戏引擎。

(5)服务器端开发。Node.js 使 JavaScript 可以用于服务器端开发,构建高性能、可伸缩的应用程序。

(6)物联网。JavaScript 的轻量级特性使其适用于嵌入式系统和物联网(internet of things,IoT)设备。

(7)数据可视化。JavaScript 库如 D3.js 和 Chart.js 可用于创建交互性的数据可视化图表和图形。

4. JavaScript 的特性

JavaScript 具有许多特性,主要包括以下五个方面。

(1)动态类型。JavaScript 是一种弱类型语言,变量的数据类型可以在运行时自动转换。

(2)函数作为一等公民。函数在 JavaScript 中是一等公民,可以存储在变量中,作为参数传递,甚至可以返回其他函数。

(3)闭包。JavaScript 支持闭包,允许函数访问其外部作用域中的变量,这对于封装数据和实现私有性很有用。

(4)原型继承。JavaScript 使用原型继承来实现对象之间的继承关系,而不是经典的类继承。

(5)异步编程。JavaScript 通过回调、Promise 和 async/await 等机制支持异步编程,用于处理 I/O 操作和定时任务。

5. JavaScript 的作用

JavaScript 在 Web 开发中起到了关键作用,它使得网页不再是静态的文档,而是可以与用户交互的应用程序。以下是 JavaScript 的一些主要作用。

(1)交互性。JavaScript 允许网页响应用户的操作,如点击、拖动和输入,以实现更丰富的用户体验。

(2)数据验证。通过表单验证和数据处理,JavaScript 可以确保用户提供的数据的合法性和完整性。

（3）动态加载内容。JavaScript 可以根据用户的需求动态加载内容，而不需要每次都刷新整个页面。

（4）用户反馈。通过弹出提示框、消息通知和确认对话框，JavaScript 可以向用户提供反馈和信息。

（5）数据交互。通过 Ajax 和 Fetch 等技术，JavaScript 可以与服务器交互，获取和发送数据，实现无需页面刷新的数据更新。

（6）动画和效果。JavaScript 可以创建各种动画和过渡效果，使网页更具吸引力。

总之，JavaScript 是 Web 开发中不可或缺的一部分，它已经成为互联网世界中的重要技术之一，为开发者提供了丰富的工具和资源，以创建出色的网页和应用程序，其不断发展的生态系统确保了它在未来的发展中仍然具有重要地位。

13.2　JavaScript 基本语法

JavaScript 是一种高级的、多范式的编程语言，广泛用于网页开发和构建跨平台应用程序。它是一种动态语言，意味着在运行时可以改变变量类型和对象结构。下面将详细介绍 JavaScript 的基本语法，包括变量、数据类型、运算符、控制结构和函数等方面。

JavaScript 基本语法

1. 变量和数据类型

JavaScript 中的变量用于存储数据。声明一个变量使用关键字 var，let 或 const，例如：

```JavaScript
var name = "John";
let age = 30;
const PI = 3.1415;
```

JavaScript 包括的数据类型主要有以下两种。

①基本数据类型：number、string、boolean、null、undefined。

②引用数据类型：object、array、function。

2. 运算符

JavaScript 支持各种运算符，包括算术运算符、比较运算符、逻辑运算符等。例如：

```CSS
var x = 5;
var y = 10;
var sum = x + y;      // 加法运算
var isGreaterThan = x > y;      // 比较运算
var isTrue = true;
var isFalse = ! isTrue;      // 逻辑运算
```

3. 控制结构

JavaScript 中的控制结构包括条件语句(if、else if、else)、循环语句(for、while、do...while)和跳转语句(break、continue)。例如：

```
CSS
var grade = 85;
if (grade> = 90) {
  console.log("优秀");
} else if (grade> = 70) {
  console.log("良好");
} else {
  console.log("不及格");
}


for (var i = 0; i<5; i + + ) {
  console.log("循环次数:" + i);
}
```

4. 函数

JavaScript 中的函数用于封装可重用的代码块。函数可以有参数和返回值。例如：

```
CSS
function add(x, y) {
  return x + y;
}


var result = add(5, 3); //调用函数
console.log("结果:" + result);
```

5. 对象和数组

JavaScript 中的对象用于存储键值对,数组用于存储有序集合。例如：

```
CSS
var person = {
  name: "John",
  age: 30,
  isStudent: false
};


var colors = ["red", "green", "blue"];
```

6. 事件处理

JavaScript 可以用于处理用户交互，如处理点击事件、鼠标移动事件等。例如：

CSS
```
document.getElementById("myButton").addEventListener("click", function() {
  alert("按钮被点击了!");
});
```

7. 异步编程

JavaScript 支持异步编程，包括使用回调函数、Promise 和 async/await 等。例如：

CSS
```
fetch("https://api.example.com/data")
  .then(response => response.json())
  .then(data => {
    console.log(data);
  })
  .catch(error => {
    console.error(error);
  });
```

8. 错误处理

JavaScript 使用 try...catch 块来处理异常。例如：

CSS
```
try {
  // 可能引发异常的代码
  throw new Error("这是一个错误!");
} catch (error) {
  console.error("捕获到错误:" + error.message);
}
```

9. 模块化

现代 JavaScript 支持模块化编程，通过 import 和 export 语句可以将代码分成多个模块。例如：

CSS
```
// math.js 模块
export function add(x, y) {
  return x + y;
}
```

```
//main.js模块
import { add } from './math.js';
console.log(add(5, 3));
```

13.3　Node.js

1. Node.js 简介

Node.js 是一个开源的 JavaScript 运行时环境,允许开发者使用 JavaScript 编写服务器端应用程序。它基于 Chrome V8 JavaScript 引擎构建,具有高效的非阻塞 I/O 操作和事件驱动的特性,使得它成为构建高性能、可扩展性强的网络应用和服务的理想选择。

2. Node.js 的特点

(1)事件驱动。Node.js 使用事件驱动的编程模型,通过事件循环来处理请求和响应,这使得它非常适合处理高并发的网络应用。

(2)非阻塞 I/O。Node.js 采用非阻塞的 I/O 操作,可以在执行文件读写等操作时继续执行其他任务,提高了应用程序的性能和响应速度。

(3)单线程。Node.js 是单线程的,但通过事件循环和异步操作,可以实现多任务并行执行,充分利用多核处理器。

(4)跨平台。Node.js 可以在多种操作系统上运行,包括 Windows、macOS 和各种 Linux 发行版。

(5)社区支持。Node.js 拥有一个庞大的社区,有丰富的第三方模块和工具可供使用,使得开发变得更加便捷。

3. 版本管理工具

在使用 Node.js 时,版本管理工具是非常重要的,因为它可以轻松地切换不同版本的 Node.js 及管理依赖关系。最常用的版本管理工具包括以下三方面。

(1)NVM(mode version manager)。NVM 是一个流行的版本管理工具,允许在系统上同时安装多个 Node.js 版本,并且可以轻松切换它们。这对于在不同项目中使用不同的 Node.js 版本非常有用。

(2)NVM for Windows。这是 NVM 的 Windows 版本,专门为 Windows 用户提供了便捷的 Node.js 版本管理功能。

(3)NPM(node package manager)。虽然 NPM 主要用于管理 JavaScript 包和依赖项,但它也包括了一些版本管理功能。用户可以使用 NPM 来安装和管理全局 Node.js 包,但它不像 NVM 那样适合管理多个 Node.js 版本。

4. 运行 JavaScript 文件

在 Node.js 环境中,可以轻松运行 JavaScript 文件。以下是一些常用的方法。

1)使用 node 命令

打开终端,导航到包含 JavaScript 文件的目录,并运行以下命令:

Shell

```
node filename.js
```

这将执行 filename.js 文件中的 JavaScript 代码。用户可以在 Node.js 中运行各种类型的 JavaScript 应用程序,包括 Web 服务器、命令行工具和后端服务。

2)创建可执行文件

Node.js 脚本文件可以设置为可执行文件,这样在命令行中就能直接运行它们,而无需使用 node 命令。首先,确保脚本文件的第一行包含以下内容:

```JavaScript
#! /usr/bin/env node
```

然后,将文件权限设置为可执行:

```Shell
chmod + x filename.js
```

最后,可以像运行任何其他可执行文件一样运行它:

```Shell
./filename.js
```

Node.js 是一个强大的工具,用于构建高性能的服务器端应用程序和各种其他应用,其活跃的社区和丰富的生态系统使其成为开发者的首选。无论是初学者还是有经验的开发者,都可以通过 Node.js 轻松地利用 JavaScript 来构建各种应用。

13.4 习题

1. 以下(　　)用于在 JavaScript 中执行条件分支操作。
   A. for 循环　　　　B. if 语句　　　　C. while 循环　　　D. switch 语句
2. Node.js 是用于(　　)的。
   A. 移动应用开发　　　　　　　　B. 网页前端开发
   C. 后端服务器开发　　　　　　　D. 游戏开发
3. 在 JavaScript 中,如何声明一个常量?
4. 请写一个简单的 JavaScript 函数,将两个数字相加并返回结果。

第 14 章　数据类型与变量

14.1　数字

JavaScript 中的数字是一种基本的数据类型,用于表示数值和数字操作。以下是关于 JavaScript 数字的详细介绍。

1. 整数和浮点数

(1)JavaScript 中的数字可以是整数或浮点数。整数表示没有小数点的数字,如 1、10、-5。

(2)浮点数表示带有小数点的数字,如 3.14、-0.5、1.0。

2. 数字的表示

(1)JavaScript 中的数字可以用常规的十进制表示,也可以使用科学计数法。

(2)JavaScript 还可以使用八进制(以 0 开头,如 0755)或十六进制(以 0x 开头,如 0xFF)来表示数字。

3. 基本数学运算

JavaScript 支持基本的数学运算,包括加法、减法、乘法和除法。例如:

```JavaScript
let x = 5;
let y = 3;
let sum = x + y;  //8
let difference = x-y;  //2
let product = x * y;  //15
let quotient = x / y;  //1.666...
```

4. NaN(非数字)

(1)NaN 表示"非数字",当进行无效的数学运算时会返回 NaN。例如,0/0 或者尝试将非数字字符串转换为数字。

(2)可以使用 isNaN() 函数来检查一个值是否是 NaN。

5. Infinity(无穷大)和 -Infinity

JavaScript 中的数字可以表示正无穷大和负无穷大。例如:

```JavaScript
let positiveInfinity = Infinity;
```

```
let negativeInfinity = -Infinity;
```

6. 数学函数和方法

JavaScript 提供了许多数学函数和方法，用于执行高级数学操作，如 Math. sqrt()（求平方根）、Math. pow()（幂运算）和 Math. round()（四舍五入）等。

7. 数值范围

JavaScript 的数字范围是有限的，超出范围的数值将被表示为 Infinity 或一Infinity。

8. 数字的转换

（1）可以使用 parseInt() 和 parseFloat() 函数将字符串转换为数字。

（2）使用 Number() 构造函数也可以将值显式转换为数字。

9. 数字比较

可以使用比较运算符（如<、><=、>=、==、===等）来比较数字，以确定它们之间的大小和相等性。

10. 精度问题

JavaScript 使用 IEEE 754（IEEE 二进制浮点数算术标准）来表示数字，因此在执行精确计算时可能会出现舍入误差。要注意在比较浮点数时可能会出现意外的结果。

总之，JavaScript 中的数字是非常常见且重要的数据类型，它们用于执行各种数学计算和操作，但在处理浮点数时需要特别注意精度问题。

14.2　字符串

JavaScript 中的字符串是一种数据类型，用于表示文本数据。字符串是由一系列字符组成的，这些字符可以是字母、数字、符号或空格。在 JavaScript 中，字符串可以用单引号（' '）、双引号（" "）或反引号（` `）括起来，例如：

HTML
```
var singleQuotedString = '这是一个单引号字符串';
var doubleQuotedString = "这是一个双引号字符串";
var backtickString = `这是一个反引号字符串`;
```

1. 字符串的不可变性

一旦创建了一个字符串，它就是不可变的，不能直接修改字符串中的某个字符。任何对字符串的更改都会创建一个新的字符串。

2. 字符串的长度

使用字符串的 length 属性可以获取字符串的字符数，例如：

HTML
```
var str = "Hello, World!";
var length = str.length; //返回 13
```

3. 字符串的连接

连接字符串可以用加号（＋），也可以用反引号插入变量值。例如：

```
HTML
var name = "Alice";
var greeting = "Hello, " + name + "!";
var templateGreeting = 'Hello, ${name}!';
```

4. 字符串的方法

JavaScript 提供了许多字符串方法，用于执行各种操作，如截取子串、查找子串、替换字符等。一些常见的字符串方法包括 substring（）、indexOf（）、replace（）、toUpperCase（）、toLowerCase（）等。

```
HTML
var sentence = "This is a sample sentence.";
var subString = sentence.substring(0, 4); //返回 "This"
var index = sentence.indexOf("sample"); //返回 10
var replaced = sentence.replace("sample", "example"); //返回 "This is a example sentence."
var upperCaseSentence = sentence.toUpperCase(); //返回 "THIS IS A SAMPLE SENTENCE."
```

5. 转义字符

在字符串中，可以使用反斜杠（\）来插入特殊字符。例如，要在字符串中插入双引号，可以使用\"，要插入换行符，可以使用\n：

```
HTML
var escapedString = "This is a \"quoted\" string.";
var multilineString = "Line 1\nLine 2\nLine 3";
```

6. 字符串的比较

比较两个字符串是否相等可以使用比较运算符（如＝＝＝）来。JavaScript 比较字符串时，会考虑字符的大小写。

```
HTML
var str1 = "hello";
var str2 = "Hello";
var isEqual = (str1 === str2); //返回 false
```

JavaScript 的字符串是常用的数据类型，它们用于存储和处理文本信息。理解字符串的基本特性和字符串方法可以帮助我们更有效地操作文本数据。

14.3 布尔值

JavaScript 中的布尔值是一种基本数据类型，用于表示真（true）或假（false）两种可能性之一的值。布尔值通常用于控制程序的流程和逻辑，如条件语句和循环语句。以下是有关 JavaScript 布尔值的详细介绍。

1. 布尔字面量

JavaScript 中有两个布尔字面量，分别是 true 和 false。它们是保留字，表示对应的真和假。例如：

```
JavaScript
var isTrue = true;
var isFalse = false;
```

2. 布尔运算符

JavaScript 提供了一些用于执行布尔运算的操作符，这些操作符通常返回布尔值。其中一些常见的布尔运算符包括以下几个。

①逻辑与（&&）：当所有操作数都为 true 时返回 true，否则返回 false。

②逻辑或（||）：只要有一个操作数为 true 就返回 true，否则返回 false。

③逻辑非（!）：对单个操作数取反，如果操作数为 true，则返回 false，如果操作数为 false，则返回 true。

```
JavaScript
var x = true;
var y = false;

var resultAnd = x && y;  //返回 false，因为 x 和 y 中有一个是 false
var resultOr = x || y;   //返回 true，因为 x 和 y 中至少有一个是 true
var resultNot = ! x;     //返回 false，因为 x 是 true 的取反
```

3. 布尔值的类型转换

JavaScript 具有自动类型转换的特性，这意味着在某些情况下，其他数据类型可以被转换为布尔值。通常，以下六个值被视为假（false）。

①false：布尔值 false 是假。

②0：数字 0 被视为假。

③空字符串（""）：一个空字符串被视为假。

④undefined：未定义的变量或属性被视为假。

⑤null：null 值被视为假。

⑥NaN（非数字值）：NaN 被视为假。

除了以上六个值外，所有其他值都被视为真。

```JavaScript
var falsyValue = false;
var truthyValue = "Hello";

if (falsyValue) {
    console.log("这段代码不会执行"); // 因为 falsyValue 是假
}

if (truthyValue) {
    console.log("这段代码会执行"); // 因为 truthyValue 是真
}
```

4. 布尔值的用途

布尔值在编程中广泛用于控制程序的流程。它们在条件语句(如 if 语句和 switch 语句)、循环(如 for 循环和 while 循环)和函数返回值等方面都非常重要。通过使用布尔值,可以实现各种逻辑操作和决策。例如:

```JavaScript
var falsyValue = false;
var truthyValue = "Hello";

if (falsyValue) {
    console.log("这段代码不会执行"); // 因为 falsyValue 是假
}

if (truthyValue) {
    console.log("这段代码会执行"); // 因为 truthyValue 是真
}
```

14.4 数组

JavaScript 是一种弱类型的编程语言,它提供了一系列的数据类型来处理不同种类的数据。数组是 JavaScript 其中一种重要的数据类型,它用于存储和操作一组有序的值。以下是关于 JavaScript 数组的详细介绍。

数组

1. 数组的定义和声明

在 JavaScript 中,数组可以通过以下几种方式来定义和声明。

(1)使用数组字面量(array literal)。

```JavaScript
let fruits = ['apple', 'banana', 'cherry'];
```

（2）使用 new 关键字创建数组对象。

JavaScript

```
let colors = new Array('red', 'green', 'blue');
```

2. 数组的特点

JavaScript 数组主要有以下三个特点。

（1）数组中的元素可以包含不同的数据类型，但通常情况下，数组中的元素是相同类型的。

（2）数组中的元素按照从 0 开始的索引顺序存储，可以通过索引来访问数组中的元素。

（3）数组是可变的，可以随时增加、删除或修改数组中的元素。

3. 数组的基本操作

（1）访问元素。通过索引来访问数组中的元素。

JavaScript

```
let fruit = fruits[0]; // 获取数组的第一个元素 'apple'
```

（2）修改元素。通过索引来修改数组中的元素。

JavaScript

```
fruits[1] = 'orange'; // 将数组的第二个元素修改为 'orange'
```

（3）添加元素。使用 push 方法向数组末尾添加元素。

JavaScript

```
fruits.push('grape'); // 在数组末尾添加 'grape'
```

（4）删除元素。使用 pop 方法从数组末尾删除元素。

JavaScript

```
fruits.pop(); // 删除数组末尾的元素 'grape'
```

（5）获取数组长度。使用 length 属性获取数组的长度。

JavaScript

```
let length = fruits.length; // 获取数组的长度,此时 length 的值为 2
```

4. 数组的遍历

使用 for 循环、forEach 方法等来遍历数组中的元素。

JavaScript

```
for (let i = 0; i<fruits.length; i++) {
  console.log(fruits[i]);
}

fruits.forEach(function (fruit) {
  console.log(fruit);
});
```

5. 多维数组

JavaScript 支持多维数组，就是数组的元素也可以是数组，这就创建二维、三维或更高维度的数据结构。

```JavaScript
let matrix = [
  [1, 2, 3],
  [4, 5, 6],
  [7, 8, 9]
];
```

6. 常见的数组方法

JavaScript 提供了许多用于操作数组的方法，如 push、pop、shift、unshift、slice 等。这些方法可以用来添加、删除、截取和合并数组元素。

```JavaScript
let numbers = [1, 2, 3];
numbers.push(4); //[1, 2, 3, 4]
numbers.pop(); //[1, 2, 3]
numbers.shift(); //[2, 3]
numbers.unshift(0); //[0, 2, 3]
let subArray = numbers.slice(1, 2); //[2]
```

JavaScript 的数组是非常灵活且强大的数据类型，它在编程中被广泛应用于存储和处理数据集合。了解如何使用数组的方法和属性是 JavaScript 编程的基础之一。

14.5　对象

JavaScript 中的对象（objects）是一种复合数据类型，它允许开发者存储和组织多个值（属性和方法）作为一个单独单元。对象可以表示现实世界中的事物和概念，并以键值对（key-value pairs）的形式来存储属性和方法。以下是关于 JavaScript 对象的详细介绍。

对象

1. 属性和方法

对象可以包含属性（properties）和方法（methods）。属性是对象的特征，通常用键（key）和值（value）的形式表示。方法是与对象相关联的函数。

例如，一个表示人的对象可以有属性（如姓名、年龄和地址）、方法（如说话、走路）等。

2. 创建对象

有多种方式可以创建 JavaScript 对象。最常见的方式是使用对象字面量（object literals）：

```JavaScript
const person = {
  name: "John",
```

```
      age: 30,
      address: "123 Main St",
      sayHello: function() {
        console.log("Hello!");
      }
    };
```

也可以使用构造函数（constructor functions）或类（classes）来创建对象。

3. 属性访问

在 JavaScript 中，可以使用点号（.）或方括号（[]）来访问对象的属性和方法。

JavaScript

```
console.log(person.name); // 使用点号访问属性
console.log(person['age']); // 使用方括号访问属性
person.sayHello(); // 调用对象的方法
```

4. 内置对象

JavaScript 具有许多内置对象，如 Date、Math 和 Array。这些对象具有预定义的属性和方法，可以用于执行各种操作。

JavaScript

```
const today = new Date();
console.log(today.getFullYear()); // 使用 Date 对象的方法
```

5. 修改对象

在 JavaScript 中，对象是可变的，可以随时添加、修改或删除属性和方法。

JavaScript

```
person.age = 31; // 修改属性的值
person.email = "john@example.com"; // 添加新属性
delete person.address; // 删除属性
```

6. 遍历对象

在 JavaScript 中，可以使用循环来遍历对象的属性。

JavaScript

```
for (const key in person) {
  console.log(key, person[key]);
}
```

7. 对象的引用

JavaScript 中的对象是通过引用复制的。当将一个对象赋值给另一个变量时，它们都引用相同的对象。

JavaScript

```JavaScript
const person2 = person；//person2 引用与 person 相同的对象
person2.name = "Jane";
console.log(person.name)；//输出"Jane",因为 person 和 person2 引用相同的对象
```

8. JSON 对象

JSON(JavaScript object notation)是一种常见的数据交换格式,它与 JavaScript 对象非常类似,但有一些限制和规则,可以使用 JSON.stringify()将对象转换为 JSON 字符串,以及 JSON.parse()将 JSON 字符串解析为 JavaScript 对象。

```JavaScript
const personJSON = JSON.stringify(person);
const personCopy = JSON.parse(personJSON);
```

JavaScript 对象是这门语言的核心概念之一,它们在开发中起到非常重要的作用,用于组织和管理数据。了解如何创建、访问和操作对象是成为一名 JavaScript 开发者的重要一步。

14.6　变量与常量

JavaScript 是一种强大的编程语言,用于 Web 开发和其他领域。在 JavaScript 中,变量(variables)和常量(constants)是存储和管理数据的两种主要方式。以下是关于 JavaScript 变量和常量的详细介绍。

1. JavaScript 变量

1)变量的定义

在 JavaScript 中,变量是用来存储数据的容器,可以使用 var、let 或 const 关键字来声明变量。JavaScript 中的变量推荐使用 let 和 const,因为它们提供了更严格的作用域规则。

变量与常量

```JavaScript
let name = "John";//使用 let 声明变量
```

2)变量命名规则

变量名可以包含字母、数字、下划线和美元符号,但必须以字母、下划线或美元符号开头。变量名区分大小写。

```JavaScript
let age = 30；//合法的变量名
let 1stName = "Alice";//非法的变量名,以数字开头
```

3)变量类型

JavaScript 是一种动态类型语言,变量的数据类型可以随时改变。常见的数据类型包括数字、字符串、布尔值、数组、对象等。

```JavaScript
let num = 42；//数字
```

```
let str = "Hello, World!"; //字符串
let isTrue = true; //布尔值
let arr = [1, 2, 3]; //数组
let obj = { name: "John", age: 30 }; //对象
```

2. JavaScript 常量

1）常量的定义

使用 const 关键字声明的变量被视为常量，一旦赋值后就不能再修改其值。

JavaScript

```
const PI = 3.14159265359;
```

2）常量命名规则

与变量相同，常量的命名规则也适用，但通常常量名使用大写字母，以便更容易识别。

JavaScript

```
const MAX_VALUE = 100;
```

3）常量作用域

与 let 相似，使用 const 声明的常量也具有块级作用域。

JavaScript

```
if (true) {
    const localVar = "I am local const";
}
console.log(localVar); //报错，因为常量在块级作用域外不可见
```

4）常量与变量的区别

常量适用于不应该被更改的值，如数学常数、配置信息等。变量用于存储可以随时间变化的数据。

总之，JavaScript 中的变量用于存储和管理数据，而常量用于表示不可更改的值。选择何时使用变量或常量取决于数据是否需要被更改与作用域的需求。

14.7　习题

1. 声明一个整数变量 age 并将其初始化为 25。
2. 创建一个包含五个颜色名称的数组 colors。
3. 创建一个包含一个人的信息的对象 person，包括姓名、年龄和城市。
4. 声明一个布尔变量 isLogged 并将其初始化为 true。
5. 声明一个常量 PI 并将其初始化为圆周率的值（约为 3.14159）。

第 15 章　控制结构

15.1　条件语句

JavaScript 条件语句用于在执行代码时基于特定条件来做出决策。它们可以根据条件的真假执行不同的代码块。JavaScript 中的条件语句包括以下几种主要类型。

条件语句

1. if 语句

if 语句用于执行一个代码块，如果条件为真(true)。基本语法如下：

```JavaScript
if (条件) {
    //如果条件为真时执行的代码
}
```

例如：

```JavaScript
var age = 18;
if (age> = 18) {
    console.log("你已经成年了");
}
```

2. else 语句

else 语句用于在条件不满足时执行另一个代码块。基本语法如下：

```JavaScript
if (条件) {
    //如果条件为真时执行的代码
} else {
    //如果条件为假时执行的代码
}
```

例如：

```JavaScript
var age = 16;
if (age> = 18) {
```

```javascript
    console.log("你已经成年了");
} else {
    console.log("你还未成年");
}
```

3. else if 语句

else if 语句可以在多个条件之间进行选择，可以使用多个 else if 块来检查多个条件。基本语法如下：

JavaScript
```javascript
if (条件 1) {
    // 如果条件 1 为真时执行的代码
} else if (条件 2) {
    // 如果条件 2 为真时执行的代码
} else {
    // 如果以上条件都不满足时执行的代码
}
```

例如：

JavaScript
```javascript
var grade = 75;
if (grade >= 90) {
    console.log("优秀");
} else if (grade >= 70) {
    console.log("良好");
} else {
    console.log("不及格");
}
```

4. switch 语句

switch 语句用于根据不同的条件执行不同的代码块。它通常用于比较一个表达式的值与多个可能的情况。基本语法如下：

JavaScript
```javascript
switch (表达式) {
    case 值 1：
        // 如果表达式等于值 1 时执行的代码
        break;
    case 值 2：
        // 如果表达式等于值 2 时执行的代码
        break;
```

```
    // 更多的 case 语句
    default：
        // 如果表达式不等于任何一个值时执行的代码
}
```

例如：

```JavaScript
var day = "Monday";
switch (day) {
    case "Monday":
        console.log("今天是星期一");
        break;
    case "Tuesday":
        console.log("今天是星期二");
        break;
    default:
        console.log("今天不是工作日");
}
```

这些是 JavaScript 中的条件语句的基本类型。它们可以根据不同的条件执行不同的代码，从而实现更灵活的程序控制。在实际编程中，可以根据需要嵌套这些条件语句以处理更复杂的逻辑。

15.2　循环语句

JavaScript 中有多种类型的循环语句，用于在代码中重复执行一组语句。这些循环语句包括 for、while、do...while、for...in 和 for...of 等。下面将详细介绍这些循环语句以及它们的用法。

循环语句

1. for 循环

for 循环用于执行一组语句一定次数，通常在已知迭代次数的情况下使用。for 循环由初始化表达式、循环条件和迭代步骤三个部分组成。

```JavaScript
for (初始化表达式；循环条件；迭代步骤) {
    // 循环体
}
```

例如：

```JavaScript
for (let i = 0; i<5; i++) {
    console.log(i); // 输出 0 到 4
```

```
}
```

2. while 循环

while 循环用于在给定条件为真时执行一组语句,条件在循环开始之前被检查。

JavaScript
```
while (条件) {
  // 循环体
}
```

例如:

JavaScript
```
let i = 0;
while (i<5) {
  console.log(i); // 输出 0 到 4
  i + +;
}
```

3. do...while 循环

do...while 循环首先执行一次循环体,然后在条件为真时重复执行。

JavaScript
```
do {
  // 循环体
} while (条件);
```

例如:

JavaScript
```
let i = 0;
do {
  console.log(i); // 输出 0
  i + +;
} while (i<0); // 循环至少执行一次
```

4. for...in 循环

for...in 循环用于遍历对象的属性。它会枚举对象的可枚举属性(包括继承属性)。

JavaScript
```
for (let key in object) {
  // 循环体
}
```

例如:

```
JavaScript
const person = { name：'Alice', age：30 };
for (let key in person) {
  console.log(key + '：' + person[key]); // 输出 "name：Alice" 和 "age：30"
}
```

5. for...of 循环

for...of 循环用于遍历可迭代对象（如数组、字符串、Map、Set 等）。它迭代对象的值而不是索引。

```
JavaScript
for (let value of iterable) {
  // 循环体
}
```

例如：

```
JavaScript
const colors = ['red', 'green', 'blue'];
for (let color of colors) {
  console.log(color); // 输出 "red", "green", "blue"
}
```

这些是 JavaScript 中常用的循环语句。根据用户需求和迭代的对象类型，可以选择合适的循环来执行相应的任务。

15.3　break 与 continue

JavaScript 中的 break 和 continue 语句是用于控制循环和条件语句执行流程的关键工具。它们可以更灵活地控制代码的执行。

1. break 语句

break 语句通常用于终止当前循环或 switch 语句的执行，并跳出循环或 switch 块。例如：

JavaScript 的
break 语句

```
JavaScript
for (let i = 0; i < 5; i++) {
  if (i === 3) {
    break; // 当 i 等于 3 时，跳出循环
  }
  console.log(i);
}
```

在这个示例中，当 i 等于 3 时，break 语句会终止循环的执行，因此不会打印出 4。

2. continue 语句

continue 语句用于跳过当前循环中剩余的代码并进入下一次循环迭代。例如：

```JavaScript
for (let i = 0; i < 5; i++) {
  if (i === 3) {
    continue; // 当 i 等于 3 时，跳过当前迭代，进入下一次迭代
  }
  console.log(i);
}
```

在上面的例子中，当 i 等于 3 时，continue 语句会跳过当前迭代，因此不会执行 console.log(i)，但循环会继续执行下一次迭代。

注意一些附加细节和最佳实践：

（1）break 和 continue 通常用在 for、while、do-while 等循环语句中，但也可以在 switch 语句中使用。

（2）在嵌套循环中使用这些语句时，它们会影响最内层的循环，除非使用标签（label）来指定要跳出或继续的循环块。

（3）使用这些语句时要小心，过多的使用可能会导致代码难以理解和维护。因此，建议尽量减少其使用，以保持代码的清晰性。

总之，break 和 continue 语句是 JavaScript 中用于控制循环和条件执行流程的强大工具，可以根据特定条件终止或跳过代码的执行，以满足不同的编程需求。

15.4　习题

1. 使用 for 循环打印出 1 到 10 的数字。
2. 使用 while 循环打印出 5 到 1 的倒序数字。
3. 使用 for 循环遍历一个数组 fruits，如果遇到"banana"则跳过当前迭代。
4. 使用 for...in 循环遍历一个对象 person 的属性并打印出键和值。
5. 使用 do...while 循环计算 1 到 10 的和。

第16章 函数与作用域

16.1 函数的定义与调用

JavaScript 是一种流行的编程语言,它支持函数的定义和调用。函数是 JavaScript 中的基本构建块之一,它们可以组织和重用代码,提高代码的可读性和维护性。下面将详细介绍 JavaScript 函数的定义和调用。

函数的定义与调用

1. 函数的定义

函数是一段可以重复使用的代码块,它可以接受输入参数并执行特定的操作。在 JavaScript 中,可以使用以下方式来定义函数。

1)函数声明

HTML
```
function greet(name) {
  console.log('Hello, ${name}! ');
}
```

上述代码定义了一个名为 greet 的函数,它接受一个参数 name,并在控制台上输出问候语。

2)函数表达式

HTML
```
const greet = function(name) {
  console.log('Hello, ${name}! ');
};
```

这是一种匿名函数的定义方式,将其赋值给变量 greet。这个函数同样接受一个参数 name,并输出问候语。

3)箭头函数

HTML
```
const greet = (name) => {
  console.log('Hello, ${name}! ');
};
```

箭头函数是 ES6 引入的新语法,更加简洁。它也接受一个参数 name,并输出问候语。

2. 函数的调用

一旦函数定义完成,可以通过调用函数来执行其中的代码。调用函数时,需要提供所需的参数（如果函数有参数的话）。例如：

JavaScript
javascriptCopy code
// 调用函数 greetgreet("Alice")；// 输出 "Hello，Alice!" // 另一个示例，函数接受多
个参数 function add(a，b) {

```
    return a + b；
}
```

```
var result = add(5，3)；
console.log(result)；// 输出 8
```

注意事项：

(1)函数调用时，传递给函数的参数数量和顺序必须与函数定义中的参数相匹配。

(2)函数可以返回一个值，使用 return 语句来指定返回的值。如果没有 return 语句或者没有指定返回值，函数将返回 undefined。

(3)函数可以在函数体内部执行各种操作，包括运算、控制流语句（如 if、for、while 等），以及调用其他函数。

除了基本的函数定义和调用，JavaScript 还支持更高级的概念，如嵌套函数、闭包和回调函数，以便更灵活地处理各种编程任务。函数是 JavaScript 编程中的核心概念之一，对于构建模块化、可维护的代码非常重要。

16.2 函数参数

JavaScript 中的函数参数是在函数定义中声明的变量，它们用于接收传递给函数的值。JavaScript 中的函数可以接受任意数量的参数，并且这些参数可以是各种数据类型，包括数字、字符串、对象、函数等。以下是关于 JavaScript 函数参数的详细介绍。

1. 参数的声明和传递

在函数定义时，可以在函数的括号内声明参数。当函数被调用时，参数的值将会被传递给这些声明的参数。

JavaScript
```
function add(a，b) {
    return a + b；
}
```

在这个示例中，add 函数有两个参数 a 和 b，它们用于接收传递给函数的两个值。

2. 默认参数值

函数参数可以设置默认值，以防它们没有被显式传递值。这样，如果调用函数时没有提供某个参数的值，将会使用默认值。

JavaScript

```
function greet(name = "Guest") {
    return 'Hello, ${name}! ';
}
```

在这个示例中,如果没有传递 name 参数,函数将使用默认值"Guest"。

3. 不定参数

使用不定参数语法(通常使用三个点...)可以接受不定数量的参数,并将它们放在一个数组中。

JavaScript
```
function sum(...numbers) {
    return numbers.reduce((total, num) => total + num, 0);
}
```

这里的 numbers 参数将接受所有传递给 sum 函数的数字,并将它们放在一个数组中。

4. 参数解构

使用对象解构和数组解构,可以轻松地访问传递给函数的对象或数组的属性或元素。

JavaScript
```
function printPerson({ firstName, lastName }) {
    console.log('First Name：${firstName}, Last Name：${lastName}');
}
```

这个函数期望传递一个包含 firstName 和 lastName 属性的对象。

5. 参数的顺序和数量

JavaScript 可以在函数调用时传递参数的数量少于或多于函数定义中声明的参数数量。缺少的参数将会是 undefined,多出的参数可以通过函数内部的 arguments 对象访问。

JavaScript
```
function multiply(a, b) {
    return a * b;
}

console.log(multiply(2));    // 结果为 NaN,因为 b 为 undefined
console.log(multiply(2, 3, 4));    // 结果为 6,多余的参数被忽略
```

6. 参数传递方式

JavaScript 的参数传递是通过值传递的,但对于对象和数组来说,这实际上是通过引用传递的。这意味着如果函数修改了对象或数组参数的属性或元素,原始对象也会受到影响。

JavaScript
```
function modifyArray(arr) {
    arr.push(4);
```

```
}

const myArray = [1, 2, 3];
modifyArray(myArray);
console.log(myArray); // 输出[1, 2, 3, 4]，原始数组被修改了
```

这些是关于 JavaScript 函数参数的基本概念，可以编写各种类型的函数来满足不同的需求。根据函数的用途和要求，可以选择不同的参数声明方式。

16.3　作用域与闭包

JavaScript 的作用域（scope）和闭包（closures）对于变量的可见性和生命周期管理起着至关重要的作用。下面详细介绍这两个概念。

1．作用域

作用域是一个变量在代码中可访问的范围。在 JavaScript 中，作用域可以分为全局作用域和局部作用域两种主要类型。

1）全局作用域

全局作用域（global scope）是包含在整个 JavaScript 程序中都可以访问的变量和函数。这些变量和函数通常定义在全局作用域中，如在页面的＜script＞标签或外部 JavaScript 文件中定义的变量和函数。

```
HTML
var globalVariable = 10;

function globalFunction() {
    console.log(globalVariable);
}

globalFunction(); // 输出 10
```

2）局部作用域

局部作用域（local scope）是只能在特定代码块内部访问的变量和函数。例如，在函数内部声明的变量就属于该函数的局部作用域。

```
HTML
function localFunction() {
    var localVar = 20;
    console.log(localVar);
}
```

```
localFunction(); // 输出 20
console.log(localVar); // 报错,因为 localVar 在函数外不可见
```

2. 闭包(closures)

闭包是指函数可以访问其外部作用域中的变量,即使在函数外部作用域执行完毕后,这些变量仍然可用。闭包通常用于创建私有变量和实现高级功能,如函数工厂。

HTML
```
function outerFunction() {
  var outerVar = 30;

  function innerFunction() {
    console.log(outerVar); // 内部函数可以访问外部函数的变量
  }

  return innerFunction;
}

var closureFunc = outerFunction();
closureFunc(); // 输出 30
```

在这个示例中,innerFunction 是一个闭包,因为它可以访问在其外部作用域(outerFunction)中声明的变量 outerVar,即使 outerFunction 已经执行完毕。

闭包的应用场景包括以下三点。

①封装数据:可以使用闭包来创建私有变量,只允许通过特定的函数访问和修改这些变量。

②回调函数:闭包在异步编程中常用,用于保持函数的状态和数据,以便在回调函数中使用。

③模块模式:通过闭包可以创建模块化的代码结构,将变量和函数封装在一个单独的作用域内,避免全局命名冲突。

总之,作用域定义了变量的可见性,而闭包允许函数访问其外部作用域中的变量,即使外部作用域已经执行完毕。这两个概念在 JavaScript 中都具有重要的作用,深刻理解它们有助于编写更清晰、健壮的代码。

16.4　call、bind 和 apply

call、bind 和 apply 是 JavaScript 中用于控制函数上下文(函数内部的 this 关键字)的方法。它们可以明确地指定函数在哪个对象上运行,或者传递参数给函数。下面详细介绍这三种方法。

1. call 方法

call 方法允许开发者调用一个函数,并指定函数内部的 this 值,以及传递参数给函数。

call 方法的语法如下：

```JavaScript
function.call(thisArg, arg1, arg2, ...)
```

其中，thisArg 是要将函数运行在其上下文中的对象，arg1，arg2，…是传递给函数的参数。

例如：

```JavaScript
const person = {
    firstName: "John",
    lastName: "Doe",
};

function greet(greeting) {
    console.log('${greeting}, ${this.firstName} ${this.lastName}');
}

greet.call(person, "Hello"); // 输出："Hello, John Doe"
```

2. bind 方法

bind 方法创建一个新的函数，其中 this 值永久地绑定到指定对象，但不会立即执行函数。
bind 方法的语法如下：

```JavaScript
function.bind(thisArg, arg1, arg2, ...)
```

其中，thisArg 是要将函数运行在其上下文中的对象；arg1，arg2，…是可选的参数，用于在新函数被调用时传递给它。

例如：

```JavaScript
const person = {
    firstName: "John",
    lastName: "Doe",
};

function greet(greeting) {
    console.log('${greeting}, ${this.firstName} ${this.lastName}');
}

const greetJohn = greet.bind(person);
greetJohn("Hello"); // 输出："Hello, John Doe"
```

3. apply 方法

apply 方法与 call 类似，允许调用一个函数并指定函数内部的 this 值，但是参数需要以数组的形式传递。apply 方法的语法如下：

```JavaScript
function.apply(thisArg, [argsArray])
```

其中，thisArg 是要将函数运行在其上下文中的对象；argsArray 是一个包含参数的数组。

例如：

```JavaScript
const person = {
  firstName："John"，
  lastName："Doe"，
};

function greet(greeting, punctuation) {
  console. log (' $ { greeting },  $ { this. firstName }  $ { this. lastName }
 $ {punctuation}');
}

greet.apply(person, ["Hello", "!"]); // 输出："Hello, John Doe!"
```

16.5   new

new 是 JavaScript 中的一个关键字，通常用于创建对象实例。当使用 new 运算符时，它会执行以下操作：

（1）创建一个新的空对象。

（2）将这个新对象的原型链（prototype）连接到构造函数（constructor）的原型对象上。

（3）执行构造函数，并将新创建的对象作为 this 上下文传递给构造函数。

（4）如果构造函数没有显式返回一个对象，那么 new 运算符将返回新创建的对象。

下面来演示 new 的用法：

```HTML
// 定义一个构造函数
function Person(name, age) {
  this. name = name;
  this. age = age;
}

// 使用 new 关键字创建对象实例
```

```
const person1 = new Person('Alice', 30);

//person1 是一个 Person 的实例
console.log(person1.name);  //输出"Alice"
console.log(person1.age);   //输出 30
```

在这个示例中，new Person('Alice', 30)创建了一个新的 Person 对象实例，并将其赋给 person1。this 在构造函数内部引用了新创建的对象，因此可以使用 this 来设置对象的属性。

需要注意，new 运算符的使用也有一些陷阱。如果忘记使用 new 运算符，构造函数内部的 this 将指向全局对象（在浏览器中通常是 window），这可能导致意外的行为。为了防止这种情况，通常约定构造函数的名称以大写字母开头，这有助于识别需要使用 new 运算符来调用的构造函数。

此外，可以通过在构造函数内部显式返回一个对象来改变 new 运算符的行为。如果构造函数返回一个对象，则 new 运算符将返回该对象，而不是新创建的对象实例。这可以用来创建单例模式或者修改对象的行为。例如：

```
HTML
function MyObject(value) {
    this.value = value;

    //显式返回一个对象，覆盖默认返回的实例对象
    return { specialValue: value };
}

const obj = new MyObject('Hello');

console.log(obj.value);              //undefined,因为构造函数返回了一个不包含 value
属性的对象
console.log(obj.specialValue);   //输出"Hello"
```

总之，new 运算符是用于创建对象实例的重要工具，它将构造函数与新创建的对象实例关联起来，可以在构造函数内部初始化对象的属性和行为。

16.6 垃圾回收机制

JavaScript 的垃圾回收机制是一种自动管理内存的过程，它有助于释放不再被程序使用的内存，以避免内存泄漏，从而提高性能。JavaScript 的垃圾回收机制基于两个主要原则：引用计数和标记清除。以下是对这两种机制的详细介绍。

1. 引用计数

引用计数（reference counting）是 JavaScript 中最简单的垃圾回收机制之一。它通过跟踪每个值被引用的次数来确定何时释放内存。每当一个变量引用一个对象时，引用计数增加 1，

当这个变量不再引用该对象时,引用计数减 1。当引用计数达到零时,表示没有任何变量引用该对象,因此可以安全地释放内存。

但是,引用计数机制有一些问题,最主要的问题是循环引用。循环引用发生在两个或多个对象互相引用对方,使得它们的引用计数永远不会达到零,即使它们不再被程序使用。这会导致内存泄漏,因为这些对象不会被垃圾回收机制释放。

2. 标记清除

标记清除(mark and sweep)是 JavaScript 中更常见的垃圾回收机制,它通过识别不再可达的对象来进行垃圾回收。这个过程分为标记阶段和清除阶段两个阶段。

1)标记阶段

标记阶段(marking)垃圾回收器会从全局对象开始,遍历程序中的所有对象,并标记那些仍然可达的对象。通常,垃圾回收器会将全局对象(如 window 对象)作为根对象开始,然后通过引用关系追踪到其他对象。被标记的对象表示它们仍然可以被程序访问到。

2)清除阶段

清除阶段(sweeping)垃圾回收器会遍历所有对象,将未被标记的对象视为垃圾,并释放它们占用的内存。这些未标记的对象是不可达的,因此可以安全地回收它们的内存。

标记清除机制可以解决引用计数的循环引用问题,因为它不依赖于引用计数,而是根据对象的可达性来决定是否回收内存。这种机制通常由 JavaScript 引擎自动管理,开发者不需要手动处理内存管理问题。

总之,JavaScript 的垃圾回收机制通过引用计数和标记清除等方法,自动管理内存,确保不再被程序使用的对象可以被释放,以避免内存泄漏和提高性能。这使得 JavaScript 成为一种相对容易使用的编程语言,无需手动管理内存分配和释放。

16.7　习题

1. 定义一个函数 add,接受两个参数并返回它们的和。然后调用该函数,将 3 和 5 作为参数传递给它,并将结果打印到控制台。

2. 定义一个函数 greet,接受一个名字参数,并以"Hello,名字!"的形式打印问候语。如果没有传递名字参数,则使用默认名字"Guest"。然后调用该函数,不传递名字参数,再次调用时传递名字参数。

3. 定义一个函数 counter,它返回一个闭包函数。闭包函数每次被调用时会增加一个计数器的值,并返回新的计数值。然后创建两个独立的计数器,并分别调用它们多次以测试闭包的作用。

4. 定义一个对象 person,包含 firstName 和 lastName 属性,以及一个 greet 方法,用于打印问候语。然后创建另一个对象 guest,包含相同的属性,并使用 person 的 greet 方法来打印问候语,但在调用时将 guest 作为上下文对象。

5. 定义一个对象 car,包含 brand 属性和一个 start 方法,用于打印车辆的启动消息。然后创建一个新的函数 startCar,将 car 对象的 start 方法绑定为它的上下文,并调用新函数。

第 17 章　DOM 操作

17.1　HTML 元素选取与操作

JavaScript 可以用来选取和操作 HTML 元素，使网页具有交互性和动态性。在介绍 JavaScript 如何选取和操作 HTML 元素之前，首先了解一下 HTML 文档的结构。

HTML 文档通常由标签、属性和内容组成。每个 HTML 元素都可以通过标签名来标识，如<div><p><a>等。元素可以具有各种属性，如 id、class、src、href 等，这些属性可以用于唯一标识或描述元素。元素还可以包含文本内容或其他嵌套元素。

HTML 元素选取与操作

下面介绍如何使用 JavaScript 来选取和操作 HTML 元素。

1. 选取 HTML 元素

在 JavaScript 中，可以使用不同的方法来选取 HTML 元素，最常用的方法包括以下几种。

（1）通过元素的 ID 选取元素。

HTML

```
var element = document.getElementById("elementID");
```

（2）通过元素的类名选取元素（返回一个节点列表）。

HTML

```
var elements = document.getElementsByClassName("className");
```

（3）通过元素的标签名选取元素（返回一个节点列表）。

HTML

```
var elements = document.getElementsByTagName("tagName");
```

（4）通过 CSS 选择器选取元素（返回一个节点列表）。

HTML

```
var elements = document.querySelectorAll("CSS selector");
```

（5）通过 CSS 类名选取元素（返回一个节点列表）。

HTML

```
var elements = document.querySelectorAll(".className");
```

2. 操作 HTML 元素

选取了 HTML 元素之后，可以执行各种操作，如修改元素的内容、样式、属性等。以下是一些常见的操作。

（1）修改元素的内容。

HTML

```
element.innerHTML = "新的内容";
```

（2）修改元素的文本内容。

HTML

```
element.textContent = "新的文本内容";
```

（3）修改元素的样式。

HTML

```
element.style.color = "red";
element.style.fontSize = "20px";
```

（4）修改元素的属性。

HTML

```
element.setAttribute("属性名", "新的属性值");
```

（5）添加或移除 CSS 类名。

HTML

```
element.classList.add("className");
element.classList.remove("className");
```

（6）添加事件监听器（使元素具有交互性）。

HTML

```
element.addEventListener("事件类型", function() {
  // 在此处编写事件处理程序
});
```

（7）移除元素。

HTML

```
element.parentNode.removeChild(element);
```

3. 示例

（1）当使用 JavaScript 中的"document. getElementById("elementID")"来获取一个 HTML 元素后，可以执行许多有趣的操作。

【示例 17-3】　以下是一个完整的有趣的示例，它演示了如何创建一个简单的交互式待办事项列表。

CSS

```
<! DOCTYPE html>
<html>
<head>
    <title>待办事项</title>
</head>
<body>
    <h1>待办事项</h1>
    <input type = "text" id = "newTask" placeholder = "添加一个新任务">
    <button onclick = "addTask()">添加</button>
    <ul id = "taskList">
    </ul>
    <script>
        // 获取任务列表的元素
        var taskList = document.getElementById("taskList");

        // 添加新任务
        function addTask() {
            var newTaskInput = document.getElementById("newTask");
            var taskText = newTaskInput.value.trim();

            if (taskText ! = "") {
                var listItem = document.createElement("li");
                listItem.innerHTML = taskText;
                taskList.appendChild(listItem);
                newTaskInput.value = "";

                // 添加删除按钮
                var deleteButton = document.createElement("button");
                deleteButton.innerHTML = "Delete";
                deleteButton.onclick = function() {
                    taskList.removeChild(listItem);
                };
                listItem.appendChild(deleteButton);
            }
        }
    </script>
</body>
</html>
```

运行结果如图 17-1 所示。

> 运行结果：

待办事项

添加一个新任务　　添加

图 17-1　示例 17-1 运行结果

这个示例创建了一个简单的待办事项列表，用户可以在文本框中输入任务，然后点击"Add"按钮将任务添加到列表中。每个任务都附带一个"Delete"按钮，点击它可以删除相应的任务。

（2）当使用 JavaScript 中的"document. getElementsByClassName("className")"来选择具有特定类名的元素时，你可以执行各种有趣的操作。

【示例 17-2】　以下是一个有趣的示例，将创建一个简单的任务列表应用程序。

```html
HTML
<! DOCTYPE html>
<html>
<head>
    <title>任务列表</title>
</head>
<body>
    <h1>任务列表</h1>
    <input type = "text" id = "taskInput" placeholder = "添加新任务">
    <button id = "addTaskButton">添加任务</button>
    <ul id = "taskList">
        <! --任务将会在这里显示-->
    </ul>
    <button id = "clearButton">清空列表</button>
    <script>
```

```javascript
// 获取所需的元素
var taskInput = document.getElementById("taskInput");

var addTaskButton = document.getElementById("addTaskButton");

var taskList = document.getElementById("taskList");

var clearButton = document.getElementById("clearButton");


// 添加任务的事件处理程序
```

```
addTaskButton.addEventListener("click", function() {
    var taskText = taskInput.value;
    if (taskText.trim() ! = = "") {
        var taskItem = document.createElement("li");
        taskItem.textContent = taskText;
        taskList.appendChild(taskItem);
        taskInput.value = "";
    }
});

// 清空列表的事件处理程序
clearButton.addEventListener("click", function() {
    taskList.innerHTML = ""; // 清空任务列表
});

// 使用 getElementsByClassName 为任务项添加删除按钮
taskList.addEventListener("click", function(event) {
    if (event.target.className = = = "taskItem") {
        event.target.remove();
    }
});
    </script>
</body>
</html>
```

运行结果如图 17 - 2 所示。

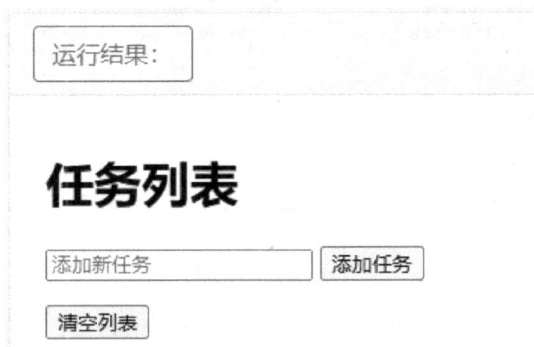

图 17 - 2　示例 17 - 2 运行结果

在这个示例中，首先获取了 HTML 中的各个元素，然后为"添加任务"按钮和"清空列表"按钮添加了事件监听器。当用户点击"添加任务"按钮时，创建一个新的任务项，并将其添加到任务列表中。当用户点击"清空列表"按钮时,通过设置 taskList. innerHTML 来清空任务列表。

最有趣的部分是通过使用"getElementsByClassName"为任务项添加了删除按钮的事件监听器。当用户点击任务项时,检查其类名是否为"taskItem"(这是我们为任务项设置的类名),如果是则删除该任务项。

(3)当使用"document. getElementsByTagName("tagName")"获取特定标签名的元素集合时,可以执行各种有趣的操作。

【示例 17-3】　以下是一个有趣的示例,将使用 JavaScript 和 HTML 创建一个简单的待办事项列表,通过标签名获取所有待办事项并对其进行操作。

```
HTML
<! DOCTYPE html>
<html>
<head>
    <title>今日清单</title>
</head>
<body>
    <h1>我的今日清单</h1>
    < input type = "text" id = "todoInput" placeholder = "添加一个新的今日任
务">
    <button onclick = "addTodo()">添加</button>
    <ul id = "todoList">
        <li>今日任务 1</li>
        <li>今日任务 2</li>
    </ul>

    <script>
        //添加待办事项
        function addTodo() {
            var todoInput = document. getElementById("todoInput");
            var todoText = todoInput. value;
            if (todoText. trim() ! = = "") {
                var todoList = document. getElementById("todoList");
                var newTodo = document. createElement("li");
                newTodo. textContent = todoText;
                todoList. appendChild(newTodo);
                todoInput. value = "";
            }
        }
```

```
        // 获取所有待办事项
        var todoItems = document.getElementsByTagName("li");

        // 为每个待办事项添加点击事件
        for (var i = 0; i<todoItems.length; i + + ) {
            todoItems[i].addEventListener("click", function() {
                this.style.textDecoration = "line-through";
            });
        }
    </script>
</body>
</html>
```

运行结果如图 17 - 3 所示。

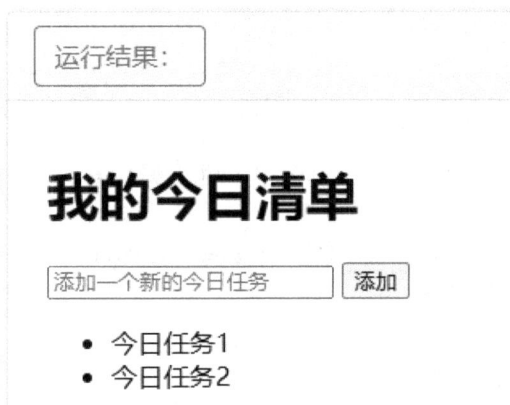

图 17 - 3　示例 17 - 3 运行结果

在这个示例中,创建了一个简单的待办事项列表,用户可以输入新的待办事项,然后单击"Add"按钮将其添加到列表中。通过使用"document. getElementsByTagName("li")",获取所有<li>元素,然后为每个待办事项添加了一个点击事件,当用户单击某个待办事项时,它将被划掉。

(4)当使用 JavaScript 中的"document. querySelectorAll"来选择 DOM 元素时,可以创建各种有趣的案例。

【示例 17 - 4】　以下是一个示例,演示如何交互性地更改网页上的元素样式。

HTML

```
<! DOCTYPE html>
<html>
<head>
    <title>交互式元素样式</title>
</head>
```

```html
<body>
    <h1>交互式元素样式</h1>
    <p>单击按钮以更改以下文本的样式:</p>
    <button id = "changeColorButton">改变颜色</button>
    <button id = "changeFontSizeButton">更改字体大小</button>
    <button id = "resetStyleButton">重置样式</button>
    <p id = "targetText">这是一个示例文本。</p>
    <script>
document.addEventListener("DOMContentLoaded", function() {
    // 获取需要操作的元素
    var targetText = document.getElementById("targetText");
    var changeColorButton = document.getElementById("changeColorButton");
    var changeFontSizeButton = document.getElementById("changeFontSizeButton");
    var resetStyleButton = document.getElementById("resetStyleButton");

    // 创建事件监听器以更改文本颜色
    changeColorButton.addEventListener("click", function() {
        targetText.style.color = getRandomColor();
    });

    // 创建事件监听器以更改字体大小
    changeFontSizeButton.addEventListener("click", function() {
        var currentSize = parseInt(getComputedStyle(targetText).fontSize);
        var newSize = currentSize + 2;
        targetText.style.fontSize = newSize + "px";
    });

    // 创建事件监听器以重置样式
    resetStyleButton.addEventListener("click", function() {
        targetText.style.color = "";
        targetText.style.fontSize = "";
    });

    // 生成随机颜色函数
    function getRandomColor() {
        var letters = "0123456789ABCDEF";
        var color = "#";
        for (var i = 0; i<6; i++) {
            color += letters[Math.floor(Math.random() * 16)];
```

```
        }
        return color;
    }
});
    </script>
</body>
</html>
```

运行结果如图 17 - 4 所示。

(a) 原图
(b) 改颜色

(c) 改字体大小

图 17 - 4   示例 17 - 4 运行结果

这个示例演示了如何使用"document. querySelectorAll"方法来选择网页上的元素，然后使用按钮来交互性地更改文本的颜色和字体大小，甚至可以重置样式。当用户点击按钮时，JavaScript 代码将响应并根据用户的操作更改文本的样式。这是一个有趣且实际的示例，展示了 DOM 选择和交互性样式更改的用途。

（5）当使用 JavaScript 的"document. querySelectorAll"方法选择所有具有特定类名的元

素时,可以执行各种有趣的操作。

【示例 17 - 5】　以下是一个示例,它选择了所有具有类名"className"的元素,并对它们进行操作。

```
HTML
<! DOCTYPE html>
<html>
<head>
  <title>querySelectorAll 示例</title>
</head>
<body>
  <h1 class = "className">这是标题 1</h1>
  <p class = "className">这是段落 1</p>
  <p>这是普通段落</p>
  <div class = "className">这是一个带类名的 div</div>
  <ul>
    <li class = "className">列表项 1</li>
    <li class = "className">列表项 2</li>
    <li>列表项 3</li>
  </ul>
  <script>
    //选择所有具有类名"className"的元素
    var elements = document. querySelectorAll(".className");

    //遍历并操作选中的元素
    elements. forEach(function(element) {
      //为每个元素添加一个事件监听器,当鼠标悬停时改变背景颜色
      element. addEventListener("mouseover", function() {
        element. style. backgroundColor = "lightblue";
      });

      //当鼠标移出时恢复默认背景颜色
      element. addEventListener("mouseout", function() {
        element. style. backgroundColor = "";
      });
    });
  </script>
</body>
</html>
```

运行结果如图 17 - 5 所示。

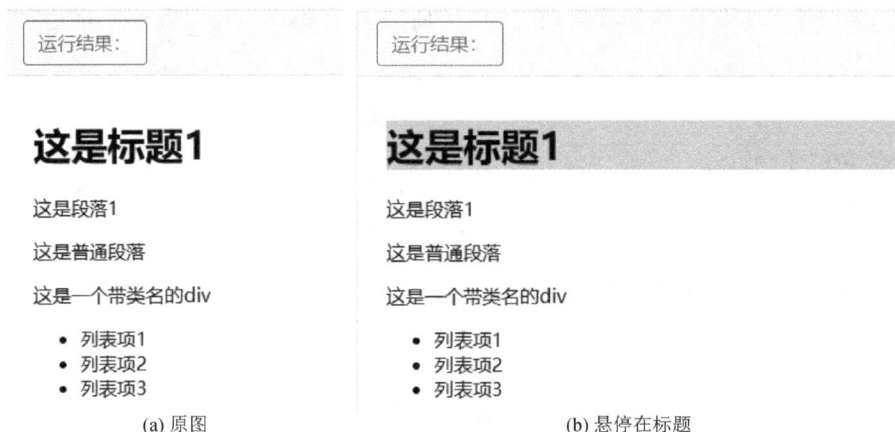

(a) 原图 (b) 悬停在标题

图 17 - 5 示例 17 - 5 运行结果

在这个示例中，首先选择了所有具有类名"className"的元素，并使用 forEach 循环遍历它们。然后，为每个元素添加了两个事件监听器：一个用于鼠标悬停时改变背景颜色，另一个用于鼠标移出时恢复默认背景颜色。这个示例演示了如何使用"document. querySelectorAll"选择元素并对它们进行操作，用户可以根据自己的需求执行任何其他操作。

这些是 JavaScript 中用于选取和操作 HTML 元素的基本方法。通过结合这些方法，开发者可以创建丰富的交互式网页和应用程序。请注意，选取元素和操作元素的方式可以根据具体的需求和使用场景而有所不同，JavaScript 提供了许多灵活的方法来处理 HTML 元素。

17.2 事件处理

JavaScript 的事件处理是指在 Web 页面上响应用户操作和交互的一种方式。通过事件处理，开发者可以捕获各种事件（如点击、鼠标移动、键盘输入等），然后执行特定的 JavaScript 代码以响应这些事件。以下是 JavaScript 事件处理的详细介绍。

事件处理

1. 事件类型

JavaScript 支持各种事件类型，包括但不限于以下五种。

（1）鼠标事件（如点击、移动、悬停、滚动等）。

（2）键盘事件（如按键、释放键、按下键等）。

（3）表单事件（如提交、重置、输入等）。

（4）文档加载事件（如加载、准备就绪等）。

（5）浏览器窗口事件（如调整大小、关闭等）。

2. 事件监听器

事件监听器是用于处理事件的 JavaScript 函数，可以使用以下方法为元素添加事件监听器。

（1）使用 addEventListener 方法。这是最常用的方法，可以在元素上添加多个事件监听器。

（2）使用 HTML 属性。在 HTML 中添加事件处理属性，如 onclick、onmouseover 等。

（3）使用内联 JavaScript。将 JavaScript 代码直接嵌入 HTML 的＜script＞标签内,但不推荐这种方式。

【示例 17 - 6】　以下是一个完整的示例代码,当用户点击按钮时,可以让按钮改变页面上的文字颜色。

```
HTML
<! DOCTYPE html>
<html>
<head>
    <title>按钮示例</title>
</head>
<body>
    <h1 id = "text">Hello, World! </h1>
    <button id = "myButton">改变文本颜色</button>

    <script>
        const button = document.getElementById('myButton');
        const text = document.getElementById('text');

        button.addEventListener('click', function(event) {
            // 生成随机的颜色
            const randomColor = getRandomColor();

            // 改变文字颜色
            text.style.color = randomColor;
        });

        // 生成随机颜色的函数
        function getRandomColor() {
            const letters = '0123456789ABCDEF';
            let color = '#';
            for (let i = 0; i<6; i + +) {
                color + = letters[Math.floor(Math.random() * 16)];
            }
            return color;
        }
    </script>
</body>
</html>
```

运行结果如图 17 - 6 所示。

(a) 原图　　　　　　　　(b) 点击后

图 17 - 6　示例 17 - 6 运行结果

在这个示例中，创建了一个按钮和一个标题。当按钮被点击时，它会调用一个事件处理函数，该函数会生成一个随机颜色并将其应用于标题文字的颜色，从而实现了点击按钮改变文字颜色的效果。

3. 事件对象

当事件发生时，浏览器会创建一个事件对象，包含有关事件的信息，可以通过事件监听器的参数来访问事件对象，通常将其命名为 event 或其他名称。事件对象包括有关事件类型、触发元素、鼠标位置等信息。

4. 事件冒泡和捕获

事件在 DOM 树中传播，可以通过事件流程中的不同阶段来捕获或冒泡事件。事件冒泡是指从目标元素向上传播，而事件捕获是从根节点向下传播，可以使用 addEventListener 的第三个参数来控制事件的捕获或冒泡阶段，默认是冒泡阶段。

当在捕获阶段触发点击事件时，可以使用这个机会来创建一个有趣的案例。

【示例 17 - 7】　以下是一个示例，其中捕获阶段的点击事件会改变页面上所有段落元素的文本内容。

```
HTML
<! DOCTYPE html>
<html lang = "en">
<head>
    <meta charset = "UTF - 8">
    <meta name = "viewport" content = "width = device-width, initial-scale = 1.0">
    <title>捕获阶段事件示例</title>
</head>
<body>
    <h1>单击页面以更改所有段落</h1>
    <p>这是段落 1.</p>
    <p>这是段落 2.</p>
```

```
<p>这是段落 3.</p>
<p>这是段落 4.</p>
<script>
    const paragraphs = document.querySelectorAll('p');

    // 捕获阶段的点击事件处理程序
    function captureClick(event) {
        paragraphs.forEach(paragraph = >{
            paragraph.textContent = "您在捕获阶段单击了!";
        });
    }

    // 在捕获阶段监听点击事件
    document.addEventListener('click', captureClick, true);
</script>
</body>
</html>
```

运行结果如图 17 - 7 所示。

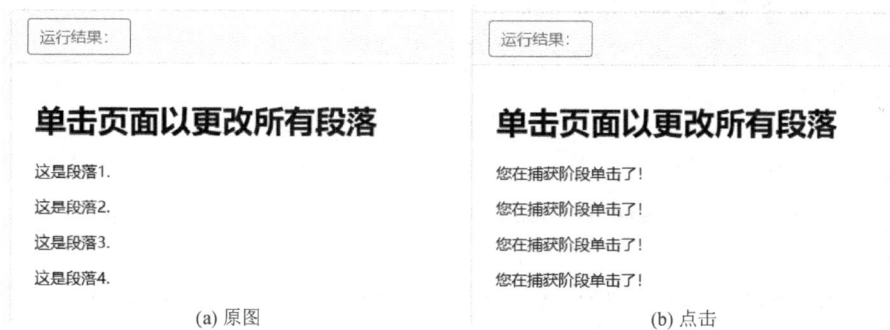

(a) 原图　　　　　　　　　　　　　　(b) 点击

图 17 - 7　示例 17 - 7 运行结果

在这个示例中,当点击页面的任何部分时,事件会在捕获阶段被触发,导致所有段落的文本内容都被更改为"您在捕获阶段单击了!"。这是一个有趣的示例,展示了在捕获阶段执行代码的效果,可以通过单击页面的任何位置来测试它。

5. 事件委托

事件委托是一种优化技术,它可以在父元素上监听事件,而不是在每个子元素上分别添加事件监听器。这对于处理大量子元素或动态生成的元素特别有用。

【示例 17 - 8】　以下是一个完整的有趣案例,当用户点击一个包含有趣的列表项时,可以执行一些有趣的操作,如在点击列表项时改变其颜色或显示一个有趣的提示消息。

HTML

```html
<! DOCTYPE html>
<html lang = "en">
<head>
    <meta charset = "UTF - 8">
    <meta name = "viewport" content = "width = device-width, initial-scale = 1.
0">
    <title>有趣的列表项点击</title>
    <style>
        /* 列表项的初始样式 */
        li {
            cursor: pointer;
        }
    </style>
</head>
<body>
    <h1>有趣的列表项点击</h1>
    <ul id = "parent">
        <li>点击我，我会改变颜色！</li>
        <li>点击我，我会显示提示消息！</li>
        <li>点击我，我会旋转 360 度！</li>
    </ul>

    <script>
        const parentElement = document. getElementById('parent');

        parentElement. addEventListener('click', function(event) {
            if (event. target. tagName = = ='LI') {
                const clickedLi = event. target;
                const action = clickedLi. textContent;

                switch (action) {
                    case '点击我，我会改变颜色！':
                        // 改变颜色为随机颜色
                        const randomColor ='#' + (Math. random() * 0xFFFFFF<<
0). toString(16);

                        clickedLi. style. color = randomColor;
                        break;

                    case '点击我，我会显示提示消息！':
```

```
                    // 显示一个提示消息
                    alert('你点击了一个有趣的列表项！');
                    break;

            case '点击我，我会旋转 360 度！':
                    // 添加旋转动画
                    clickedLi.style.transition = 'transform 1s';
                    clickedLi.style.transform = 'rotate(360deg)';
                    break;

            default:
                    break;
            }
        }
    });
    </script>
</body>
</html>
```

运行结果如图 17-8 所示。

运行结果：

有趣的列表项点击

- 点击我，我会改变颜色！
- 点击我，我会显示提示消息！
- 点击我，我会旋转360度！

(a) 原图

运行结果：

有趣的列表项点击

- 点击我，我会改变颜色！
- 点击我，我会显示提示消息！
- 点击我，我会旋转360度！

(b) 点击第一行

有趣的列表项点击

- 点击我，我会改变颜色！
- 点击我，我会显示提示消息！
- 点击我，我会旋转360度！

此页面显示

你点击了一个有趣的列表项！

确定

(c) 点击第二行

运行结果：

有趣的列表项点击

- 点击我，我会改变颜色！
- 点击我，我会显示提示消息！

- 点击我，我会旋转360度！

(d) 点击第三行

图 17-8　示例 17-8 运行结果

这个示例是一个包含有趣的列表项的简单网页。当用户点击列表项时，会触发事件处理程序，根据点击的内容执行不同的有趣操作，如改变颜色、显示提示消息或旋转。这可以让用户在点击列表项时获得不同的有趣体验。

6. 事件的阻止和取消

可以使用"event. preventDefault()"来取消事件的默认行为，如阻止表单的提交或超链接的跳转，还可以使用"event. stopPropagation()"来停止事件的传播，以防它继续冒泡或捕获。

【示例 17 - 9】 以下是一个完整的示例代码，当点击链接时，阻止其跳转并显示一个有趣的提示框。

```
HTML
<! DOCTYPE html>
<html>
<head>
    <title>有趣的超链接示例</title>
</head>
<body>
    <a href = "https://www.example.com" id = "myLink">点击我跳转到示例网站</a>

    <script>
        const link = document.getElementById('myLink');
        link.addEventListener('click', function(event) {
            event.preventDefault(); // 阻止超链接的跳转
            alert('你点击了链接，但我们决定留在这里，因为这里更有趣！');
        });
    </script>
</body>
</html>
```

运行结果如图 17 - 9 所示。

运行结果：

点击我跳转到示例网站

(a) 点击前

点击我跳转到示例网站

此页面显示

你点击了链接，但我们决定留在这里，因为这里更有趣！

确定

(b) 点击后

图 17 - 9　示例 17 - 9 运行结果

在这个示例中,当用户点击超链接时,会触发 JavaScript 事件处理程序,阻止了超链接的默认跳转行为,并显示一个提示框,其中包含有趣的消息。这样,用户点击链接后不会离开当前页面,而是看到一个有趣的弹出消息。

这些是 JavaScript 事件处理的基本概念和技术。通过合理地使用事件处理,你可以创建交互性强、响应式的 Web 应用程序。

17.3　表单验证与操作

JavaScript 在网页开发中广泛用于表单验证和操作。表单验证是一种确保用户输入数据的有效性和完整性的方式,而表单操作则涉及在表单中添加、删除或修改元素。下面详细介绍 JavaScript 的表单验证和操作。

表单验证与操作

1. 表单验证

表单验证是确保用户提交的数据满足预期条件的过程。以下是一些常见的表单验证技术和示例代码。

1)必填字段验证

必填字段验证确保用户填写了必填字段,通常在提交表单之前进行检查。

【示例 17 - 10】　以下是一个完整的有趣示例,演示了如何使用 JavaScript 编写一个表单验证函数,以确保用户在提交表单之前填写了姓名和邮箱字段。该示例还包括一个 HTML 表单,用户可以在其中输入姓名和邮箱,并在表单提交之前触发验证函数。

HTML

```html
<! DOCTYPE html>
<html>
<head>
  <meta charset = "UTF - 8">
  <title>表单验证示例</title>
  <script>
  function validateForm() {
    //获取表单中的姓名和邮箱字段的值
    var name = document.forms["myForm"]["name"].value;
    var email = document.forms["myForm"]["email"].value;

    //检查姓名和邮箱是否为空
    if (name = = = "" || email = = = "") {
      alert("姓名和邮箱不能为空");
      return false;
```

```
        }

        // 如果一切都有效，允许表单提交
        return true;
    }
  </script>
</head>
<body>
  <h1>表单验证示例</h1>
  <form name = "myForm" onsubmit = "return validateForm();" method = "post">
    <label for = "name">姓名：</label>
    <input type = "text" id = "name" name = "name" required>
    <br><br>
    <label for = "email">邮箱：</label>
    <input type = "email" id = "email" name = "email" required>
    <br><br>
    <input type = "submit" value = "提交">
  </form>
</body>
</html>
```

运行结果如图 17 - 10 所示。

  (a) 原图   (b) 空白却提交时

图 17 - 10 示例 17 - 10 运行结果

  在这个示例中，当用户尝试提交表单时，validateForm 函数将检查姓名和邮箱字段是否为空。如果它们中的任何一个为空，将显示一个警告对话框，并且表单提交将被阻止。否则，表单将成功提交。这是一个简单但有趣的案例，演示了如何使用 JavaScript 进行表单验证。

2）电子邮件验证

电子邮件验证是检查用户输入的电子邮件是否符合有效的电子邮件格式。

【示例 17 - 11】　以下是一个有趣的案例，演示了如何在一个虚拟飞船比赛中使用上述 JavaScript 函数来验证参赛者的电子邮件地址。

假设有一个虚拟的太空飞船比赛网站，允许人们注册并参加比赛。在注册页面上，我们可以使用 validateEmail 函数来验证参赛者输入的电子邮件地址是否有效。如果电子邮件地址无效，将弹出一个警告框，要求他们输入有效的电子邮件地址。

```
HTML
<! DOCTYPE html>
<html>
<head>
  <title>虚拟太空飞船比赛注册</title>
  <script>
    function validateEmail() {
      var email = document.forms["registrationForm"]["email"].value;
      var pattern = /^[a-zA-Z0-9._-] + @[a-zA-Z0-9.-] + \.[a-zA-Z]{2,4} $ /;
      if (! pattern.test(email)) {
        alert("请输入有效的电子邮件地址");
        return false;
      }
      return true;
    }
  </script>
</head>
<body>
  <h1>虚拟太空飞船比赛注册</h1>
  <form name = "registrationForm" onsubmit = "return validateEmail();" method = "post">
    <label for = "email">请输入您的电子邮件地址：</label>
    <input type = "text" id = "email" name = "email" required>
    <br>
    <input type = "submit" value = "注册参加比赛">
  </form>
</body>
</html>
```

运行结果如图 17－11 所示。

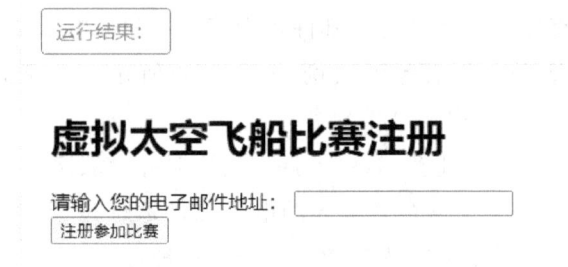

(a) 原图

(b) 空白提交时

图 17－11　示例 17－11 运行结果

在这个案例中，用户需要输入他们的电子邮件地址来注册参加虚拟太空飞船比赛。当用户点击"注册参加比赛"按钮时，validateEmail 函数将被调用来验证电子邮件地址的有效性。如果电子邮件地址无效，将显示一个警告框，要求用户输入有效的电子邮件地址。

3）密码强度验证

密码强度验证可以确保用户输入的密码足够强。

【示例 17－12】　当用户在网站上创建一个账户时，通常需要设置一个密码来保护账户信息。为了确保设置的密码足够安全，可以使用 JavaScript 编写一个密码验证函数，以下是一个完整的有趣案例。

```
HTML
<! DOCTYPE html>
<html>
<head>
  <title>密码验证示例</title>
  <script>
    function validatePassword() {
      var password = document. forms["myForm"]["password"]. value;
      if (password. length<8) {
        alert("密码至少需要 8 个字符");
```

```
        return false;
      }

      var hasUpperCase = /[A-Z]/.test(password);
      var hasLowerCase = /[a-z]/.test(password);
      var hasNumbers = /\d/.test(password);
      var hasSpecialChars = /[! @ # $ % ^& * ()_ + {}\[\];:<>,.? ~\\-]/.test
(password);

      if (! (hasUpperCase && hasLowerCase && hasNumbers && hasSpecialChars)) {
        alert("密码必须包含大写字母、小写字母、数字和特殊字符");
        return false;
      }

      return true;
    }
  </script>
</head>
<body>
  <h1>注册账户</h1>
  <form name = "myForm" onsubmit = "return validatePassword()" method = "post">
    <label for = "password">设置密码:</label>
    <input type = "password" id = "password" name = "password" required>
    <br>
    <input type = "submit" value = "注册">
  </form>
</body>
</html>
```

运行结果如图 17 - 12 所示。

(a) 原图

(b) 当输入的密码不符合条件（输入了"12345678"）时

图 17 - 12　示例 17 - 12 运行结果

在这个案例中，创建了一个简单的网页，用户可以在表单中输入密码。当用户点击注册按钮时，会触发 validatePassword 函数进行密码验证。这个函数首先检查密码的长度是否至少为 8 个字符，如果不是，就会弹出一个警告框，告诉用户密码至少需要 8 个字符。

然后，函数使用正则表达式来检查密码是否包含大写字母、小写字母、数字和特殊字符。如果密码不符合这些要求，函数会再次弹出一个警告框，提醒用户密码必须包含这些元素。只有当密码满足长度和复杂性要求时，才会返回 true，允许用户完成注册。这个案例可以帮助网站确保用户设置了足够强的密码来保护他们的账户。

4）数字验证

数字验证可以检查用户输入是否为数字。

【示例 17 - 13】 以下是一个有趣的案例，演示了如何使用 JavaScript 函数来验证用户输入的数字，可以创建一个简单的 HTML 表单，要求用户输入他们的年龄，并使用 validateNumber 函数来验证输入是否为有效数字。

```html
HTML
<! DOCTYPE html>
<html>
<head>
  <meta charset = "UTF - 8">
  <title>年龄验证</title>
  <script>
    function validateNumber() {
      var age = document.forms["myForm"]["age"].value;
      if (isNaN(age)) {
        alert("请输入有效的年龄(数字)");
        return false;
      }
      return true;
    }
  </script>
</head>
<body>
  <h1>欢迎来到年龄验证</h1>
  <p>请输入您的年龄:</p>
  <form name = "myForm" onsubmit = "return validateNumber()" method = "post">
    <input type = "text" name = "age">
    <input type = "submit" value = "提交">
  </form>
</body>
</html>
```

运行结果如图 17 - 13 所示。

(a) 原图

(b) 误触后输入了"~"

图 17 - 13 示例 17 - 13 运行结果

这个简单的页面包含一个文本输入框,用户可以在其中输入年龄,然后点击"提交"按钮。当用户提交表单时,validateNumber 函数将检查输入的值是否为有效数字,如果不是,则显示一个警告。如果是有效数字,表单将被提交。这是一个有趣的案例,演示了如何使用 JavaScript 来验证用户的输入。

2. 表单操作

表单操作涉及对表单元素的增加、删除和修改。

1)动态添加表单元素

可以使用 JavaScript 动态地添加表单元素。

【示例 17 - 14】 下面是一个有趣的示例,将创建一个简单的"添加朋友"表单,允许用户点击按钮来动态添加输入字段以输入他们朋友的名字。

```
HTML
<! DOCTYPE html>
<html>
<head>
    <title>添加朋友</title>
    <script>
        function addInput() {
            var input = document.createElement("input");
```

```
        input.type = "text";
        input.name = "friendName";
        var br = document.createElement("br");

        var form = document.getElementById("friendForm");
        form.appendChild(input);
        form.appendChild(br);
      }
    </script>
  </head>
  <body>
    <h1>我的朋友列表</h1>
    <form id = "friendForm">
        <label>朋友的名字:</label>
        <input type = "text" name = "friendName">
        <br>
        <input type = "button" value = "添加朋友" onclick = "addInput()">
        <br><br>
        <input type = "submit" value = "提交">
    </form>
  </body>
</html>
```

运行结果如图 17-14 所示。

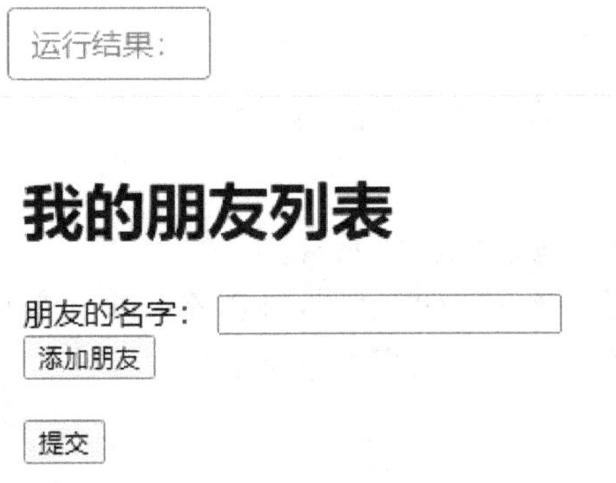

图 17-14　示例 17-14 运行结果

在这个示例中，首先创建了一个空的表单，包括一个输入字段用于输入第一个朋友的名字以及一个"添加朋友"按钮。当用户点击"添加朋友"按钮时，addInput()函数会在表单中动态创建一个新的输入字段，用户可以继续添加朋友的名字。这样，用户可以不断地点击按钮来添加朋友的名字，而不需要手动编辑 HTML 代码。

2）动态删除表单元素

可以使用 JavaScript 删除表单中的元素。

【示例 17 - 15】　以下是一个完整的有趣案例，涉及一个简单的 HTML 页面和 JavaScript 函数，该函数用于动态添加和删除输入字段。用户可以点击按钮添加输入字段，并在不需要时删除它们。

```
HTML
<! DOCTYPE html>
<html>
<head>
  <title>动态输入字段示例</title>
</head>
<body>
  <h1>动态输入字段示例</h1>

  <button onclick = "addInput()">添加输入字段</button>
  <button onclick = "removeInput()">删除输入字段</button>

  <div id = "inputContainer">
    <! --在这里动态添加输入字段-->
  </div>

  <script>
    var inputCount = 0;

    function addInput() {
      var inputContainer = document.getElementById("inputContainer");
      var newInput = document.createElement("input");
      newInput.setAttribute("type", "text");
      newInput.setAttribute("name", "dynamicInput");
      newInput.setAttribute("placeholder", "输入字段 " + (inputCount + 1));
      inputContainer.appendChild(newInput);
      inputCount + + ;
    }

    function removeInput() {
      var inputContainer = document.getElementById("inputContainer");
```

```
        var input = document.getElementsByName("dynamicInput")[inputCount-1];
        if (input) {
            inputContainer.removeChild(input);
            inputCount --;
        }
    }
</script>
</body>
</html>
```

运行结果如图 17 - 15 所示。

运行结果：

动态输入字段示例

添加输入字段　删除输入字段

(a) 原图

运行结果：

动态输入字段示例

添加输入字段　删除输入字段

1111　　　　　　　　　　　　　　输入字段 2

(b) 添加字段

运行结果：

动态输入字段示例

添加输入字段　删除输入字段

1111

(c) 删除字段

图 17 - 15　示例 17 - 15 运行结果

这个示例创建了一个包含两个按钮的页面，一个用于添加输入字段，另一个用于删除最后添加的输入字段。每次点击"添加输入字段"按钮时，都会在容器中添加一个新的输入字段，并且每个输入字段都有一个不同的占位符，以显示其顺序。点击"删除输入字段"按钮将删除最后添加的输入字段。这个案例可以帮助用户动态管理输入字段。

3）表单数据填充

可以使用 JavaScript 将数据填充到表单元素中。

【示例 17 - 16】　以下是一个完整的有趣案例，涉及一个 JavaScript 函数 fillForm()，该函数用于填充一个名为"myForm"的表单中的姓名和电子邮件字段。当用户点击按钮时，表单将自动填充为"John"和"john@example.com"。

```html
HTML
<! DOCTYPE html>
<html lang = "zh-CN">
<head>
    <meta charset = "UTF - 8">
    <title>自动填充表单</title>
</head>
<body>
    <h1>自动填充表单</h1>
    <form name = "myForm">
        <label for = "name">姓名：</label>
        <input type = "text" id = "name" name = "name" required><br><br>

        <label for = "email">电子邮件：</label>
        <input type = "email" id = "email" name = "email" required><br><br>

        <input type = "button" value = "填充表单" onclick = "fillForm()">
    </form>

    <script>
    function fillForm() {
        document.forms["myForm"]["name"].value = "John";
        document.forms["myForm"]["email"].value = "john@example.com";
    }
    </script>
</body>
</html>
```

运行结果如图 17 - 16 所示。

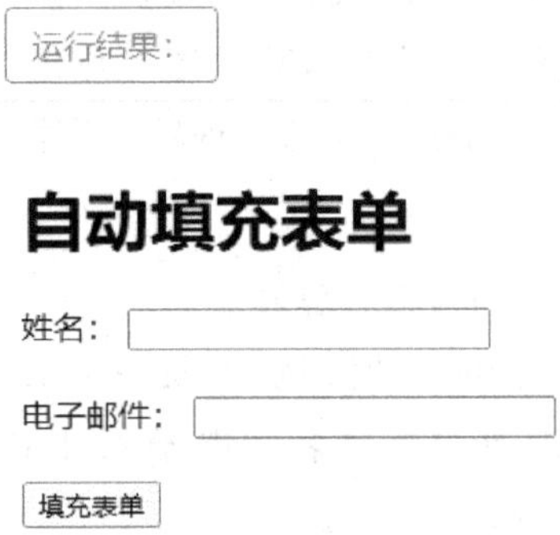

(a) 原图

(b) 点击填充表单后

图 17 - 16　示例 17 - 16 运行结果

在这个示例中，当用户点击"填充表单"按钮时，fillForm() 函数将自动为姓名和电子邮件字段填充"John"和"john@example.com"。这是一个简单但有趣的示例，可以用来展示如何使用 JavaScript 来自动填充表单字段。

4）表单重置

可以使用 JavaScript 重置表单中的所有字段。

【示例 17 - 17】　当用户在一个网站上填写一个有趣的小测验后，可以使用 JavaScript 编写一个重置表单的函数，以便用户可以重新开始答题。以下是一个完整的有趣案例，其中有一个包含问题和答案的表单，以及一个按钮来重置表单。

HTML

```html
<! DOCTYPE html>
<html lang = "zh-CN">
<head>
    <meta charset = "UTF - 8">
    <title>有趣的小测验</title>
</head>
<body>
    <h1>有趣的小测验</h1>
```

```
<p>选择正确的答案：</p>

<form id = "myForm">
    <label for = "question1">问题 1：2 + 2 = ? </label><br>
     < input type = "radio" id = "q1a" name = "question1" value = "a">a) 3
<br>
     < input type = "radio" id = "q1b" name = "question1" value = "b">b) 4
<br>
     < input type = "radio" id = "q1c" name = "question1" value = "c">c) 5
<br>
    <br>

    <label for = "question2">问题 2：10 * 5 = ? </label><br>
    < input type = "radio" id = "q2a" name = "question2" value = "a">a) 10
<br>
    < input type = "radio" id = "q2b" name = "question2" value = "b">b) 15
<br>
    < input type = "radio" id = "q2c" name = "question2" value = "c">c) 50
<br>
    <br>

    <label for = "question3">问题 3：8-3 = ? </label><br>
    < input type = "radio" id = "q3a" name = "question3" value = "a">a) 5
<br>
    < input type = "radio" id = "q3b" name = "question3" value = "b">b) 3
<br>
    < input type = "radio" id = "q3c" name = "question3" value = "c">c) 8
<br>
    <br>

    <input type = "button" value = "提交" onclick = "checkAnswers()">
    <input type = "reset" value = "重置" onclick = "resetForm()">
</form>

<div id = "result"></div>

<script>
    function checkAnswers() {
        var q1Answer = document. querySelector(' input[name = "question1"]：
```

```
checked');
            var q2Answer = document.querySelector(' input[name = "question2"].
checked');
            var q3Answer = document.querySelector(' input[name = "question3"].
checked');
            var resultDiv = document.getElementById('result');

            if (q1Answer && q2Answer && q3Answer) {
                var score = 0;

                if (q1Answer.value = = = "b") {
                    score + + ;
                }
                if (q2Answer.value = = = "c") {
                    score + + ;
                }
                if (q3Answer.value = = = "a") {
                    score + + ;
                }

                resultDiv.innerHTML = "你的得分是:" + score + " / 3";
            } else {
                resultDiv.innerHTML = "请回答所有问题。";
            }
        }

        function resetForm() {
            document.forms["myForm"].reset();
            document.getElementById('result').innerHTML = ";
        }
    </script>
</body>
</html>
```

运行结果如图 17 - 17 所示。

这个有趣的示例包括一个小测验,用户需要选择正确的答案。当用户点击"提交"按钮后,会计算他们的得分并显示在页面上。同时,点击"重置"按钮会清空所有选择并清除得分结果,使用户可以重新开始答题。

以上是 JavaScript 中表单验证和操作的一些常见示例。通过这些技术,可以创建交互性强、用户友好的表单,确保数据的有效性和完整性。

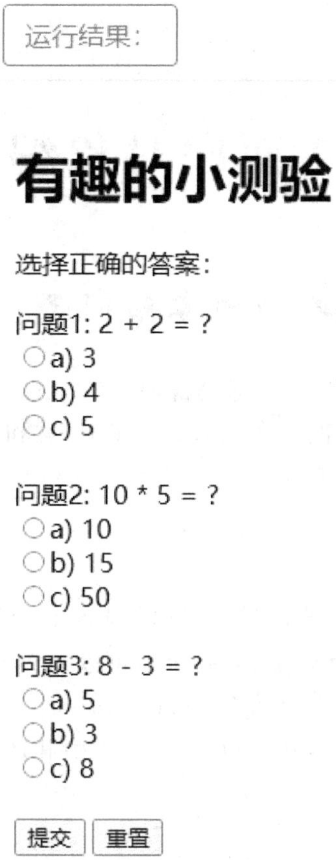

运行结果：

有趣的小测验

选择正确的答案：

问题1：2 + 2 = ?
　○ a) 3
　○ b) 4
　○ c) 5

问题2：10 * 5 = ?
　○ a) 10
　○ b) 15
　○ c) 50

问题3：8 - 3 = ?
　○ a) 5
　○ b) 3
　○ c) 8

提交　重置

图 17 - 17　示例 17 - 17 运行结果

17.4　习题

1. 在 HTML 中，(　　　)属性用于为元素指定唯一的标识符(ID)。
　　A. class　　　　　B. name　　　　　C. id　　　　　D. data-id

2. 表单验证的一种常见方法是使用 HTML5 中的哪个输入类型来要求用户输入一个电子邮件地址？
　　A. text　　　　　B. number　　　　　C. email　　　　　D. password

3. 请简要解释如何使用 JavaScript 中的 getElementById()方法选取一个具有特定 ID 的 HTML 元素。

4. 解释一下事件冒泡是什么，以及如何阻止事件冒泡。

第 18 章　面向对象编程

18.1　类与对象的概念

JavaScript 是一种广泛用于网页开发的编程语言,它支持面向对象编程(object oriented programming,OOP)范例。在 JavaScript 中,类和对象是重要的概念,用于组织和管理代码。下面是关于 JavaScript 类与对象的详细介绍。

类与对象的概念

1. 对象(objects)

JavaScript 中的对象是一种复合数据类型,它可以包含多个属性和方法。对象是键值对的集合,每个键都是属性名称,每个值可以是数据值或函数。对象可以表示现实世界的实体、概念或抽象概念(更多内容请看 14.4 节)。

例如,可以创建一个表示用户的对象,其中包含姓名、年龄和地址等属性,以及用于处理用户信息的方法。

```JavaScript
var user = {
    name: "John",
    age: 30,
    address: "123 Main St",
    sayHello: function() {
        console.log("Hello, my name is " + this.name);
    }
};


// 访问对象属性和方法
console.log(user.name); // 输出"John"
user.sayHello(); // 输出"Hello, my name is John"
```

2. 类(classes)

在 ECMAScript 6(ES6)之后的 JavaScript 版本中引入了类的概念,类是对象的蓝图或模板,用于创建具有相似属性和方法的对象。类可以看作是一种自定义数据类型。类通常包含构造函数,用于初始化对象的属性。类还可以包含其他方法,这些方法可以在对象上调用。

```JavaScript
```

```
class Person {
    constructor(name, age) {
        this.name = name;
        this.age = age;
    }

    sayHello() {
        console.log("Hello, my name is " + this.name);
    }
}


// 创建类的实例
var person1 = new Person("Alice", 25);
var person2 = new Person("Bob", 30);

// 访问类的属性和方法
console.log(person1.name); // 输出"Alice"
person2.sayHello(); // 输出"Hello, my name is Bob"
```

在 JavaScript 中,类和对象是面向对象编程的核心概念,它们以更结构化和可维护的方式组织和扩展代码。通过创建类和对象,可以模拟现实世界的实体,并为它们定义属性和方法,以便更好地处理数据和逻辑。

18.2　类的创建与使用

JavaScript 是一种广泛用于 Web 开发的编程语言,它支持面向对象编程。在 JavaScript 中,可以使用类来创建对象,类似于其他面向对象编程语言中的类。以下是详细介绍 JavaScript 类的创建和使用的步骤。

1. 创建类

在 JavaScript 中,可以使用 class 关键字来创建一个类。类定义包括构造函数和类方法。构造函数用于初始化对象的属性,而类方法用于定义对象的行为。

```
JavaScript
class Person {
    constructor(name, age) {
        this.name = name;
        this.age = age;
    }

    sayHello() {
```

```
console.log('Hello, my name is ${this.name} and I am ${this.age} years old.
');
  }
}
```

在这个例子中，创建了一个名为 Person 的类，它有一个构造函数和一个 sayHello 方法。构造函数接受 name 和 age 作为参数，并将它们分配给类的属性。

2. 创建对象

要创建一个类的对象，可以使用 new 关键字来调用类的构造函数，并传递所需的参数。

JavaScript
```
const person1 = new Person("Alice", 30);
const person2 = new Person("Bob", 25);
```

现在，已经创建了两个 Person 类的对象，分别是 person1 和 person2。

3. 访问对象的属性和方法

可以使用点符号来访问对象的属性和方法。

JavaScript
```
console.log(person1.name); // 输出 "Alice"
console.log(person2.age); // 输出 25
person1.sayHello(); // 输出 "Hello, my name is Alice and I am 30 years old."
```

4. 继承

JavaScript 支持类之间的继承。可以使用 extends 关键字来创建一个子类，并继承父类的属性和方法。

JavaScript
```
class Student extends Person {
  constructor(name, age, grade) {
    super(name, age); // 调用父类的构造函数
    this.grade = grade;
  }

  study() {
    console.log('${this.name} is studying in grade ${this.grade}.');
  }
}
```

在这个例子中，我们创建了一个名为 Student 的子类，它继承了 Person 类，并添加了一个额外的属性 grade 和一个方法 study。

5. 使用继承的子类

创建子类的对象与创建父类的对象相似。

```JavaScript
const student1 = new Student("Eve", 18, 12);
console.log(student1.name); // 输出"Eve"
console.log(student1.grade); // 输出 12
student1.sayHello(); // 输出"Hello, my name is Eve and I am 18 years old."
student1.study(); // 输出"Eve is studying in grade 12."
```

这就是 JavaScript 中创建和使用类的基本步骤。类是一种强大的工具，可以更好地组织和管理代码，并支持面向对象编程的核心概念，如封装、继承和多态。通过使用类，可以创建具有不同属性和行为的对象，并将代码更容易维护和扩展。

18.3　继承与多态的概念

JavaScript 是一种面向对象的编程语言，它支持继承和多态等面向对象编程概念。下面将详细介绍 JavaScript 中的继承和多态。

1. 继承(inheritance)

继承是一种面向对象编程的核心概念，它允许一个对象(子类或派生类)基于另一个对象(父类或基类)来创建。这使得子类可以继承父类的属性和方法，并且可以添加自己的属性和方法。在 JavaScript 中，继承可以通过以下方式实现。

1)原型链继承

这是 JavaScript 中最常见的继承方式。每个对象都有一个原型对象，可以通过原型链连接到其他对象。子类可以通过设置其原型对象为父类的实例来实现继承。

```JavaScript
function Animal(name) {
  this.name = name;
}

Animal.prototype.sayName = function() {
  console.log('My name is ${this.name}');
}

function Dog(name, breed) {
  Animal.call(this, name);
  this.breed = breed;
}

Dog.prototype = Object.create(Animal.prototype);
Dog.prototype.constructor = Dog;
```

```
Dog.prototype.bark = function() {
  console.log("Woof! Woof!");
}


const myDog = new Dog("Buddy", "Golden Retriever");
myDog.sayName(); //输出"My name is Buddy"
myDog.bark();     //输出"Woof! Woof!"
```

2）类继承（ES6 类）

ES6 引入了 class 关键字，使得面向对象编程更加直观。通过 extends 关键字，子类可以继承父类。

```JavaScript
class Animal {
  constructor(name) {
    this.name = name;
  }

  sayName() {
    console.log('My name is ${this.name}');
  }
}


class Dog extends Animal {
  constructor(name, breed) {
    super(name);
    this.breed = breed;
  }

  bark() {
    console.log("Woof! Woof!");
  }
}


const myDog = new Dog("Buddy", "Golden Retriever");
myDog.sayName(); //输出"My name is Buddy"
myDog.bark();     //输出"Woof! Woof!"
```

2. 多态（polymorphism）

多态是面向对象编程的一个重要概念，它允许不同的对象对相同的方法名做出不同的响应。在 JavaScript 中,多态可以通过方法重写来实现。具体来说,子类可以重写继承自父类的方法,从而在不同的子类实例上产生不同的行为。例如:

```JavaScript
class Animal {
  constructor(name) {
    this.name = name;
  }

  makeSound() {
    console.log("Animal makes a sound");
  }
}

class Dog extends Animal {
  constructor(name, breed) {
    super(name);
    this.breed = breed;
  }

  makeSound() {
    console.log("Dog barks");
  }
}

class Cat extends Animal {
  constructor(name, color) {
    super(name);
    this.color = color;
  }

  makeSound() {
    console.log("Cat meows");
  }
}

const myDog = new Dog("Buddy", "Golden Retriever");
const myCat = new Cat("Whiskers", "Tabby");

myDog.makeSound(); // 输出"Dog barks"
```

myCat.makeSound();//输出"Cat meows"

在这个例子中,makeSound 方法在不同的子类中被重写,使得不同类型的动物对象可以表现出不同的行为,实现了多态的概念。

总之,JavaScript 中的继承和多态是面向对象编程的两个关键概念,它们可以创建更加灵活和可扩展的代码,能够更好地组织和管理复杂的应用程序。

18.4 习题

1. 创建一个名为 Car 的类,具有 make 和 model 属性,并包含一个方法 startEngine,该方法输出"Engine started"。

2. 创建一个名为 Rectangle 的类,具有 width 和 height 属性,并包含一个方法 calculateArea,该方法返回矩形的面积。

3. 创建一个名为 Animal 的类,具有 name 属性,并包含一个方法 makeSound,该方法输出"Animal makes a sound"。

4. 创建一个名为 Cat 的子类,继承自 Animal,并重写 makeSound 方法,使其输出"Cat meows"。

5. 创建一个名为 Dog 的子类,继承自 Animal,并重写 makeSound 方法,使其输出"Dog barks"。

第 19 章　ECMAScript 6 及更高版本特性

19.1　let 与 const

ECMAScript 6(ES6)引入了两个新的变量声明关键字,分别是 let 和 const,它们用于声明变量的方式与传统的 var 不同。以下是关于 let 和 const 的详细介绍,以及一些更高版本[ECMAScript 7(ES7)及更高]的特性。

1. let

(1)let 声明的变量具有块级作用域,这意味着它们只在声明它们的代码块(通常是大括号{})内部可见,而不是在整个函数或全局范围内可见。

(2)变量在声明之前不能访问,这被称为暂时性死区(temporal dead zone,TDZ)。

(3)允许同一作用域内重新声明同名变量,但不允许在 TDZ 内重新声明。

(4)可以用来解决循环中常见的闭包问题。

例如:

```JavaScript
function example() {
  if (true) {
    let x = 10;
    console.log(x); //10
  }
  console.log(x); //Error: x is not defined
}
```

2. const

(1)const 也具有块级作用域,并且必须在声明时初始化,一旦赋值后就不能再被重新赋值。

(2)对于基本数据类型(如数字、字符串、布尔值等),值是不可变的,但对于对象和数组,可以修改其属性或元素。

(3)使用 const 声明的变量也在 TDZ 内,不能在声明之前访问。

例如:

```JavaScript
const pi = 3.14159;
pi = 42; //Error: Assignment to constant variable
const arr = [1, 2, 3];
```

```
arr.push(4); // 可以操作数组
arr = [4, 5, 6]; // Error：Assignment to constant variable
```

3. ES7 及更高版本特性

在 ES7 中，提出了对 let 和 const 的解构赋值。

例如：

```JavaScript
let [x, y] = [1, 2];
const { a, b } = { a: 1, b: 2 };
```

对于 const，ES7 引入了不可变性（immutable）的概念，可以使用第三方库（如 immutable. js）来创建不可变数据结构，以提高应用程序的性能和可维护性。

例如：

```JavaScript
const immutableList = Immutable.List([1, 2, 3]);
const newList = immutableList.push(4); // 创建一个新的不可变列表
```

总之，let 和 const 是 ES6 中引入的两种变量声明方式，它们在作用域和可变性方面与 var 有很大不同，能够提高代码的可读性和可维护性。在 ES7 及更高版本中，还引入了一些额外的语法特性来增强这两个关键字的功能。

19.2　箭头函数

ES6 是 JavaScript 的一个重要更新，引入了许多新特性和语法改进，其中之一就是箭头函数。ES6 及更高版本的 JavaScript 在语法和功能上都引入了箭头函数，它们提供了一种更简洁的函数声明语法，并且具有一些独特的特性。以下是箭头函数的详细介绍。

1. 基本语法

箭头函数使用箭头符号（=>）来定义函数，语法如下：

```JavaScript
（参数）=>表达式
```

其中，参数可以是任意数量的参数，用括号包围起来，或者可以省略括号，如果只有一个参数；函数体中可以包含一个表达式，它会被计算并返回作为函数的结果。如果函数体需要多个语句，则需要用大括号包裹，并且需要使用 return 关键字来返回值。

2. 没有自己的 this

箭头函数没有自己的 this 上下文，它们会捕获包围作用域的 this 值。这使得箭头函数在某些情况下更容易处理上下文问题。

3. 没有自己的 arguments

同样，箭头函数也没有自己的 arguments 对象，它们会捕获包围函数的 arguments 对象。

1）基本的箭头函数

JavaScript
```javascript
// 传统函数
function add(a, b) {
  return a + b;
}


// 箭头函数
const addArrow = (a, b) => a + b;

console.log(add(2, 3));        // 输出 5
console.log(addArrow(2, 3));   // 输出 5
```

2）没有参数的箭头函数

JavaScript
```javascript
const greet = () => "Hello, World!";
console.log(greet()); // 输出"Hello, World!"
```

3）捕获外部 this 的值

JavaScript
```javascript
function Counter() {
  this.count = 0;
  setInterval(() => {
    this.count + + ;
    console.log(this.count);
  }, 1000);
}


const counter = new Counter();
```

4）与高阶函数结合使用

JavaScript
```javascript
const numbers = [1, 2, 3, 4, 5];


const doubled = numbers.map((num) => num * 2);
console.log(doubled); // 输出[2, 4, 6, 8, 10]
```

箭头函数的简洁语法和对上下文的处理使其在许多情况下成为编写清晰、简洁代码的好选择，但请注意，它们并不适用于所有情况。例如，当需要使用 function 声明来创建具有自己

this 和 arguments 上下文的函数时，箭头函数不适用。因此，在使用箭头函数时，请根据具体情况进行选择。

19.3 Promise 与 async/await

JavaScript 的 ES6 及更高版本引入了一些重要的特性，其中包括 Promise 和 async/await，它们旨在更好地处理异步编程，使代码更清晰和可维护。下面将详细介绍这些特性。

1. Promise

Promise 是一种表示异步操作的对象，它有三种状态：pending（等待中）、fulfilled（已完成）、rejected（已拒绝）。Promise 用于处理回调地狱（callback hell）问题，使异步代码更具可读性和可维护性。

1）创建 Promise

通过 Promise 构造函数，创建一个 Promise 对象，通常，它接受一个执行异步操作的函数作为参数。这个函数通常包含两个参数：resolve（成功时调用的函数）和 reject（失败时调用的函数）。

```JavaScript
const myPromise = new Promise((resolve, reject) => {
  // 异步操作
  if (/* 操作成功 */) {
    resolve("成功的结果");
  } else {
    reject("失败的原因");
  }
});
```

2）使用 Promise

一旦创建了 Promise 对象，可以使用.then()和.catch()方法来处理其状态变化。

```JavaScript
myPromise()
  .then(result => {
    console.log(result); // 处理成功的情况
  })
  .catch(error => {
    console.error(error); // 处理失败的情况
  });
```

3）Promise 链

可以使用.then()方法来构建 Promise 链，每个.then()返回一个新的 Promise，可以继续处理。

JavaScript

```
myPromise()
  .then(result = >{
    // 处理成功的情况
    return result + " 进一步处理";
  })
  .then(result = >{
    console.log(result); // 输出"成功的结果 进一步处理"
  })
  .catch(error = >{
    console.error(error); // 处理失败的情况
  });
```

2. async/await

async/await 是 ECMAScript 2017(ES8)引入的语言特性,它们建立在 Promise 之上,使异步代码看起来更像同步代码,更容易理解和维护。

1)async 函数

async 关键字用于定义一个函数,该函数返回一个 Promise。在 async 函数内部,可以使用 await 关键字来等待其他 Promise 解决,而不需要使用.then()。

JavaScript

```
async function fetchData() {
  try {
    const result = await fetch("https://api.example.com/data");
    const data = await result.json();
    return data;
  } catch (error) {
    console.error(error);
    throw error;
  }
}
```

2)使用 async/await

在 async 函数内部使用 await,可以编写顺序代码,而不必嵌套多个.then()回调。

JavaScript

```
async function processAsyncData() {
  try {
    const data = await fetchData();
```

```
    console.log(data);
  } catch (error) {
    console.error("处理错误", error);
  }
}


processAsyncData();
```

3）错误处理

使用 try/catch 块可以轻松地捕获异步操作中的错误。

ES6 引入了 Promise，它是一种处理异步编程的更好方式，通过.then()和.catch()来处理异步操作的结果和错误。而 ES8 引入了 async/await，它基于 Promise，使异步代码更具可读性和可维护性，让代码看起来更像同步代码。这些特性使 JavaScript 更适合处理异步操作，提高了开发人员的生产效率和代码质量。

19.4　类装饰器与元编程

ES6 引入了许多新特性，其中包括类装饰器（class decorators）等。随后的 ES 版本也继续添加了一些有关元编程（metaprogramming）的功能。在 JavaScript 中，类装饰器和元编程可以更灵活地操作类和对象，以实现更高级的功能和模式。

1. ES6 及更高版本中的类

ES6 引入了类的概念，这是一种更容易理解和使用的对象构建方式。类是对象的蓝图，可以定义属性和方法。例如：

```JavaScript
class Person {
  constructor(name, age) {
    this.name = name;
    this.age = age;
  }

  greet() {
    console.log('Hello, my name is ${this.name} and I am ${this.age} years old.');
  }
}


const person = new Person('Alice', 30);
person.greet(); // 输出：Hello, my name is Alice and I am 30 years old.
```

2. 类装饰器

类装饰器是一种可以用来修改类或类成员（属性和方法）行为的特殊函数。类装饰器在类

定义之前被调用,并且可以用于扩展、修改或注入代码。装饰器的语法使用@符号。例如:

```JavaScript
function logClass(target) {
  console.log(target); //输出:[Function:MyClass]
  target.prototype.log = function () {
    console.log('Logging from ${this.constructor.name}');
  };
}

@logClass
class MyClass {
  //...
}

const obj = new MyClass();
obj.log(); //输出:Logging from MyClass
```

在这个示例中,@logClass 是一个类装饰器,它将 log 方法添加到了 MyClass 类的原型中。

3. 元编程

元编程是一种编写能够操作代码本身的代码的技术。在 JavaScript 中,元编程可以通过以下方式实现。

1)Reflect API

ES6 引入了 Reflect 对象,它提供了一组用于操作对象的方法,包括 Reflect.get、Reflect.set、Reflect.has 等,用于元编程。

2)Proxy

ES6 还引入了 Proxy 对象,它通过创建一个代理对象,可以拦截对象的操作,如属性的读取、写入、删除等,可以编写自定义行为来操作对象。

```JavaScript
const handler = {
  get(target, property) {
    console.log('Getting property: ${property}');
    return target[property];
  },
  set(target, property, value) {
    console.log('Setting property: ${property} to ${value}');
    target[property] = value;
  }
```

```
};

const obj = new Proxy({}, handler);
obj.name = "Alice"; // 输出：Setting property：name to Alice
console.log(obj.name); // 输出：Getting property：name, Alice
```

3）Symbol

ES6 引入了符号（Symbol），它是一种唯一的、不可变的数据类型，可以用于创建不会被意外覆盖的对象属性。符号在元编程中经常用于创建私有属性和方法。

```JavaScript
const privateVar = Symbol("private");

class MyClass {
  constructor() {
    this[privateVar] = "This is a private variable";
  }

  getPrivateVariable() {
    return this[privateVar];
  }
}

const obj = new MyClass();
console.log(obj.getPrivateVariable()); // 输出：This is a private variable
console.log(obj[privateVar]); // undefined
```

总之，ES6 及更高版本的 JavaScript 引入了类装饰器和元编程等特性，这些功能提供了更多的灵活性和强大的工具，使开发人员能够更容易地编写可维护、可扩展的代码，并且可以通过装饰器和元编程来定制和增强类的行为。这些功能对于构建复杂的应用程序和库非常有用。

19.5 习题

1. 什么是 ES6 中的 let 关键字的主要特点？
2. ES6 中，const 关键字有哪些主要特点？
3. 箭头函数的主要特点是什么？
4. Promise 有哪些状态？它们分别表示什么意思？
5. async/await 是 ES 的哪个版本引入的？它们的主要作用是什么？

第 20 章　DevTools

20.1　Element

Element 也称为 Vue.js Element UI,是一款流行的开源前端框架,专为构建现代化 Web 应用程序而设计。它是一个基于 Vue.js 的 UI 库,旨在帮助开发人员轻松构建美观、响应式和功能丰富的用户界面。Element 提供了一套丰富的 UI 组件、工具和资源,使开发人员能够更快速、更高效地构建出色的 Web 应用程序。以下是关于 Element 的详细介绍。

(1) Vue.js 基础。Element 是基于 Vue.js 构建的,Vue.js 是一个流行的 JavaScript 框架,用于构建用户界面。这意味着 Element 继承了 Vue.js 的许多优点,如轻量级、易学易用和高度可扩展性。

(2) 丰富的 UI 组件。Element 提供了大量的 UI 组件,包括按钮、表单控件、导航菜单、对话框、表格、图表等。这些组件都经过精心设计和开发,以满足各种应用程序的需求,并具有一致的外观和风格。

(3) 响应式设计。Element 的 UI 组件是响应式的,能够适应不同屏幕尺寸和设备类型,可以轻松构建适用于桌面、平板和移动设备的应用程序,而不必担心布局问题。

(4) 主题定制。Element 允许开发人员根据项目需求定制主题,可以轻松更改颜色、字体和其他样式属性,以创建符合品牌标识的用户界面。

(5) 国际化支持。Element 支持多种语言,能够构建全球化的应用程序。它提供了多语言文本和日期格式化功能,以满足不同地区和语言的用户需求。

(6) 丰富的文档和社区支持。Element 拥有详细的官方文档,包括示例和教程,可帮助开发人员更快速地上手。此外,它拥有庞大的社区,开发人员可以在社区中获取支持、提出问题并分享经验。

(7) 生态系统。Element 不仅仅是一个 UI 库,还有一整套生态系统,包括 Element Plus(一个升级版的 Element)、Element Admin(一个后台管理模板)、Element Desktop(基于 Electron 的桌面应用程序框架)等。这些工具和资源可以构建各种类型的应用程序。

(8) 性能优化。Element 经过优化,具有出色的性能。它采用了虚拟 DOM 和懒加载等技术,以确保应用程序在大规模数据和复杂场景下仍然能够快速响应。

(9) 安全性。Element 关注安全性,并提供了一些安全性特性,如 XSS(跨站点脚本攻击)防护和 CSRF(跨站点请求伪造)防护。

(10) 持续更新。Element 团队不断改进和更新框架,以适应不断变化的 Web 开发需求和最新的前端技术。

总之,Element 是一个功能强大、灵活且易于使用的前端框架,适用于各种 Web 应用程序开发项目。它的丰富组件库、响应式设计、主题定制、国际化支持和优秀的性能使开发人员能够构建出色的用户界面，而且它的广泛社区支持确保用户可以获得必要的帮助和资源。无论是刚开始学习前端开发还是经验丰富的开发人员，Element 都是一个值得考虑的工具，可提高开发效率并构建出色的 Web 应用程序。

20.2　Element 状态

Element 状态通常是指在 Web 开发和调试中，用于描述网页上某个 DOM 元素的各种属性和状态信息的一种工具或机制。这些状态信息可以帮助开发人员更好地理解和调试网页的行为，从而更容易解决问题和优化性能。在开发者工具（DevTools）中，Element 状态是一个关键功能，它允许开发人员深入了解和操作网页上的元素。Element 状态包括但不限于以下方面的信息。

（1）DOM 结构信息。Element 状态会显示元素在文档对象模型（DOM）中的位置，包括父元素、子元素和兄弟元素。这有助于开发人员了解页面的层次结构，特别是在处理复杂的布局时。

（2）CSS 属性。Element 状态可以查看元素的 CSS 属性，包括样式规则、类名、ID、内联样式等。这能够迅速了解元素的外观和样式设置。

（3）事件监听器。Element 状态还会列出与元素相关的事件监听器，这些监听器会在特定事件（如鼠标点击、键盘敲击等）发生时触发。这有助于开发人员跟踪事件处理逻辑。

（4）数据属性。某些开发人员会使用 HTML5 的 data-* 属性将自定义数据存储在元素上，以便在 JavaScript 中访问。Element 状态可以显示这些自定义数据属性，以便开发人员可以在脚本中使用它们。

（5）计算样式。除了基本的 CSS 属性之外，Element 状态还会显示计算样式，这是元素在继承、外部样式表和内联样式等多个因素影响下的最终样式。这有助于确定特定属性的实际值。

（6）Box 模型信息。Element 状态还包括元素的盒模型信息，包括内边距、边框、外边距以及宽度和高度等。这对于调整元素的布局和位置非常重要。

（7）元素状态类。有些开发工具可能还会显示有关元素状态的类信息，例如是否处于激活、禁用或选中状态。这在处理表单元素等交互性元素时非常有用。

Element 状态是 Web 开发过程中的一个强大工具，它使开发人员能够深入了解页面的结构和样式，同时还可以查看与元素相关的事件处理和数据。这有助于调试和优化代码，解决布局问题，确保页面在不同设备和浏览器中的一致性，并提高用户体验。开发者可以使用浏览器的开发者工具（通常是在浏览器中右键单击元素并选择"检查"来访问 Element 状态）来查看和操作元素状态，以便更轻松地进行 Web 开发和调试工作。无论你是初学者还是经验丰富的开发人员，了解如何使用 Element 状态都是 Web 开发中的一个重要技能。

20.3　如何快速定位 Element

在使用 DevTools 来快速定位网页元素时，有一些方法和技巧可以有效地进行元素定位和调试。以下是一些常见的技巧，以更好地使用 DevTools 来定位元素。

（1）打开 DevTools。首先，确保已经打开了浏览器的开发者工具，可以通过按下键盘上的 F12 键或右键单击网页并选择"检查元素"来快速打开 DevTools。

（2）Elements（元素）面板。进入 DevTools 后，默认会打开 Elements（元素）面板，这是定位元素的主要工作区域。在这个面板中，可以看到 HTML 文档的 DOM 结构，它显示了网页上的所有元素。

（3）搜索元素。可以使用 Elements 面板右上角的搜索框来查找特定的元素。只需输入元素的标签名、类名、ID 或其他属性，DevTools 将会高亮显示匹配的元素，帮助你快速定位。

（4）鼠标悬停。将鼠标悬停在 Elements 面板中的元素上时，页面上对应的元素将会被突出显示。这是一个快速识别元素的方法，特别是在复杂的页面结构中。

（5）DOM 树。在 Elements 面板中，可以展开和折叠 DOM 树来浏览网页的结构。点击三角形图标可以展开或收起子元素，以便更好地定位目标元素。

（6）控制台。控制台面板可以用于执行 JavaScript 代码，可以使用 JavaScript 来与网页交互并定位元素。例如，可以使用 document.querySelector() 函数来选择元素。

（7）预览元素样式。在 Elements 面板中，右侧会显示元素的样式，包括 CSS 规则和计算后的样式。可以在这里预览元素的样式，以确保选择了正确的元素。

（8）修改元素属性。在 Elements 面板中，可以直接编辑元素的属性。这对于快速测试和调试 CSS 样式非常有用。双击属性值即可进行编辑。

（9）使用选择工具。DevTools 提供了一个选择工具（通常是一个箭头图标），它可以帮助你点击页面上的元素，然后在 Element 面板中高亮显示所选元素的代码。

（10）使用 Console 命令。DevTools 的 Console 面板可以使用各种命令来操作页面元素，如 $() 和 $$() 来选择元素。例如，$$(".classname")将选择所有具有特定类名的元素。

（11）监控变化。在 Elements 面板中，可以右键点击一个元素并选择"Break on"来设置断点，以便在元素被修改时立即暂停执行，这有助于捕获元素属性的变化。

（12）快捷键。了解一些 DevTools 的快捷键可以加快元素定位的速度。例如，使用 Ctrl/Cmd＋F 可以打开搜索框，使用 Ctrl/Cmd＋Shift＋C 可以切换到选择工具等。

（13）Network（网络）面板。有时候元素可能是通过网络请求加载的，可以使用 Network 面板来查看这些请求，并查找相应的资源。

（14）Application（应用程序）面板。如果需要查看页面的本地存储、Cookie 或其他应用程序数据，可以使用 Application 面板。

通过使用以上这些技巧，可以更加高效地使用 DevTools 来定位网页元素。不同的情况可能需要不同的方法，但这些基本技巧应该能够帮助用户在开发和调试的过程中轻松地定位和操作元素。

20.4　DOM 断点

DOM 断点是 Web 开发者工具中的一个重要功能，它允许开发者在网页的文档对象模型（DOM）上设置断点，以便在特定的 DOM 操作或事件触发时暂停 JavaScript 执行，从而帮助开发者更轻松地调试和定位问题。DOM 断点是 Web 开发的有力工具，下面将详细介绍它的重要性和用法。

1. 什么是 DOM？

DOM 是文档对象模型的缩写，它是一种用于表示和操作 HTML 和 XML 文档的编程接口。在网页上，DOM 由浏览器创建，它以树形结构的方式表示网页的结构和内容。开发者可以使用 JavaScript 来访问和修改 DOM，以实现动态网页交互和内容更新。因此，DOM 在 Web 开发中扮演了至关重要的角色。

2. 为什么需要 DOM 断点？

在开发 Web 应用程序时，经常需要检查 DOM 的状态和行为，以确保它们与预期一致。DOM 断点是一个强大的工具，可以帮助开发者在运行时观察和调试 DOM 的变化。以下是一些 DOM 断点的常见用途。

（1）发现 DOM 更改问题。当 DOM 元素的状态或内容在页面加载后发生意外更改时，开发者可以使用 DOM 断点来捕获这些更改并调查其原因。

（2）跟踪事件触发。DOM 断点可以帮助开发者查看何时触发了特定的 DOM 事件，以便调试与事件相关的问题。

（3）检查异步操作。在执行异步操作后，开发者可以使用 DOM 断点来检查 DOM 是否已经更新，以确保异步操作执行正确。

（4）调试动画和效果。对于使用 CSS 和 JavaScript 创建的动画和效果，DOM 断点可以帮助开发者在动画运行期间观察和调试 DOM 的变化。

3. 如何使用 DOM 断点？

使用 DOM 断点通常需要打开浏览器的开发者工具。下面是使用 DOM 断点的一般步骤。

（1）打开开发者工具。通常，可以按 F12 或 Ctrl＋Shift＋I（在大多数浏览器中）来打开开发者工具。

（2）导航到 elements（元素）面板可在开发者工具中，切换到"elements"或"元素"选项卡，以查看网页的 DOM 结构。

（3）选择要设置断点的 DOM 元素。在 elements 面板中，找到想要设置断点的 DOM 元素，右键点击该元素，并选择"Break on..."选项。

（4）选择断点类型。选择要设置的断点类型，通常有以下几种选项。

①subtree modifications（子树修改）：当选定的 DOM 元素或其子元素发生任何更改时暂停。

②attribute modifications（属性修改）：当选定的 DOM 元素的属性发生更改时暂停。

③node removal（节点移除）：当选定的 DOM 元素或其子元素被删除时暂停。

（5）执行操作触发断点。执行导致断点条件满足的操作。例如，如果设置了"Subtree Modifications"断点，那么当选定的 DOM 元素或其子元素发生修改时，JavaScript 执行将暂停，以便检查 DOM 的状态。

4. DOM 断点示例

以下是一些 DOM 断点的示例情景。

（1）表单验证失败。若正在开发的表单验证逻辑出现问题，导致提交失败，可以设置断点以查看表单提交按钮的点击事件，以便找到验证失败的原因。

（2）动态内容加载。网站使用 Ajax 或 JavaScript 来加载动态内容，但内容未正确显示，通过设置 DOM 断点，可以捕获内容加载并检查它是否正确插入到 DOM 中。

（3）UI 组件交互。当用户与 UI 组件（如模态框、下拉菜单等）交互时，可以设置断点以观察 DOM 的更改，确保 UI 组件的行为正常。

（4）响应式设计。在开发响应式网页时，可以使用 DOM 断点来检查页面在不同屏幕尺寸下的 DOM 变化，以确保网页在各种设备上正常工作。

DOM 断点可以帮助开发者更轻松地调试和定位与 DOM 操作和事件相关的问题。通过设置断点，开发者可以监视 DOM 的变化，并在需要时暂停 JavaScript 执行，以便检查 DOM 的状态和行为。这是 Web 开发中不可或缺的工具，有助于提高开发效率和网页质量。通过了解和熟练使用 DOM 断点，开发者可以更好地理解和掌握自己的网页项目。

20.5　事件查看

事件查看（event viewer）是浏览器开发者工具（DevTools）中的一个重要功能，它提供了一种强大的方式来监视和调试网页中发生的各种事件。通过事件查看，开发人员可以实时跟踪网页上的事件触发，从而更好地了解和分析应用程序的行为。下面将深入探讨事件查看的各种功能和用途，以及如何在开发过程中有效地利用它。

1. 事件查看的基本概念

事件查看是浏览器开发者工具的一部分，可以通过快捷键（F12 或 Ctrl＋Shift＋I）或浏览器菜单来打开。一旦打开了 DevTools，可以切换到"事件查看"面板，其位于其他面板（如元素检查、控制台等）旁边。在事件查看中，将看到一个实时的事件流列表，其中包括网页中发生的各种事件，如鼠标点击、键盘输入、网络请求、DOM 变更等。

2. 监视不同类型的事件

事件查看允许选择要监视的事件类型，这使得它非常灵活，可以适应不同的调试需求。以下是一些常见的事件类型，可以在事件查看中监视它们。

（1）鼠标事件。

①鼠标点击。

②鼠标移动。

③鼠标悬停。

（2）键盘事件。

①键盘按键。

②键盘释放。

（3）网络事件。

①请求开始和结束。

②请求成功和失败。

③WebSocket 通信。

（4）DOM 事件。

①元素创建和销毁。

②属性更改。

③表单提交。

(5)计时事件。

①定时器触发。

②requestAnimationFrame。

3. 事件查看的用途

事件查看在开发过程中有多种用途,以下是其用途一些重要的方面。

1)调试用户交互

通过监视鼠标和键盘事件,开发人员可以追踪用户与网页的交互。这对于解决用户界面问题、改进用户体验和修复用户反馈的问题非常有帮助。例如,开发人员可以查看用户点击按钮时是否触发了正确的事件处理程序。

2)分析性能问题

事件查看可以用于分析网页的性能问题,特别是与网络请求和 DOM 操作相关的问题,可以查看网络请求的时间线,以识别慢速请求或大量的请求。此外,事件查看还可以监视 DOM 更改事件,以了解是否存在意外的 DOM 更新。

3)监视事件处理程序

如果想确保网页上的事件处理程序按预期工作,事件查看是一个有用的工具。它可以检查事件监听器的注册和触发情况。

4)跟踪用户行为

事件查看还可以用于跟踪用户在网页上的行为,这对于用户分析和用户行为研究非常有用,通过查看用户在网页上的点击、滚动和输入等行为,了解他们在网页上的实际使用情况。

4. 高级功能和过滤器

事件查看通常提供了高级功能,以帮助开发人员更轻松地分析事件流。这些功能主要包括以下几个方面。

1)过滤器

过滤器可用来筛选事件流,只显示开发人员感兴趣的事件类型或特定源的事件,可以减少信息的混乱,使开发人员能够更精确地分析问题。

2)事件时间轴

事件时间轴显示了事件的时间线,让开发人员可以可视化地查看事件的发生顺序和时间间隔。这对于分析性能问题和事件之间的因果关系非常有帮助。

3)断点

类似于调试器中的断点,事件查看允许开发人员设置事件断点,以在特定事件触发时暂停执行并检查状态。这对于调试复杂的事件处理程序非常有用。

事件查看是浏览器开发者工具中的一个强大功能,它提供了实时监视和调试网页事件的能力。通过监视各种事件类型,开发人员可以解决用户界面问题、分析性能瓶颈、监视事件处理程序等任务。通过使用高级功能,如过滤器、事件时间轴和断点,开发人员可以更有效地利用事件查看来提高开发工作的效率。无论是前端开发人员还是网页性能优化专家,事件查看都是一个不可或缺的工具,帮助创建更出色的网页应用程序。

20.6　网络请求查看

网络请求查看是现代 Web 开发中至关重要的工具之一,它通常集成在浏览器的开发者工具中,如 Chrome DevTools、Firefox Developer Tools 和 Edge DevTools 中。这个工具可以帮助开发人员监控和分析网站或应用程序的网络请求,以便更好地理解和优化页面加载性能、诊断问题、调试代码和确保网站正常运行。下面将详细介绍网络请求查看的功能和用法。

1. 打开开发者工具

要开始使用网络请求查看,首先需要打开浏览器的开发者工具,通常可以通过按下 F12 键或右键点击页面并选择“检查”来访问它。开发者工具中的选项包括“Elements”(元素)、“Console”(控制台)、“Sources”(源代码)等。要进入网络请求查看,点击顶部导航栏中的“Network”(网络)选项卡。

2. 监控网络请求

一旦进入网络请求查看,将能够实时监控所有与当前页面相关的网络请求。这些请求包括 HTML、CSS、JavaScript、图像、API 调用和其他资源的请求。每个请求都会以列表的形式显示,可以通过不同的列标题来排序和过滤请求。

3. 请求详细信息

点击列表中的任何一个请求,将能够查看有关该请求的详细信息。这些信息通常包括以下几方面。

(1)Headers(请求头)。这里列出了 HTTP 请求的头部信息,包括 User-Agent、Accept、Cookie 等。这对于检查请求的来源和参数非常有用。

(2)Preview(预览)。可以在这里查看请求返回的内容的预览。例如,如果请求是 JSON 数据,可以在这里看到 JSON 对象的结构和一些示例数据。

(3)Response(响应)。这里显示了完整的响应内容,包括 HTML、CSS、JavaScript 代码或其他资源的内容,可以在这里查看资源的原始代码。

(4)Timing(时间信息)。这些信息显示了请求的各个阶段所花费的时间,包括 DNS 解析、TCP(transmission control protocol,传输控制协议)连接、SSL 握手、发送和接收时间等。

4. 过滤和搜索

网络请求查看通常提供了强大的过滤和搜索功能,可以快速定位特定类型的请求或特定的资源,并根据不同的条件过滤请求,如请求类型(XHR、Fetch、Document 等)、文件类型(HTML、CSS、JS、Image 等)、响应状态码(200、404、500 等)等。

5. Performance(性能)

网络请求查看还可以与性能分析工具结合使用,以帮助评估页面加载性能,可以在这里查看每个请求的时间线,以确定哪些请求是页面加载时间的主要瓶颈。这有助于优化网站的性能,提高用户体验。

6. 断点调试

除了监控和分析网络请求，网络请求查看可以与调试工具结合使用，以诊断和修复前端代码中的问题，还可以设置断点，以在特定请求或代码执行时暂停并检查变量、调用堆栈等信息。

7. 导出数据

如果需要与团队成员分享网络请求数据或进一步分析，通常可以将请求数据导出为 HAR（HTTP archive）文件。HAR 文件包含了与页面加载相关的所有网络请求信息，包括请求头、响应、时间线等，可以在其他工具中进行分析。

网络请求查看是 Web 开发中的一个强大工具，它可以帮助开发人员监控、分析和优化页面加载性能，诊断问题，调试代码，并确保网站或应用程序正常运行。通过深入了解每个请求的详细信息，可以更好地理解页面的工作原理，提高开发效率，并提供更好的用户体验。

20.7　缓存查看

缓存查看是 Web 开发中的一个重要工具，它通常集成在浏览器的开发者工具中，用于分析和管理网页的缓存数据。下面将详细介绍缓存查看工具的功能和用途，以及如何利用它来提高网页性能。

1. 缓存的基本概念

缓存是一种存储机制，用于临时存储数据，以便将来能够更快地访问。在 Web 开发中，浏览器使用缓存来存储网页的资源，如 HTML、CSS、JavaScript 文件、图像和其他静态资源。这有助于提高网页加载速度，减少对服务器的请求，从而提供更好的用户体验。

2. 缓存查看的作用

缓存查看工具的主要作用是帮助开发者深入了解网页的缓存行为。以下是它的一些主要用途。

1）查看缓存状态

开发者可以使用缓存查看工具来查看特定资源是否已缓存与缓存的详细信息，如缓存类型、过期时间等。这对于确保网页资源按预期进行缓存非常重要。

2）强制刷新

有时，开发者需要强制浏览器忽略缓存并重新加载资源，以查看最新的更改。缓存查看工具通常提供了一个"强制刷新"选项，可让开发者轻松执行此操作。

3）缓存调试

当开发者遇到缓存相关的问题时，如资源未正确更新或缓存导致的错误，缓存查看工具可以帮助他们诊断和解决问题。通过查看缓存的详细信息，开发者可以确定问题的根本原因，并采取适当的措施来修复它们。

4）性能优化

了解网页的缓存策略和性能对于优化网页至关重要。缓存查看工具可以帮助开发者分析哪些资源被缓存，哪些没有，以及如何改进缓存策略，以提高网页的加载速度。

3.使用缓存查看工具

下面介绍如何使用缓存查看工具来实现上述目标。

1）打开开发者工具

首先,打开 Web 浏览器(如 Chrome、Firefox、Edge 等),然后导航到想要查看缓存的网页。按键盘上的 F12 键或右键单击页面上的任何位置,然后选择"检查"或"检查元素"来打开开发者工具。

2）导航到缓存查看选项卡

在开发者工具中,通常会有一个名为"网络"或"资源"或"应用程序"的选项卡。不同的浏览器可能会有不同的标签名称,但它们通常用于查看网页资源和缓存信息。点击该选项卡以进入资源查看模式。

3）查看缓存信息

一旦进入资源查看模式,可以在左侧面板或选项卡中找到一个名为"缓存"或"缓存存储"或类似的选项,点击后将看到网页的缓存资源列表。这里通常包括 HTML、CSS、JavaScript 文件等。

4）查看缓存详细信息

点击特定的缓存资源,将能够查看有关该资源的详细信息,包括缓存类型、缓存状态、过期时间等。这些信息对于调试和优化非常有用。

5）强制刷新

有时可能需要强制浏览器忽略缓存并重新加载资源,通常在资源查看模式中可以找到一个"禁用缓存"或"强制刷新"选项,可以执行此操作。

缓存查看是 Web 开发中的一个关键工具,它帮助开发者管理和优化网页的缓存数据。通过查看缓存状态、调试缓存问题和优化性能,开发者可以确保其网站以最佳方式提供给用户。了解如何使用缓存查看工具是每个 Web 开发者的基本技能之一,它有助于构建更快、更可靠的网页应用程序。

20.8　Debugger

Debugger 是一种强大的开发工具,通常嵌入在现代 Web 浏览器的开发者工具中,用于帮助开发人员诊断和调试 JavaScript 代码。Debugger 是 Web 开发的关键组成部分,允许开发人员在代码执行过程中暂停、检查变量、观察调用堆栈和逐步执行代码。下面将详细介绍 Debugger 的各个方面,以便更好地理解其功能和用途。

1. Debugger 的作用

Debugger 的主要作用是帮助开发人员发现和解决 JavaScript 代码中的错误和问题。它允许开发人员在代码执行过程中插入断点,以便在特定位置暂停代码执行,并观察代码的状态和行为。

1）断点设置和管理

开发人员可以在代码中的特定行上设置断点,这样当代码执行到该行时,执行会自动暂停。这有助于查找代码中的错误，了解程序的执行流程，以及检查变量的值。

2）变量查看和监控

Debugger 允许开发人员查看和监控变量的值。这对于识别变量值的变化和问题的根本原因非常有用。开发人员可以查看局部变量、全局变量和闭包变量。

3）调用堆栈跟踪

调用堆栈跟踪是 Debugger 的一项重要功能，它显示了函数调用的层次关系。这对于追踪代码执行的路径，以及查找错误的来源非常有帮助。

4）单步执行

Debugger 允许开发人员逐步执行代码，逐行浏览和执行代码。这有助于详细了解代码的执行过程，并在必要时进行修复。

5）监控网络请求

一些调试工具还允许开发人员监控网络请求，包括请求和响应的详细信息。这对于查找网络问题和性能优化非常有用。

6）性能分析

一些 Debugger 工具提供性能分析功能，用于识别代码中的性能瓶颈，并帮助开发人员进行优化。

2. Debugger 的使用

Debugger 通常内置在现代 Web 浏览器的开发者工具中。要使用 Debugger，开发人员可以按照以下步骤进行操作。

1）打开开发者工具

在大多数现代浏览器中，可以通过按下 F12 键或右键单击页面并选择"检查"来打开开发者工具。然后，切换到"控制台"或"调试"选项卡。

2）导航到源代码

在开发者工具中，通常有一个"源代码"或"调试"选项卡，其中包含网页的 JavaScript 代码。在此选项卡中，可以查看和编辑页面的 JavaScript 代码。

3）设置断点

在源代码中，单击代码行号旁边的空白区域，可以设置断点。断点将在该行处出现一个小圆点，表示代码执行将在此暂停。

4）启动代码执行

刷新页面或触发与 JavaScript 相关的事件，以启动代码执行。当代码执行到设置的断点时，会自动暂停。

5）使用调试功能

一旦代码暂停，开发人员可以使用调试功能，如单步执行、查看变量、查看调用堆栈等，以分析代码的行为和状态。

6）解决问题

通过观察变量、调用堆栈和代码执行路径，开发人员可以识别并解决代码中的问题。

3. 常见 Debugger 工具

不同的浏览器提供不同的 Debugger 工具，但它们通常具有类似的功能。以下是一些常见的 Debugger 工具。

1）Chrome DevTools

Google Chrome 浏览器的开发者工具是最常用的 Debugger 之一。它提供了强大的调试功能，包括单步执行、变量查看、网络监控和性能分析。

2）Firefox Developer Tools

Mozilla Firefox 浏览器的开发者工具也提供了类似的功能，包括断点设置、单步执行和网络分析。

3）Microsoft Edge DevTools

Microsoft Edge 浏览器的开发者工具也具备调试功能，与 Chrome DevTools 类似。

4）Safari Web Inspector

Safari 浏览器的 Web Inspector 是苹果公司提供的调试工具，可用于调试 JavaScript 代码。

Debugger 是 Web 开发中不可或缺的工具，它有助于开发人员诊断和调试 JavaScript 代码，从而提高代码质量和开发效率。通过设置断点、查看变量、监控调用堆栈和单步执行，开发人员可以深入了解代码的执行过程，并迅速解决问题。不同的浏览器提供不同的 Debugger 工具，但它们都具备类似的核心功能，可供开发人员使用。因此，熟练掌握 Debugger 是每个 Web 开发人员的重要技能之一，可以帮助他们构建高质量的 Web 应用程序。

20.9　习题

1. 在网页开发中，DOM 的英文全称是（　　　）。
   A. document object model
   B. display object model
   C. data object model
   D. document observation model
2. 在开发中，在特定的 DOM 事件发生时暂停 JavaScript 执行应该使用（　　　）。
   A. DOM 监听器　　B. DOM 断点　　　C. DOM 过滤器　　D. DOM 捕获器
3. 请简要说明在浏览器开发工具中如何查看网络请求。

第 21 章　网页优化

21.1　浏览器缓存机制

浏览器缓存机制是网页性能优化中的关键组成部分,它有助于加快网页加载速度,降低网络流量消耗,提升用户体验。下面将详细介绍浏览器缓存的工作原理、不同类型的缓存及一些最佳实践。

1. 缓存概述

浏览器缓存是指浏览器保存副本(如网页资源)的一种机制,以便在后续访问相同资源时可以更快地加载,而不必重新从服务器下载。这有助于减少服务器负载,提高网站性能,同时也减少了用户等待页面加载的时间。

2. 缓存类型

浏览器缓存主要分为本地缓存和服务器缓存两种类型。

1)本地缓存

(1)内存缓存(memory cache)。存储在浏览器的内存中,加载速度非常快,但生命周期短暂,通常在页面关闭后会被清除。

(2)硬盘缓存(disk cache)。将资源保存在磁盘上,生命周期较长,即使关闭浏览器后仍然可用。这通常是 HTTP 缓存的主要形式。

2)服务器缓存

(1)代理服务器缓存。代理服务器位于浏览器和服务器之间,可以缓存资源,以减轻服务器负担,提高响应速度。

(2)CDN 缓存。内容分发网络(comtent delivery network,CDN)服务提供商通常在全球各地部署缓存服务器,以在用户就近访问时提供更快的内容传输。这也被视为一种服务器缓存。

3. 缓存控制策略

浏览器通过 HTTP 头来控制缓存,以下是一些常见的 HTTP 头,用于控制缓存行为。

(1)Expires。它指定资源的过期日期和时间,告诉浏览器何时应该再次请求资源。

(2)Cache-Control。它是更为灵活的控制缓存策略的头部,包括 no-cache、no-store、max-age 等指令。

(3)Last-Modified。它是以指示资源的最后修改日期,用于检查资源是否已更改。

(4)ETag。它用于标识资源的唯一标识符,如果资源发生变化,ETag 将改变,浏览器可以使用它来验证资源的完整性。

4. 缓存的工作流程

浏览器缓存的工作流程通常包括以下几个方面。

（1）当用户访问一个网页时，浏览器会检查本地缓存，看是否有已经存储的副本。

（2）如果本地缓存中有副本，浏览器将检查缓存控制头部，如 Expires、Cache-Control，以确定是否可以使用缓存，或者是否需要向服务器验证资源的有效性。

（3）如果可以使用缓存，浏览器将直接从本地缓存加载资源，加快页面加载速度。

（4）如果需要验证资源的有效性，浏览器将向服务器发送请求，携带 If-Modified-Since 或 If-None-Match 等头部，服务器会比较资源的最后修改时间或 ETag 与请求头中的值，然后返回 304 Not Modified 或新的资源，取决于资源是否已更改。

（5）如果资源已更改，浏览器将下载新资源并存储在缓存中，以备将来使用。

5. 最佳实践

为了充分利用浏览器缓存机制，开发者可以采取以下最佳实践。

（1）使用适当的缓存控制头部，如 Cache-Control 和 Expires，以指导浏览器缓存策略。

（2）使用文件指纹（fingerprinting）或版本号，以确保资源文件在更改后其 URL 也会改变，以避免旧版本的资源被缓存。

（3）合并和压缩 CSS 和 JavaScript 文件，减少请求次数和资源大小。

（4）使用 CDN 服务，以加速全球用户访问速度，并降低服务器负载。

（5）定期评估和优化缓存策略，以确保资源的更新能够及时传送给用户。

总之，浏览器缓存机制是网站性能优化的关键组成部分，通过合理配置缓存策略和遵循最佳实践，可以显著提高网页加载速度，减少服务器压力，提供更好的用户体验。开发者应该深入了解缓存机制并根据项目需求进行合适的配置。

21.2　浏览器渲染原理

浏览器渲染原理是理解 Web 浏览器如何处理和呈现网页内容的关键概念。浏览器渲染过程涉及多个步骤，从 HTTP 请求到最终页面的呈现，其中包括 HTML 解析、CSS 解析、渲染树构建、布局和绘制等步骤。以下是关于浏览器渲染原理的详细解释。

1. HTTP 请求和响应

渲染过程的起点是用户在浏览器中输入 URL 或点击链接，触发浏览器向 Web 服务器发送 HTTP 请求。服务器响应请求，通常包括 HTML、CSS、JavaScript 和其他资源。

2. HTML 解析

一旦浏览器接收到 HTML 响应，它会开始解析 HTML 文档。解析的目标是构建一个 DOM（文档对象模型），它是页面的内存表示形式，由树状结构的元素节点组成，反映了 HTML 文档的结构。

3. CSS 解析

同时，浏览器也会解析 CSS 文件。这是为了构建 CSS 对象模型（CSS object model, CSSOM），它描述了页面上每个元素的样式信息。

4. 渲染树构建

一旦 DOM 和 CSSOM 都构建完成，浏览器将它们合并以创建渲染树（render tree）。渲染树是 DOM 的一个子集，其中包括需要在页面上呈现的可见元素，忽略了不可见的元素（如 display 属性设置为"none"的元素）。

5. 布局（layout）

渲染树的下一步是计算每个元素在屏幕上的确切位置和尺寸。这个过程被称为布局或回流（reflow），浏览器需要考虑文档的结构和所有 CSS 规则以确定每个元素的准确位置。这通常涉及计算盒模型（box model）和处理浮动元素等。

6. 绘制（painting）

一旦布局完成，浏览器就可以开始绘制页面了。这个过程涉及将每个元素的内容绘制到屏幕上的对应位置。浏览器使用图形库来完成这项任务。

7. 合成（compositing）

在绘制完成后，如果页面包含多个图层（通常由 CSS 属性如 z-index 和 position：absolute 控制），浏览器会将这些图层合成为一个最终的屏幕图像。这个过程被称为合成，它可以提高性能并允许浏览器执行硬件加速。

8. 呈现页面

最后，浏览器将呈现树（render tree）中的最终图像显示在用户的屏幕上，用户可以看到完整的网页。

9. 交互与事件处理

一旦页面呈现完成，浏览器会等待用户的交互。浏览器还会处理事件，如用户的点击、滚动和键盘输入，并触发 JavaScript 代码的执行以响应这些事件。

10. 动态更新

如果页面包含动态内容，如通过 JavaScript 加载的数据或用户与页面的交互导致的变化，浏览器会重新运行上述渲染过程的一部分，以更新页面的呈现。

总之，浏览器渲染原理是一个复杂的多阶段过程，从 HTTP 请求到最终页面呈现。它涉及 HTML 和 CSS 解析、DOM 和 CSSOM 构建、渲染树构建、布局、绘制和合成等步骤。理解这些步骤可以帮助开发人员更好地优化网页性能和用户体验。浏览器的每个步骤都需要高度的计算和协调，以确保页面能够快速且正确地呈现给用户。

21.3　浏览器安全防范

随着互联网的普及，浏览器已成为我们日常生活中不可或缺的工具之一。我们使用浏览器来访问网站、发送电子邮件、在线购物、社交媒体互动等。然而，正是因为浏览器在我们的生活中扮演着如此重要的角色，它也成为网络攻击者的主要目标之一。因此，浏览器安全防范变得至关重要，以保护我们的个人信息、财产和数字隐私。下面将探讨浏览器安全防范的重要性及一些保护措施，以确保我们的数字生活更加安全。

1. 浏览器安全的重要性

浏览器是我们与互联网世界互动的窗口,但同时也是网络威胁入侵的主要入口之一。以下是一些浏览器安全的重要性。

(1)隐私保护。浏览器包含了用户的浏览历史、密码、Cookie 等敏感信息。如果这些信息被黑客获取,他们可以滥用这些信息,威胁用户的隐私。

(2)恶意软件防护。恶意软件可以通过浏览器进入设备,从而感染系统,窃取信息或者损害计算机。浏览器安全可以帮助防止这种情况的发生。

(3)网络钓鱼和欺诈防范。许多网络攻击都是通过欺诈性的网站或虚假的电子邮件链接进行的。安全浏览器可以检测和阻止这些恶意站点,降低用户受到网络钓鱼攻击的风险。

(4)广告和跟踪保护。一些广告和跟踪技术可能会侵犯用户隐私,收集用户在线活动数据。安全浏览器可以限制这些不受欢迎的广告和跟踪。

2. 浏览器安全的基本措施

下面介绍如何提高浏览器安全性的基本措施。

(1)保持浏览器更新。及时安装浏览器的更新和补丁非常重要,因为这些更新通常包含了修复已知安全漏洞的代码。不要忽视浏览器的自动更新功能。

(2)使用强密码。为浏览器创建一个强密码,不要使用容易猜测的密码。最好使用密码管理器来生成和存储密码。

(3)启用两因素认证。如果浏览器支持两因素认证,务必启用它,这将为账户提供额外的层次的安全性。

(4)审查扩展和插件。仔细审查并只安装信任的扩展和插件,不安全的扩展可能会对浏览器和隐私造成风险。

(5)使用 HTTPS。只在使用 HTTPS(hypertext transfer protocol secure,超文本传输安全协议)加密的网站上输入敏感信息,确保数据在传输过程中得到保护。

(6)限制 Cookie 和跟踪。在浏览器设置中配置 Cookie 和跟踪的限制,以减少广告商和跟踪公司对用户在线活动的监控。

(7)谨慎点击链接和下载。不要随意点击不明链接,不要下载来自不受信任来源的文件。这可以避免恶意软件和网络钓鱼攻击。

(8)启用浏览器的安全功能。现代浏览器通常具有内置的安全功能,如弹出窗口拦截、恶意网站警告等。确保这些功能是启用状态。

(9)定期清理浏览历史。定期清除浏览器历史记录,以减少在线活动被追踪的风险。

(10)使用安全搜索引擎。选择一个尊重用户隐私并提供安全搜索结果的搜索引擎。

浏览器安全防范对于保护我们的数字生活至关重要。通过采取上述措施,可以大大降低我们成为网络攻击目标的风险,同时保护个人隐私和数据的安全。请记住,网络安全是一个不断发展的领域,因此保持对最新威胁的警惕并采取适当的预防措施非常重要。不要忽视浏览器安全,以确保我们的数字生活始终安全可靠。

21.4　JavaScript 性能优化

JavaScript 性能优化是 Web 开发中至关重要的一部分,它可以显著提高网站的加载速度和用户体验。无论是开发单页应用还是传统网站,都可以采取一系列策略来优化 JavaScript 代码。以下是一些关键的 JavaScript 性能优化技巧。

1. 减小文件大小

(1)使用压缩工具来减小 JavaScript 文件的大小,如 UglifyJS、Terser 等。这可以减少加载时间,特别是在移动设备上。

(2)使用现代的压缩算法,如 Brotli,以进一步减小文件大小。

2. 懒加载

(1)将不必要的 JavaScript 代码延迟加载,只在用户需要时加载,如通过按需加载模块或使用懒加载库。

(2)使用 async 和 defer 属性来控制脚本的加载行为,确保它们不会阻塞页面的渲染。

3. 代码分割

(1)将大型应用程序拆分成小块,按需加载。这有助于减少初始加载时间。

(2)使用工具如 Webpack 来实现模块化代码分割。

4. 避免全局变量

(1)减少全局变量的使用,因为它们容易引起命名冲突和内存泄漏。

(2)使用模块化方式,通过 import 和 export 关键字来限制变量的作用域。

5. 性能测试和分析

(1)使用 Lighthouse、Chrome 开发者工具和 Web 性能测试工具来检测性能问题。

(2)根据测试结果优化性能瓶颈。

6. 缓存

(1)利用浏览器的缓存机制,确保静态资源被适当地缓存,减少重复下载。

(2)使用版本号或哈希来处理缓存失效问题。

7. 事件委托

事件委托可以减少内存占用,避免在大量元素上附加相同类型的事件处理程序。

8. 优化循环

(1)避免在循环中进行频繁的 DOM 操作,将它们移动到循环外部,以减少重绘和回流。

(2)考虑使用更高效的循环方法,如 map()和 forEach()。

9. 减少重绘和回流

(1)避免频繁地修改页面布局,这会触发回流。使用 transform 和 opacity 等属性来实现动画,而不是直接操作布局属性。

(2)使用工具来检测和减少回流和重绘,如 Chrome DevTools 中的 Performance 和 Layout 工具。

10. 内存管理

(1)定期检查并释放不再需要的引用,以防止内存泄漏。

(2)使用浏览器开发者工具的内存分析工具来识别和解决内存问题。

11. 服务器端渲染(SSR)

(1)对于单页应用程序,考虑使用服务器端渲染来减少初始加载时间并提高 SEO。

(2)使用框架如 Next.js 或 Nuxt.js 来简化 SSR 实现。

12. CDN 加速

内容分发网络(content delivery network,CDN)可以缓存和分发静态资源,以降低加载时间并减轻服务器负载。

13. 网络请求优化

减少不必要的网络请求,合并请求并使用 HTTP/2 或 HTTP/3 协议来加速资源加载。

综上所述,JavaScript 性能优化需要综合考虑多个因素,包括代码大小、加载时间、内存管理等。不同项目可能需要不同的策略,因此在优化之前进行仔细的性能分析和测试非常重要。通过采用上述策略,可以显著提高网站的性能,为用户提供更好的体验。

21.5　习题

1. 简要解释什么是懒加载(lazy loading),它如何有助于提高网站性能?

2. 在 JavaScript 中,什么是回流(reflow)和重绘(repaint)? 如何避免它们以提高性能?

3. 什么是浏览器缓存机制中的"Cache-Control"头部,它的作用是什么?

4. 简要解释什么是 JavaScript 代码分割(Code Splitting)? 为什么它对性能优化很重要?

第 22 章　UDP 和 TCP

22.1　UDP

用户数据报协议(user datagram protocol,UDP)是一种在计算机网络中广泛使用的传输层协议。UDP 是 TCP(传输控制协议)的一种替代协议,它有自己独特的特性和用途。下面将详细介绍 UDP 的工作原理、特点和应用场景等,以便更好地理解这个重要的网络协议。

1. UDP 的工作原理

UDP 是一种无连接的协议,这意味着它不需要在数据传输之前建立连接。UDP 数据包被称为用户数据报,它们是独立的,不依赖于之前或之后的数据包。UDP 的工作原理非常简单,它只是将数据从一个应用程序发送到另一个应用程序,而无需建立可靠的连接或维护状态信息。

2. UDP 的特点

(1)无连接性。UDP 不需要建立连接,减少了通信的开销。

(2)简单性。UDP 协议相对简单,没有像 TCP 那样复杂的状态管理和流量控制机制。

(3)低开销。由于没有连接管理和错误恢复机制,UDP 的开销较低。

(4)不可靠性。UDP 不保证数据包的交付,因此数据包可能会丢失、重复或乱序。

(5)高性能。由于较低的开销和无连接性,UDP 适用于需要高性能但可以容忍一定数据丢失的应用。

(6)广播和多播。UDP 支持广播和多播,允许将数据同时发送到多个接收方。

3. UDP 的优点

(1)低延迟。UDP 的无连接性和简单性使其在低延迟通信方面表现出色,适用于实时应用,如音频和视频流。

(2)轻量级。UDP 的头部开销较小,使其成为传输小型数据的理想选择。

(3)支持广播和多播。UDP 允许数据广播到网络中的多个接收方,这对于一对多或多对多通信非常有用。

(4)自定义应用。UDP 适用于需要自定义错误处理和数据处理的应用程序,可以根据具体需求进行定制。

4. UDP 的缺点

(1)不可靠性。UDP 不提供数据包的可靠性保证,因此在可靠性要求高的应用中可能不合适。

(2)无拥塞控制。UDP 不具备拥塞控制机制,可能导致网络拥塞或丢包。

(3)顺序问题。UDP 不保证数据包的传输顺序,因此接收方需要自行处理数据包的排序。

5. UDP 的应用场景

(1)实时音视频通信。UDP 在实时音频和视频通信应用中广泛使用,如 VoIP 电话、视频会议和流媒体服务。

(2)游戏开发。在线游戏通常使用 UDP 来传输游戏数据,因为它具有低延迟和高性能的特点。

(3)DNS(域名系统)。域名系统使用 UDP 来解析域名并获取与之相关的 IP 地址。

(4)广播和多播。UDP 支持广播和多播,可用于向多个接收方同时传输数据,如网络广播和流媒体。

(5)IoT 设备通信。UDP 适用于物联网设备之间的通信,特别是对于那些需要快速响应的应用。

(6)实验室测试。UDP 常用于实验室测试和数据采集,因为它不会引入额外的延迟或复杂性。

UDP 是一种简单而高效的网络协议,适用于需要低延迟、高性能或广播传输的应用。然而,由于其不可靠性和无连接性,它并不适用于所有情况,特别是在需要可靠数据传输和拥塞控制的场景中。因此,在选择网络协议时,应根据具体应用的需求来权衡 UDP 的优势和劣势。

22.2　TCP

TCP 是一种计算机网络通信协议,它是互联网通信的重要组成部分之一。TCP 的主要目标是提供可靠的、有序的、面向连接的数据传输,以确保数据在传输过程中不丢失、不重复、按顺序到达,并且能够适应不同网络环境下的各种情况。下面将详细介绍 TCP 的基本原理、特点和功能。

1. TCP 的基本原理

(1)面向连接。TCP 建立在通信的两端之间的虚拟连接上。在通信之前,需要经过三次握手(three-way handshake)来建立连接,确保通信双方都愿意进行数据交换。连接建立后,数据传输完毕后还需要经过四次挥手(waves four times)来关闭连接。

(2)可靠性。TCP 通过使用序号和确认号来保证数据的可靠传输。每个发送的数据包都会被分配一个序号,接收方会发送确认信息,以确保发送方知道数据已被成功接收。如果数据包丢失或损坏,TCP 会进行重传,直到数据被正确接收为止。

(3)流量控制。TCP 使用滑动窗口(sliding window)来实现流量控制。接收方可以告知发送方它的接收能力,从而控制发送的速率,防止数据的过度堆积。

(4)拥塞控制。TCP 具有拥塞控制机制,可以避免网络拥塞。通过监测网络延迟和丢包情况,TCP 可以调整发送速率,以避免过多的数据进入网络,导致拥塞。

(5)有序性。TCP 保证数据包按照发送的顺序到达接收方,并且将它们按照正确的顺序交付给应用程序。

(6)全双工通信。TCP 支持全双工通信,允许通信双方同时发送和接收数据,而不会产生冲突。

2. TCP 的特点

(1)可靠性。TCP 是一种可靠的协议,适用于对数据传输要求高的应用,如文件传输、电子邮件等。

(2)复杂性。TCP 的实现比较复杂,需要维护连接状态、序号、确认号等信息,这增加了协议的开销。

(3)适用性。TCP 适用于不同类型的网络,包括局域网、广域网和互联网,因为它可以适应不同的网络条件和拓扑结构。

(4)慢启动。TCP 的拥塞控制机制采用了慢启动(slow start)策略,即在连接刚建立时发送的数据量较小,然后逐渐增加发送速率,以避免拥塞。

3. TCP 的功能

(1)数据传输。TCP 主要用于在网络上可靠地传输数据,包括文本、图像、音频和视频等。

(2)应用层协议支持。许多应用层协议(如 HTTP、FTP、SMTP 等)都依赖于 TCP 来进行数据传输。TCP 提供了一个可靠的基础,使这些协议能够在不同的网络环境中正常工作。

(3)错误检测和纠正。TCP 通过校验和机制来检测数据包的错误,如果发现错误,会要求重新发送数据包。

总之,TCP 是一种基于连接、可靠的协议,它在互联网通信中起着关键作用。它的复杂性和可靠性使其适用于广泛的应用,同时它的流量控制和拥塞控制功能有助于维护网络的稳定性和性能。无论是网页浏览、电子邮件发送还是大规模文件传输,TCP 都是确保数据安全传输的不可或缺的协议。

21.3　习题

1. UDP 和 TCP 之间的主要区别是什么?
2. UDP 适用于哪些应用场景?请列举至少三个示例。
3. TCP 的主要优势是什么?
4. UDP 和 TCP 的一个共同点是什么?
5. TCP 中的三次握手和四次挥手分别是什么,以及它们的目的是什么?

第 23 章　HTTP、TLS、HTTP /2、HTTP /3

23.1　HTTP

HTTP(hypertext transfer protocol)是一种用于在网络上传输数据的应用层协议,它是互联网的基础之一。HTTP 的主要目标是支持 Web 浏览器和 Web 服务器之间的通信,使用户能够浏览和访问互联网上的各种资源,如网页、图片、视频和文档。HTTP 是一种无状态协议,每个 HTTP 请求和响应都是独立的,服务器不会保留关于客户端的信息,这使得 HTTP 协议非常灵活,适用于各种不同的应用场景。

1. HTTP 的工作原理

(1)客户端请求。当在 Web 浏览器中键入 URL 或点击链接时,浏览器将向服务器发送 HTTP 请求。这个请求包含了所需的信息,如请求的资源(通常是一个 URL)、HTTP 方法(GET、POST 等)及其他相关的信息。

(2)服务器响应。一旦服务器接收到客户端的请求,它会根据请求中的信息定位和处理所请求的资源。然后,服务器会生成一个 HTTP 响应,其中包含了资源的数据以及相关的元数据,如状态码、响应头和内容长度。

(3)数据传输。一旦 HTTP 响应生成完毕,服务器会将响应发送回客户端,客户端浏览器接收到响应后会解析数据并将其呈现给用户。这通常包括将 HTML 页面渲染在浏览器中,同时还可以下载和显示其他媒体资源。

2. HTTP 的一些关键概念和特点

1)状态码

HTTP 响应中的状态码指示了请求的成功或失败。常见的状态码包括 200(成功)、404(未找到)、500(服务器内部错误)等。

2)URL

统一资源定位符(uniform resource locator,URL)是用于唯一标识和定位互联网上资源的字符串。它包括协议(通常是 HTTP 或 HTTPS)、主机名、端口号、路径和查询参数等部分。

3)HTTP 方法

HTTP 定义了不同的方法,最常见的是 GET(获取资源)、POST(提交数据)、PUT(更新资源)和 DELETE(删除资源)等。

4)无状态性

HTTP 是一种无状态协议,每个请求和响应之间是独立的,服务器不会保留客户端的状态信息。为了处理状态信息，通常需要使用会话管理机制，如 Cookies 或会话令牌。

5）HTTP 头部

HTTP 请求和响应中包含头部字段，这些字段提供了有关请求或响应的元数据信息。例如，Content-Type 头部指定了响应的数据类型，而 User-Agent 头部包含了浏览器的信息。

6）安全性

HTTP 是明文协议，因此在传输过程中的数据可能会被窃听或篡改。为了提高安全性，通常使用 HTTPS 协议，它使用加密技术保护数据的传输。

HTTP 是现代互联网的基础之一，它支持了世界各地的用户访问和共享信息。除了传统的 Web 浏览，HTTP 还用于 API 通信、移动应用程序、物联网设备和各种其他互联网应用中。不断发展的 HTTP 协议也在不断更新和改进，以适应新的技术和需求，如 HTTP/2 和 HTTP/3 的引入，以提供更快的性能和更好的用户体验。

23.2 TLS

传输层安全性（transport layer security，TLS）是一种加密协议，用于确保计算机网络中的通信数据的保密性和完整性。TLS 的主要目标是提供安全的数据传输，以防止未经授权的访问、窃听和数据篡改。TLS 通常用于保护互联网上的敏感信息，如网页浏览、电子邮件传输、文件下载等，它为数据的保护提供了坚实的基础。

1. TLS 的发展历程

TLS 的前身是安全套接字层（secure sockets layer，SSL），最早由网景公司于 1994 年开发。SSL 1.0 从未发布，SSL 2.0 在 1995 年推出，但很快被 SSL 3.0 取代。然后，TLS 1.0 于 1999 年出现，将 SSL 3.0 的基本结构做了一些改进。此后，TLS 协议的不同版本相继问世，如 TLS 1.1、TLS 1.2 和 TLS 1.3，每个版本都引入了新的安全特性，以适应不断演变的网络威胁和需求。

2. TLS 的基本工作原理

TLS 协议通过多种技术手段实现通信数据的保护，其中最重要的是加密和身份验证。

（1）握手协议。TLS 通信的第一步是握手协议。在握手过程中，客户端和服务器之间会交换密钥、选择加密算法以及验证对方的身份。这一过程确保了通信双方是合法的，并且他们能够建立一个共享的加密密钥。

（2）加密和认证。TLS 使用对称加密和非对称加密结合的方式来保护数据。首先，TLS 会使用非对称加密（公钥加密）来建立一个对称加密密钥，该密钥只有通信双方知道。然后，通信数据会使用对称加密进行加密和解密，保证了数据的保密性。同时，数字证书用于验证服务器的身份，确保用户连接到了正确的服务器。

（3）安全性参数。TLS 还支持多种加密算法、密钥交换方法和哈希函数，通信双方可以根据需要选择最合适的参数来保护通信数据。

3. TLS 的优点

（1）保密性。TLS 使用强大的加密技术来确保通信数据在传输过程中不被窃听或泄露。

（2）完整性。TLS 使用哈希函数来检测通信数据是否在传输过程中被篡改，从而确保数据的完整性。

（3）身份验证。TLS 使用数字证书来验证服务器的身份，防止中间人攻击。

（4）兼容性。TLS 是一种广泛采用的协议，在各种网络和应用中都有很好的兼容性。

（5）安全性持续更新。TLS 的协议不断更新，以适应新的安全威胁和攻击技术，确保通信的持续安全性。

TLS 是一种关键的网络安全协议，为互联网通信提供了保密性、完整性和身份验证。它通过握手协议、加密和认证机制，以及安全性参数的选择，确保通信数据在传输过程中受到最佳的保护。TLS 的持续演进和广泛应用使其成为互联网安全的基石，对于保护用户隐私和数据安全至关重要。

23.3　HTTP/2

HTTP/2 是一种网络协议，旨在优化和改进 HTTP/1.1 协议的性能和效率。它于 2015 年正式发布，并且迅速得到了广泛的采用，成为互联网上的主要协议之一。HTTP/2 的设计目标是提供更快、更可靠的网页加载速度，以及更好的性能，而不需要对现有的 Web 应用程序进行重大修改。下面是有关 HTTP/2 的详细介绍。

1. HTTP/2 的背景和动机

在 HTTP/1.1 时代，每个 HTTP 请求都需要建立一个新的 TCP 连接，这导致了高延迟、低效率和资源浪费。HTTP/2 的出现是为了解决这些问题，并更好地满足现代 Web 应用程序的需求。它的设计目标包括以下四个方面。

（1）降低延迟。通过复用单个 TCP 连接来减少延迟，HTTP/2 可以更快地加载网页内容。

（2）提高性能。HTTP/2 采用了多路复用（multiplexing）技术，使多个请求和响应可以并行传输，从而提高了性能。

（3）减少网络拥塞。HTTP/2 引入了流量控制和头部压缩机制，有助于降低网络拥塞并减少带宽使用。

（4）增强安全性。HTTP/2 要求使用 TLS 加密，从而提高了通信的安全性。

2. 多路复用

HTTP/2 最引人注目的特性之一是多路复用。在 HTTP/1.1 中，每个请求都必须等待前一个请求完成才能发送，这导致了时间和资源的浪费。而 HTTP/2 允许多个请求和响应在同一 TCP 连接上并行传输，无需等待，从而提高了性能。每个请求都有一个唯一的 ID，可以通过这个 ID 来重新组装请求和响应的顺序，确保它们在客户端和服务器之间正确地匹配。

3. 头部压缩

HTTP/2 使用了 HPACK 压缩算法来压缩请求和响应的头部信息，减少了数据传输的开销。这对于减少带宽占用和提高性能非常重要，尤其是对于移动设备和慢速网络连接的用户。头部压缩还有助于减少了网络拥塞，因为较小的数据包更容易传输。

4. 服务器推送

HTTP/2 引入了服务器推送机制,允许服务器在客户端请求之前主动将资源推送到客户端。这可以提高性能,因为服务器可以预测客户端可能需要的资源,并在客户端请求之前发送它们,从而减少了往返时间和等待时间。

5. 加密和安全性

HTTP/2 要求使用 TLS 加密来保护通信数据的机密性和完整性。这提高了 Web 应用程序的安全性,确保用户的隐私得到保护。虽然加密会增加一些计算开销,但由于 HTTP/2 的性能改进,这种影响通常是可接受的。

6. 广泛的采用

HTTP/2 已经得到了广泛的采用,几乎所有现代的 Web 浏览器和 Web 服务器都支持它。这意味着大多数 Web 应用程序都可以受益于 HTTP/2 的性能和安全性优势,而无需大规模修改现有的代码。

总之,HTTP/2 是一项重要的网络协议,它通过多路复用、头部压缩、服务器推送和加密等特性,显著提高了 Web 应用程序的性能、安全性和效率。随着它的广泛采用,HTTP/2 将继续推动 Web 的发展,使用户能够更快速地访问和交互各种在线内容。

23.4 HTTP/3

HTTP/3 是一种新一代的超文本传输协议,旨在提供更快、更安全和更可靠的互联网通信。HTTP/3 是 HTTP/2 的后继者,与 HTTP/2 相比有一些重大的改进,最显著的是采用了基于 UDP 的传输层协议 QUIC(quick UDP internet connections)。下面将介绍 HTTP/3 的基本原理、特点及对互联网的影响。

1. 基本原理

HTTP/3 的核心原理是采用 QUIC 协议作为其传输层协议。QUIC 结合了 TCP 和 TLS 协议的功能,通过在用户空间实现可靠性和安全性,以及减少握手延迟,从而提高了性能。

HTTP/3 的关键特性包括以下四个方面。

(1)多路复用。HTTP/3 支持多路复用,允许在一个连接上同时传输多个请求和响应,而不需要按照顺序进行阻塞等待。这提高了网络利用率和性能。

(2)减少延迟。HTTP/3 通过减少握手时间和连接建立的延迟,从而降低了加载网页的时间。QUIC 协议允许 0-RTT 握手,这意味着在第一次连接时就可以发送数据,而不需要等待握手完成。

(3)流量控制和拥塞控制。HTTP/3 内置了流量控制和拥塞控制机制,以确保网络中的数据流动稳定,避免了网络拥塞和过度负载。

(4)安全性。HTTP/3 默认使用 TLS 来保护数据的隐私和完整性,使通信更加安全。QUIC 协议中的密钥交换也被改进,提供更高的安全性。

2. 主要特点

HTTP/3 引入了一些显著的特点,使其成为 HTTP 协议的一个重大改进。

（1）QUIC 传输层协议。QUIC 协议取代了 TCP，它是在用户空间实现的，允许快速建立连接和快速恢复连接，从而提高了性能。

（2）多路复用。HTTP/3 支持多路复用，允许在同一连接上并行传输多个请求和响应，减少了延迟。

（3）0-RTT 握手。QUIC 允许客户端在第一次连接时发送数据，而不需要等待握手完成，减少了启动时间。

（4）头部压缩。HTTP/3 使用 HPACK 头部压缩算法来减小数据包的大小，提高了效率。

（5）连接迁移。HTTP/3 允许连接的无缝切换，从一个网络接口到另一个网络接口，而不会中断连接。

3. 对互联网的影响

HTTP/3 对互联网产生了积极的影响，主要体现在以下几个方面：

（1）性能提升。HTTP/3 通过减少延迟、增加并发性和改进头部压缩等方式，显著提高了网页加载速度和用户体验。这对于移动设备和高延迟网络尤其有益。

（2）安全性增强。默认启用的 TLS 保护数据的隐私和完整性，提高了通信的安全性，减少了中间人攻击的风险。

（3）适应性。HTTP/3 的多路复用和流控制机制使其更适合处理多媒体内容和实时通信，如视频流和在线游戏。

（4）网络效率。减小的头部大小和更高的网络利用率有助于减少带宽消耗，降低服务器和客户端的资源要求。

总之，HTTP/3 代表了 HTTP 协议的一个重大演进，它通过引入 QUIC 传输层协议和多路复用等特性，显著提高了性能、安全性和用户体验，有望在未来推动互联网通信的进一步发展。随着越来越多的网站和服务采用 HTTP/3，我们可以期待更快速、更可靠的网络体验成为标准。

23.5 习题

1. 什么是 HTTP 协议，它的主要作用是什么？

2. HTTP/2 相对于 HTTP/1.1 有哪些主要改进和优势？

3. HTTP/3 采用了哪种传输层协议，它对性能有哪些改进？

4. HTTP 协议中的状态码是用来表示什么的？举例说明几个常见的 HTTP 状态码及其含义。

5. TLS 是什么，它的主要作用是什么？

第 24 章 常见的 JavaScript 设计模式

24.1 工厂模式

工厂模式是 JavaScript 中常见的设计模式之一，它是一种创建对象的方法，旨在封装对象的创建过程，使其更加灵活和可维护。下面将深入探讨工厂模式的概念、用途和实现方式。

1. 什么是工厂模式？

工厂模式是一种创建对象的设计模式，它提供了一种抽象的接口来创建对象，而不需要直接调用构造函数或使用字面量创建对象。这使得代码更具灵活性，因为可以在不改变客户端代码的情况下更改对象的创建方式。工厂模式有助于解耦对象的创建和使用，使得代码更容易维护和扩展。

2. 工厂模式的用途

工厂模式在以下情况下特别有用。

（1）对象创建复杂性高。如果对象的创建涉及多个步骤，依赖于不同的条件，或需要从不同的来源获取数据，工厂模式可以将这个复杂性封装起来，使客户端代码更加简洁。

（2）对象类型不确定。当需要根据运行时的条件来确定要创建的对象类型时，工厂模式非常有用。它允许用户在不知道具体对象类型的情况下创建对象。

（3）单一职责原则。工厂模式有助于遵循单一职责原则，因为它将对象的创建逻辑与其他代码分离开来。

3. 工厂模式的实现方式

工厂模式可以采用多种实现方式，以下是两种常见的实现方式。

1）简单工厂模式

简单工厂模式是工厂模式的最基本形式。它使用一个函数来根据传入的参数或条件来创建对象。例如：

```JavaScript
function createCar(type) {
  if (type = = ='Sedan') {
    return new Sedan();
  } else if (type = = ='SUV') {
    return new SUV();
  } else {
    throw new Error('Invalid car type');
```

```
  }
}
```

在这个示例中,createCar 函数根据传入的 type 参数来创建不同类型的汽车对象。

2)工厂方法模式

工厂方法模式将对象的创建委托给子类,每个子类负责创建特定类型的对象。这种模式通过创建一个抽象工厂类和具体工厂子类来实现。例如:

```JavaScript
// 抽象工厂类
class VehicleFactory {
  createVehicle() {
    throw new Error('This method should be overridden by subclasses');
  }
}


// 具体工厂子类
class CarFactory extends VehicleFactory {
  createVehicle() {
    return new Car();
  }
}

class BicycleFactory extends VehicleFactory {
  createVehicle() {
    return new Bicycle();
  }
}
```

在这个例子中,VehicleFactory 是抽象工厂类,而 CarFactory 和 BicycleFactory 是具体工厂子类,分别负责创建汽车和自行车对象。

4. 工厂模式的优缺点

1)工厂模式的优点

工厂模式具有以下一些优点。

(1)封装性。工厂模式将对象创建过程封装在一个单独的函数或类中,使客户端代码更加简洁和可读。

(2)灵活性。工厂模式可以轻松地更改对象的创建方式,而不会影响客户端代码。这使得代码更容易维护和扩展。

(3)对象的复用。通过使用工厂模式,可以在多个地方共享相同的对象创建逻辑,提高了代码的可复用性。

（4）隐藏实现细节。工厂模式可以隐藏对象的具体实现细节，只向客户端暴露必要的接口，有助于降低代码的耦合度。

2）工厂模式的缺点

尽管工厂模式有很多优点，但它也存在一些缺点。

（1）类爆炸。当需要创建多个不同类型的对象时，可能会导致大量的具体工厂类，这被称为"类爆炸"问题。

（2）复杂性增加。在某些情况下，工厂模式可能会引入额外的复杂性，特别是在有多层嵌套的工厂结构时。

5. 工厂模式的应用

工厂模式在实际项目中有广泛的应用，以下是一些主要应用方面。

（1）UI 库中的组件创建。在创建 UI 库中的组件时，工厂模式可以帮助开发人员根据组件类型创建对象，如按钮、文本框等。

（2）数据库连接池。数据库连接池可以使用工厂模式来创建和管理数据库连接对象，以提高性能和资源利用率。

（3）游戏开发中的角色创建。在游戏开发中，工厂模式可用于创建不同类型的游戏角色，如玩家、敌人等。

（4）插件和扩展管理。工厂模式可以用于动态加载和管理插件或扩展，使应用程序更具可扩展性。

工厂模式是 JavaScript 中常见的设计模式之一，它提供了一种优雅的方式来封装对象的创建过程，增加了代码的可维护性和灵活性。尽管它有一些缺点，但在许多情况下，工厂模式是一个有用的工具，可以帮助你更好地组织和管理代码。要根据具体的项目需求和设计目标来选择是否使用工厂模式。

24.2　单例模式

单例模式（singleton pattern）是 JavaScript 中一种常见的设计模式，用于确保一个类只有一个实例，并提供一种全局访问这一实例的方式。这个模式在许多应用程序中都有广泛的应用，尤其是在需要共享资源或控制某些全局配置的情况下。

1. 什么是单例模式？

单例模式是一种创建型设计模式，它确保一个类只能有一个实例，并提供一种全局访问该实例的方式。这意味着无论何时请求这一类的实例，都将返回相同的唯一实例。这在许多情况下非常有用，如管理全局配置、维护共享资源、控制访问共享对象等。

2. 实现单例模式

在 JavaScript 中，实现单例模式相对简单。以下是一种常见的实现方式。

```JavaScript
// 单例类
class Singleton {
```

```javascript
constructor() {
    //检查是否已经存在实例
    if (Singleton.instance) {
        return Singleton.instance; //如果已经存在实例,返回它
    }

    //如果没有实例,创建一个新实例
    this.data = []; //例如,这里可以是共享数据

    //将实例保存在静态属性中
    Singleton.instance = this;
}

//可以在这里添加其他方法和属性
addData(item) {
    this.data.push(item);
}

getData() {
    return this.data;
}
}

//使用单例模式
const instance1 = new Singleton();
instance1.addData("Item 1");

const instance2 = new Singleton();
instance2.addData("Item 2");

console.log(instance1 === instance2); //true,两个实例是相同的
console.log(instance1.getData()); //["Item 1", "Item 2"]
console.log(instance2.getData()); //["Item 1", "Item 2"]
```

在这个示例中,创建了一个名为 Singleton 的类,它的构造函数首先检查是否已经存在实例。如果存在实例,则返回该实例;否则,创建一个新实例并将其保存在静态属性 Singleton. instance 中。这确保了只有一个实例存在。

3. 单例模式的应用场景

单例模式在许多情况下都非常有用,包括但不限于以下五种情况。

（1）全局配置管理。在应用程序中，用户可能希望有一个全局的配置对象，以便在各个部分中共享配置信息。

（2）数据库连接池。当应用程序需要频繁地与数据库进行通信时，使用单例模式可以确保只有一个数据库连接池实例，避免资源浪费。

（3）日志记录。在记录日志时，单例模式可以确保日志消息都被写入同一个日志文件，避免混乱。

（4）线程池。在多线程环境中，可以使用单例模式来管理线程池，以便更有效地处理并发任务。

（5）缓存管理。如果需要在应用程序中实现数据缓存，单例模式可以确保只有一个缓存对象，以避免数据不一致性。

4. 单例模式的优缺点

1）单例模式的优点

单例模式具有以下一些优点。

（1）全局访问。通过单一的入口点，可以轻松地访问实例，使全局共享变得更容易。

（2）节省资源。由于只有一个实例存在，可以减少资源的浪费，特别是在创建和销毁对象时。

（3）避免冲突。单例模式可以防止多个实例之间的冲突，确保数据的一致性。

（4）延迟初始化。实例只在需要时创建，从而实现延迟初始化，提高性能。

2）单例模式的缺点

尽管单例模式在某些情况下非常有用，但也存在以下一些缺点。

（1）全局状态。单例模式引入了全局状态，可能导致程序的复杂性增加。

（2）难以测试。由于全局访问，单例模式的实例在测试时难以模拟或替代，使单元测试变得更具挑战性。

（3）违反单一职责原则。有时，单例模式的实例可能承担太多责任，违反了单一职责原则。

（4）不适用于多线程。在多线程环境下，需要额外的控制以确保只有一个实例被创建。

单例模式是一种常见的设计模式，用于确保一个类只有一个实例，并提供全局访问该实例的方式。单例模式在全局配置管理、资源共享、日志记录等场景下都非常有用。然而，开发人员应该谨慎使用单例模式，以确保不会引入不必要的全局状态和复杂性。此外，在多线程环境中使用时，需要特别注意线程安全性。单例模式是一种强大的工具，但需要谨慎使用以确保其正确性和可维护性。

24.3 适配器模式

适配器模式（adapter pattern）是一种常见的设计模式，它属于结构性设计模式的一种，用于解决不同接口之间的兼容性问题。该模式的主要目的是使一个已存在的类与另一个接口不兼容的类能够协同工作，而无需修改它们的源代码。适配器模式通常涉及一个适配器类，它充当两个不兼容接口之间的桥梁，从而使它们能够协同工作。

适配器模式的核心思想是将一个类的接口转换成另一个类的接口，以满足客户端的需求。

这个模式在以下情况特别有用。

（1）现有接口与新接口不兼容。当需要使用一个已存在的类，但其接口与需求不匹配时，适配器模式可以将这个类的接口适配成需要的接口。

（2）系统需要与多个不同接口的类协同工作。当系统需要与多个不同接口的类交互，但又不想改变这些类的接口时，适配器模式可以简化整合过程。

（3）代码复用。适配器模式可以重用现有类，而无需改变其代码。

适配器模式包括以下主要组成部分。

（1）目标接口（target interface）。这是客户端所期望的接口，也是适配器要适配成的接口。

（2）适配器（adapter）。适配器类实现了目标接口，并且包含一个对现有类的引用。它的主要工作是将客户端的请求转发给现有类，并将现有类的响应适配成目标接口所期望的形式。

（3）现有类（adaptee）。这是需要被适配的类，其接口与目标接口不兼容。

下面通过一个简单的 JavaScript 示例来说明适配器模式的应用。假设有一个温度转换器，它能够将摄氏度转换成华氏度：

```JavaScript
class CelsiusTemperature {
  constructor(value) {
    this.value = value;
  }

  toFahrenheit() {
    return (this.value * 9/5) + 32;
  }
}
```

但是，现在需要一个温度转换器，它能够将华氏度转换成摄氏度。为了不改变原有的CelsiusTemperature 类，可以使用适配器模式创建一个适配器：

```JavaScript
class FahrenheitAdapter {
  constructor(fahrenheitTemperature) {
    this.fahrenheitTemperature = fahrenheitTemperature;
  }

  toCelsius() {
    return (this.fahrenheitTemperature-32) * 5/9;
  }
}
```

现在可以使用适配器将华氏度转换成摄氏度，而无需修改原有的CelsiusTemperature 类：

```JavaScript
const celsiusTemp = new CelsiusTemperature(25);
console.log('摄氏度：${celsiusTemp.value}，华氏度：${celsiusTemp.toFahrenheit
()}');

const fahrenheitTemp = new FahrenheitAdapter(77); //华氏度转摄氏度的适配器
console.log('华氏度：${fahrenheitTemp.fahrenheitTemperature}，摄氏度：
${fahrenheitTemp.toCelsius()}');
```

通过适配器模式，我们成功地将不兼容的接口之间建立了桥梁，使它们可以协同工作。

总之，适配器模式是一种非常有用的设计模式，它可以在不改变已有代码的情况下实现接口之间的兼容性，提高了代码的可维护性和可复用性。在实际开发中，适配器模式常常用于整合不同系统、库或服务，使它们能够协同工作。

24.4 装饰模式

装饰模式（decorator pattern）是一种常见的面向对象设计模式，它属于结构型设计模式，用于动态地给对象添加新的功能或行为，而不需要修改其原始类。这个模式通过将对象包装在一个或多个装饰器中来实现，每个装饰器都提供了额外的功能，从而形成一个包装链。这个链可以按需添加或移除功能，使得代码更加灵活、可维护，同时遵循了开放封闭原则（open/closed principle）。

装饰模式的核心思想是将对象的行为分离成不同的责任，然后通过组合这些责任来扩展对象的功能，而不是通过继承来实现扩展。这有助于避免类爆炸问题，即创建大量子类以应对各种组合可能性。

以下是装饰模式的关键要点和优点：

（1）组合而非继承。装饰模式通过组合多个小型、独立的装饰器类来扩展对象的功能，而不是通过创建大量的子类来继承和扩展对象。这降低了类的复杂性，并避免了类层次结构的深度。

（2）开放封闭原则。装饰模式遵循开放封闭原则，允许在不修改现有代码的情况下添加新功能。这使得代码更容易维护和扩展。

（3）灵活性。可以根据需要动态地添加或删除装饰器，以适应不同的场景。这种灵活性使得装饰模式在创建可定制的对象时非常有用。

（4）单一职责原则。每个装饰器类都有一个明确定义的责任，这有助于确保每个类只关注一个功能。这符合单一职责原则，使代码更易于理解和维护。

（5）保留原始对象的接口。装饰模式不改变原始对象的接口，因此客户端代码可以继续使用原始对象，而不需要关心装饰器的存在。

（6）复用性。装饰器可以复用，不仅可以应用于一个对象，还可以用于多个对象，以实现相同的功能扩展。

下面是一个简单的示例来说明装饰模式的工作原理。假设有一个基本的咖啡类：

```JavaScript
class Coffee {
  cost() {
    return 5;
  }
}
```

现在,想要添加一些装饰器来扩展咖啡的功能,比如添加牛奶和糖:

```JavaScript
class MilkDecorator {
  constructor(coffee) {
    this.coffee = coffee;
  }

  cost() {
    return this.coffee.cost() + 2;
  }
}

class SugarDecorator {
  constructor(coffee) {
    this.coffee = coffee;
  }

  cost() {
    return this.coffee.cost() + 1;
  }
}
```

现在,可以创建一个咖啡对象,并按需添加装饰器:

```JavaScript
const simpleCoffee = new Coffee();
console.log(simpleCoffee.cost()); // 输出 5

const coffeeWithMilk = new MilkDecorator(simpleCoffee);
console.log(coffeeWithMilk.cost()); // 输出 7

const coffeeWithMilkAndSugar = new SugarDecorator(coffeeWithMilk);
console.log(coffeeWithMilkAndSugar.cost()); // 输出 8
```

这个例子展示了如何使用装饰模式来动态扩展对象的功能，而不需要修改原始类。通过创建不同的装饰器并将它们组合在一起，可以根据需要创建各种不同的对象组合。

总之，装饰模式是一种强大的设计模式，它提供了一种灵活的方式来扩展对象的功能，同时保持代码的可维护性和可扩展性。通过合理应用装饰模式，你可以更好地组织和设计你的代码，以满足不断变化的需求。

24.5 代理模式

代理模式（proxy pattern）是一种常见的设计模式，它属于结构型设计模式的一种。代理模式的主要目的是在不改变原始对象的情况下，提供一个代理对象来控制对原始对象的访问。代理模式在软件开发中广泛应用，以实现各种功能，如延迟加载、访问控制、缓存、监视等。下面将深入探讨代理模式的工作原理、应用场景，以及如何在 JavaScript 中实现代理模式。

1. 代理模式的基本概念

代理模式的核心思想是通过引入一个代理对象来控制对另一个对象的访问。代理对象充当了客户端和目标对象之间的中介，它可以拦截对目标对象的请求，然后根据需要执行一些额外的操作，最后再将请求转发给目标对象。代理模式的三个主要角色包括以下三个方面。

（1）客户端（client）。客户端是使用代理对象的代码。它不直接访问目标对象，而是通过代理对象来访问。

（2）代理对象（proxy object）。代理对象包装了目标对象，并提供与目标对象相同的接口，以便客户端可以无缝地使用代理。代理对象通常负责执行一些附加操作，如权限检查、延迟加载、缓存等。

（3）目标对象（real subject）。目标对象是代理对象所代表的真正的对象，它执行实际的业务逻辑。客户端的请求最终会被转发给目标对象。

2. 代理模式的应用场景

代理模式在许多不同的应用场景中都有用处。下面是一些常见的代理模式应用场景。

（1）远程代理（remote proxy）。当目标对象位于远程服务器上，通过网络进行访问时，可以使用远程代理。远程代理负责处理网络通信和数据传输，客户端只需要与代理对象交互，而不必了解底层的通信细节。

（2）虚拟代理（virtual proxy）。虚拟代理用于延迟加载大型资源，如图像或视频文件。代理对象在第一次访问时不加载完整资源，而是在需要时才加载，以节省系统资源。

（3）保护代理（protection proxy）。保护代理用于控制对敏感资源或对象的访问。代理对象可以根据用户的权限进行访问控制，防止未经授权的访问。

（4）缓存代理（cache proxy）。缓存代理用于缓存一些昂贵的操作的结果，以提高性能。代理对象可以在执行操作前检查缓存，如果找到缓存结果，则直接返回，否则执行实际操作并将结果缓存起来。

（5）日志记录代理（logging proxy）。日志记录代理用于记录目标对象的方法调用和参数，以便进行调试、监视或审计。

3. JavaScript 中的代理模式实现

在 JavaScript 中，代理模式可以非常容易地实现，因为 JavaScript 具有一些强大的语言特性，如对象代理（object proxy）和函数代理（function proxy）。例如，以下是一个简单的示例，演示了如何使用 JavaScript 创建一个虚拟代理：

```JavaScript
// 目标对象-一个用于加载图像的类
class ImageLoader {
  constructor(url) {
    this.url = url;
    this.image = null;
  }

  loadImage() {
    console.log('Loading image from ${this.url}');
    // 模拟加载图像的操作
    this.image = 'Image data from ${this.url}';
  }
}


// 虚拟代理-延迟加载图像
class ImageLoaderProxy {
  constructor(url) {
    this.url = url;
    this.imageLoader = null;
  }

  loadImage() {
    if (! this.imageLoader) {
      this.imageLoader = new ImageLoader(this.url);
    }
    console.log('Proxy is handling the image loading request.');
    this.imageLoader.loadImage();
  }
}


// 客户端代码
const proxy = new ImageLoaderProxy('example.com/image.jpg');
proxy.loadImage(); // 图像加载被延迟到真正需要时
```

proxy.loadImage();　//第二次加载时，直接使用缓存的图像数据

在这个示例中，ImageLoaderProxy 充当了虚拟代理，它负责延迟加载图像，只有在真正需要加载图像数据时才会创建和使用 ImageLoader 实例。

总之，代理模式是一种非常有用的设计模式，它可以实现许多不同的功能，如延迟加载、访问控制、缓存和监视。在 JavaScript 中，可以利用对象代理和函数代理轻松实现代理模式，以解决各种实际问题。无论是前端还是后端开发，代理模式都是一个有力的工具，可以提高代码的可维护性和性能。

24.6　发布-订阅模式

发布-订阅模式（publish-subscribe pattern）是一种常见的软件设计模式，用于解耦应用程序的各个组件或模块，使它们可以更灵活地通信和协作。这种模式通常用于事件处理和消息传递系统中，允许对象之间在不直接相互依赖的情况下进行通信。下面将详细介绍发布-订阅模式，包括其工作原理、优点、使用场景等。

1. 工作原理

发布-订阅模式的核心思想是将发布者（或称为主题或事件源）与订阅者（或称为观察者或订阅者）分开，使它们之间不直接相互通信，而是通过一个中介对象来协调通信。以下是发布-订阅模式的基本工作原理。

（1）发布者（publisher）。发布者负责生成或发出事件，然后通知所有已经订阅该事件的订阅者。发布者并不关心谁订阅了它的事件，只负责发布事件。

（2）订阅者（subscriber）。订阅者注册他们感兴趣的事件，以便在事件发生时接收通知。订阅者处理事件的方式可以各不相同。

（3）中介对象（event bus 或 message broker）。中介对象是发布者和订阅者之间的桥梁。它维护一个事件列表（或主题列表）及每个事件的订阅者列表。当发布者触发事件时，中介对象将事件分发给所有已经订阅该事件的订阅者。

2. 优点

发布-订阅模式具有以下一些优点。

（1）解耦性。发布者和订阅者之间的解耦性非常高，它们不需要直接了解彼此的存在。这使得系统更容易维护和扩展，因为可以更改或添加订阅者而无需修改发布者的代码。

（2）松散耦合。松散耦合的设计使得组件之间的相互影响最小化。这意味着系统的不同部分可以独立开发、测试和维护。

（3）可扩展性。由于新的订阅者可以轻松添加到系统中，因此可以轻松地扩展应用程序的功能。

（4）事件驱动。这种模式适用于事件驱动的应用程序，其中事件的发生会触发一系列操作。这有助于将应用程序的逻辑分解为更小的、可管理的部分。

（5）可重用性。发布-订阅模式本身是可重用的，因此可以在不同的应用程序和场景中使用。

3. 使用场景

发布-订阅模式适用于许多不同的场景,包括但不限于以下四个场景。

(1)用户界面组件通信。在前端开发中,各种用户界面组件之间的通信可以通过发布-订阅模式来实现。例如,一个按钮点击事件可以触发一个通知,而多个界面元素可以订阅并响应这个事件。

(2)消息队列。发布-订阅模式常用于消息队列系统,其中生产者发布消息,而消费者订阅并处理这些消息。

(3)事件处理。在浏览器环境中,JavaScript 事件处理器就是发布-订阅模式的实际应用。DOM 元素可以充当发布者,而事件处理函数可以充当订阅者。

(4)跨模块通信。在大型应用程序中,不同模块之间需要通信,但又不希望它们直接相互耦合。发布-订阅模式可以用于这种情况,允许模块之间通过事件进行通信。

例如,以下是一个简单的 JavaScript 示例,演示了如何使用发布-订阅模式:

```JavaScript
// 创建一个事件中介对象
const eventBus = {
  events: {},
  subscribe(event, callback) {
    if (! this.events[event]) {
      this.events[event] = [];
    }
    this.events[event].push(callback);
  },
  publish(event, data) {
    if (this.events[event]) {
      this.events[event].forEach(callback => callback(data));
    }
  }
};


// 订阅事件
eventBus.subscribe('userLoggedIn', username => {
  console.log('${username} 已登录');
});


// 发布事件
eventBus.publish('userLoggedIn', 'JohnDoe');
```

在这个示例中,创建了一个简单的事件中介对象(eventBus),它允许订阅事件和发布事件。当用户登录时,发布一个名为"userLoggedIn"的事件,然后所有已经订阅这个事件的回调函数都会被调用。

总之，发布-订阅模式是一种有助于降低组件之间耦合度、提高代码可维护性和可扩展性的强大设计模式。通过将事件的发布者与订阅者解耦，它允许应用程序更加灵活地响应变化和事件。无论是前端开发、后端开发，还是其他领域的应用程序，发布-订阅模式都可以提供更好的组织和可维护性。

24.7 外观模式

外观模式（facade pattern）是 JavaScript 中的一种常见设计模式，它属于结构性设计模式，旨在简化复杂系统的接口和互操作性。该模式提供了一个高级别的接口，使客户端能够更容易地访问系统的各个部分，而无需了解这些部分的具体实现细节。外观模式有助于降低系统的复杂性，并提高了代码的可维护性。

1. 外观模式的基本概念

外观模式的核心思想是将系统的复杂性隐藏在一个简单的外观接口之后。这个外观接口充当了客户端与系统各个子系统之间的中介，客户端只需与外观接口进行交互，而不需要了解底层子系统的细节。这使得系统更易于使用，并且降低了对系统的理解和维护的难度。

2. 外观模式的优点

外观模式具有以下一些优点。

（1）简化接口。外观模式提供了一个简化的接口，使客户端代码更易于理解和使用。

（2）降低复杂性。通过隐藏底层子系统的复杂性，外观模式降低了系统的整体复杂性。

（3）解耦。外观模式有助于将客户端与子系统之间的耦合度降至最低，这意味着可以更容易地修改子系统或替换它们而不会影响客户端代码。

（4）提高可维护性。由于外观模式将系统的细节隐藏起来，因此更容易维护和扩展系统。

3. 外观模式的实现

外观模式的实现通常包括以下几个要素。

（1）外观类（facade class）。外观模式的核心是外观类，它提供了一个简单的接口，客户端通过这个接口与系统交互。外观类通常包含对各个子系统的引用，并协调它们之间的操作。

（2）子系统（subsystems）。子系统是系统的各个组成部分，它们执行实际的工作。这些子系统可以是对象、类、函数或模块等。外观类通过与子系统交互来完成客户端请求。

（3）客户端（client）。客户端是使用外观模式的代码部分。客户端通过外观类的接口与系统交互，而不需要了解子系统的内部实现。

4. 外观模式在 Web 开发中的应用

在 Web 开发中，经常需要处理各种浏览器兼容性、Ajax 请求、DOM 操作等复杂性任务。外观模式可以用来简化这些任务的处理，下面以 Web 开发为例来演示外观模式的应用。

```javascript
JavaScript
//外观类：封装了复杂的浏览器兼容性和 DOM 操作
class WebFacade {
```

```
  constructor() {
    this.isIE = /Trident/.test(navigator.userAgent);
  }

  // 兼容性处理
  handleCompatibility() {
    if (this.isIE) {
      // 处理 IE 浏览器的兼容性
    } else {
      // 处理其他浏览器的兼容性
    }
  }

  // 发送 Ajax 请求
  sendAjaxRequest(url, data) {
    // 发送 Ajax 请求的代码
  }

  // 更新 DOM
  updateDOM(elementId, content) {
    // 更新 DOM 的代码
  }
}


// 客户端代码
const webFacade = new WebFacade();
webFacade.handleCompatibility();
webFacade.sendAjaxRequest('https://example.com/api', { data: 'some data' });
webFacade.updateDOM('resultDiv', 'Updated content');
```

在这个示例中，WebFacade 类封装了处理浏览器兼容性、发送 Ajax 请求和更新 DOM 的复杂性操作。客户端代码只需与 WebFacade 交互，而不需要关心底层的浏览器兼容性问题或 Ajax 请求的细节。

外观模式是一种非常有用的设计模式，它可以简化复杂系统的接口，降低系统的复杂性，提高代码的可维护性。通过将底层细节隐藏在一个简单的外观接口后面，外观模式使得客户端代码更加清晰、易于理解和维护。在实际应用中，外观模式常常用于处理复杂的 API、库或系统，以提供更友好的接口给客户端使用。

24.8 习题

1. 常见的 JS 设计模式中,用于处理对象的创建问题的是(　　　)。

A. 单例模式　　　　B. 工厂模式　　　　C. 观察者模式　　　D. 适配器模式

2. 下列(　　　)用于确保一个类只有一个实例,并提供一个全局访问点。

A. 装饰者模式　　　B. 单例模式　　　　C. 策略模式　　　　D. 原型模式

3. 常见的 MVC(模型-视图-控制器)模式中,负责处理用户交互和更新模型的部分是(　　　)。

A. 模型　　　　　　B. 视图　　　　　　C. 控制器

4. 下列(　　　)用于解耦发布者和订阅者,当发布者的状态发生变化时,通知所有订阅者。

A. 单例模式　　　　B. 观察者模式　　　　C. 适配器模式　　　D. 策略模式

5. 常见的 JS 设计模式中,用于将一个对象的接口转换成客户端所期望的另一种接口的是(　　　)。

A. 适配器模式　　　B. 单例模式　　　　C. 工厂模式　　　　D. 策略模式

第 25 章　前端常见的数据结构

25.1　时间复杂度

时间复杂度是算法分析中的一个关键概念,用于衡量算法在处理不同规模输入数据时所需的计算资源。时间复杂度是一个重要的概念,因为在前端开发和其他计算机科学领域中,经常需要在不同算法之间进行选择,以确保应用程序在处理大规模数据时能够高效运行。下面将深入探讨时间复杂度的概念,了解如何计算和理解不同时间复杂度的含义,以及在前端开发中常见的一些数据结构和它们的时间复杂度。

1. 什么是时间复杂度?

时间复杂度是一种衡量算法性能的方式,描述了算法的运行时间与输入数据规模之间的关系。具体来说,时间复杂度表示了算法执行所需的基本操作次数(或步骤数)与输入规模 n 之间的关系。

一个算法的时间复杂度通常用以下形式表示:$O(f(n))$,其中 $f(n)$ 是输入规模 n 的函数。时间复杂度告诉我们,当输入规模变大时,算法的运行时间将如何增长。通常情况下,我们希望选择具有较低时间复杂度的算法,因为它们更能够处理大规模数据而不会导致性能问题。

2. 常见的时间复杂度

在前端开发中,经常会使用各种算法和数据结构来处理数据和用户界面。下面是一些常见的时间复杂度。

(1)$O(1)$(常数时间复杂度)。无论输入规模如何增加,算法的运行时间都保持不变。这是最理想的情况,通常在直接访问数组元素或执行固定数量的操作时出现。

(2)$O(\lg n)$(对数时间复杂度)。随着输入规模 n 的增加,运行时间以对数方式增长。这通常在二分查找等分而治之的算法中出现。

(3)$O(n)$(线性时间复杂度)。运行时间与输入规模 n 成正比。这是一种常见的复杂度,例如在遍历数组或列表中的所有元素时会出现。

(4)$O(n \log n)$(线性对数时间复杂度)。运行时间略高于线性复杂度,通常在快速排序和归并排序等排序算法中出现。

(5)$O(n^2)$(平方时间复杂度)。运行时间与输入规模 n 的平方成正比。这是一种较高的复杂度,通常在嵌套循环中执行操作时会出现。

(6)$O(2^n)$(指数时间复杂度)。随着输入规模 n 的增加,运行时间呈指数级增长。这是一种非常不理想的复杂度,通常在解决组合问题时出现。

(7)$O(n!)$(阶乘时间复杂度)。运行时间与输入规模 n 的阶乘成正比。这是一种最糟糕的情况,通常在穷举所有可能的排列或组合时出现。

3. 如何计算时间复杂度

计算一个算法的时间复杂度通常涉及分析算法的每个步骤，并确定它们与输入规模 n 的关系。以下是一些常见的计算时间复杂度的方法。

（1）循环分析。如果算法包含循环，需要确定循环的迭代次数，然后将其与 n 的关系进行比较。

（2）递归分析。对于递归算法，通常使用递归方程来分析运行时间。

（3）分而治之。对于分而治之算法，可以使用递归方程或主定理来计算时间复杂度。

（4）摊还分析。某些算法在最坏情况下可能很慢，但平均情况下较快。摊还分析可用于确定平均时间复杂度。

4. 在前端开发中的应用

在前端开发中，了解时间复杂度对于选择适当的数据结构和算法非常重要。以下是一些前端开发中常见的数据结构和它们的时间复杂度。

（1）数组。通常具有 $O(1)$ 的随机访问时间复杂度，但在插入和删除操作时可能需要 $O(n)$ 的时间，因为需要移动元素。

（2）链表。插入和删除操作通常具有 $O(1)$ 的时间复杂度，但随机访问需要 $O(n)$ 的时间，因为需要遍历链表。

（3）栈和队列。通常具有 $O(1)$ 的插入和删除操作时间复杂度，但取决于实现方式。

（4）哈希表。通常具有 $O(1)$ 的平均查找、插入和删除操作时间复杂度，但在冲突发生时可能需要 $O(n)$ 的最坏情况时间。

（5）树。二叉搜索树具有 $O(\lg n)$ 的平均查找时间复杂度，但如果树不平衡，最坏情况下可能达到 $O(n)$。平衡二叉树（如 AVL 树）可以确保 $O(\lg n)$ 的时间复杂度。

（6）图。图的时间

复杂度取决于遍历算法，如深度优先搜索（depth first search，DFS）和广度优先搜索（BFS）通常具有 $O(V+E)$ 的时间复杂度，其中 V 是顶点数，E 是边数。

了解这些数据结构和算法的时间复杂度可以帮助前端开发人员在设计和优化应用程序时做出明智的决策，以确保良好的性能和用户体验。

时间复杂度是算法性能分析的关键概念，用于衡量算法在不同输入规模下的运行时间。了解时间复杂度可以更好地选择适当的算法和数据结构，以确保前端应用程序在处理不同规模数据时能够高效地运行。不同时间复杂度的算法在性能方面有显著差异，因此在前端开发中，对时间复杂度的理解和应用至关重要。通过仔细分析算法，可以选择最佳算法以提高应用程序的性能，提供更好的用户体验。

25.2　栈

栈是计算机科学中一种非常重要的数据结构，它在前端开发中也有广泛的应用。下面将介绍栈的概念、栈的实现，以及栈在前端开发中的应用，以更好地理解和利用这个数据结构。

1. 栈的概念

1）什么是栈？

栈是一种线性数据结构，它遵循特定的规则，按照"后进先出"（last-in-first-out，LIFO）的原则管理数据。这意味着最后进栈的元素将是第一个出栈的元素,而最先进栈的元素将会是最后出栈的元素。栈通常比较适合处理需要回溯的问题,如函数调用、浏览器历史记录等。

2)栈的基本操作

栈支持入栈和出栈两个基本操作。

(1)入栈(push)。将一个元素添加到栈的顶部,这个新元素成为栈的新顶部元素。

(2)出栈(pop)。从栈的顶部移除元素,并返回被移除的元素。栈的顶部元素是最后一个入栈的元素。

3)栈的应用场景

栈在前端开发中有广泛的应用,包括但不限于以下几个方面。

(1)浏览器历史记录管理。前端应用可以使用栈来管理用户在应用内的浏览历史记录,使用户能够方便地返回上一页或前进到下一页。

(2)表单数据管理。当用户填写表单时,栈可以用来管理输入数据的历史状态,以便用户可以回退到之前的输入。

(3)路由系统。前端框架通常使用栈来管理路由的历史状态,以便用户能够导航到不同的页面。

(4)撤销和重做功能。在图形设计应用程序中,栈可以用来实现撤销和重做功能,使用户能够回溯到之前的设计状态。

(5)调试和错误处理。开发人员在调试应用程序时,可以使用栈来跟踪函数调用堆栈,以找出错误的发生位置。

2. 栈的实现

1)栈的数据结构

栈可以使用数组或链表来实现。下面分别介绍这两种实现方式。

(1)数组实现。数组实现的栈是最常见的形式,它使用一个固定大小的数组来存储栈中的元素。以下是数组实现栈的基本操作。

①入栈(push):在数组的末尾添加元素,并更新栈的顶部指针。

②出栈(pop):从数组的末尾移除元素,并更新栈的顶部指针。

③查看栈顶元素(peek):返回栈顶元素的值,但不移除它。

④判断栈是否为空(isempty):检查栈中是否有元素。

数组实现的栈操作通常是常数时间复杂度的,但当栈的大小达到数组的容量时,需要进行扩容操作。

(2)链表实现。链表实现的栈使用一个链表数据结构,每个节点包含一个元素和指向下一个节点的指针。以下是链表实现栈的基本操作。

①入栈(push)。创建一个新节点,将其链接到链表的头部,并更新栈顶指针。

②出栈(pop)。移除链表的头部节点,并更新栈顶指针。

③查看栈顶元素(peek)。返回链表的头部节点的值,但不移除它。

④判断栈是否为空(isempty)。检查链表是否为空。

链表实现的栈操作通常是常数时间复杂度的,而且不需要扩容,但需要额外的内存来存储指针。

2）栈的实际代码

（1）数组实现栈（JavaScript）。

```JavaScript
class Stack {
  constructor() {
    this.items = [];
  }

  push(item) {
    this.items.push(item);
  }

  pop() {
    if (this.isEmpty()) {
      return null;
    }
    return this.items.pop();
  }

  peek() {
    if (this.isEmpty()) {
      return null;
    }
    return this.items[this.items.length-1];
  }

  isEmpty() {
    return this.items.length === 0;
  }
}

// 使用示例
const stack = new Stack();
stack.push(1);
stack.push(2);
stack.push(3);
console.log(stack.pop()); // 输出 3
console.log(stack.peek()); // 输出 2
```

```javascript
console.log(stack.isEmpty()); // 输出 false
```

(2) 链表实现栈 (JavaScript)。

JavaScript
```javascript
class Node {
  constructor(data) {
    this.data = data;
    this.next = null;
  }
}


class Stack {
  constructor() {
    this.top = null;
  }

  push(item) {
    const newNode = new Node(item);
    newNode.next = this.top;
    this.top = newNode;
  }

  pop() {
    if (this.isEmpty()) {
      return null;
    }
    const removedItem = this.top.data;
    this.top = this.top.next;
    return removedItem;
  }

  peek() {
    if (this.isEmpty()) {
      return null;
    }
    return this.top.data;
  }

  isEmpty() {
```

```
        return this.top = = = null;
    }
}


// 使用示例
const stack = new Stack();



stack.push(1);
stack.push(2);
stack.push(3);
console.log(stack.pop());  // 输出 3
console.log(stack.peek());  // 输出 2
console.log(stack.isEmpty());  // 输出 false
```

栈是前端开发中常见的数据结构，它在浏览器历史记录、表单数据管理、路由系统等方面都有广泛的应用。了解栈的概念和实现方式，可以更好地解决与回溯和历史记录相关的问题，提高前端应用的用户体验和功能性。通过数组或链表的方式实现栈，可以根据具体需求选择最适合的实现方式，以提高性能和内存利用率。栈是前端开发中不可或缺的工具之一，深入了解它将有助于更好地设计和构建前端应用程序。

25.3　队列

队列是计算机科学中常见的数据结构之一，用于存储和管理数据项，其特点是按照先进先出(FIFO)的原则进行操作。这意味着最早添加到队列的元素将最先被移除。队列通常用于需要按照一定顺序处理数据的情况，如任务调度、缓冲数据、广度优先搜索等领域。在前端开发中，队列也经常用于处理异步操作，事件处理和动画等场景。

1. 队列的基本概念

(1)队列的操作。队列通常支持以下两种基本操作。

①入队(enqueue)：将一个新元素添加到队列的尾部。

②出队(dequeue)：移除队列的头部元素，并返回它。

(2)先进先出(FIFO)。队列的核心特性是 FIFO 原则，即最早添加到队列的元素将最先被移除。这确保了数据项按照它们加入队列的顺序进行处理。

(3)队列的大小。队列通常具有有限的容量，这种类型的队列称为有界队列，即队列的大小是有限的，一旦达到容量上限，就无法再添加新元素。另一种类型是无界队列，它没有容量限制，只受系统资源的限制。

2. 队列的实现

1)队列的数据结构

队列可以使用不同的数据结构来实现，常见的有数组(Array)和链表(linkedlist)，以下是它们的一些特点。

（1）数组实现队列。

①优点：随机访问速度快，对于已知大小的有界队列适用。

②缺点：在进行出队操作时，需要移动其他元素，时间复杂度为 $O(n)$。对于大规模的出队操作，性能可能较差。

（2）链表实现队列。

①优点：出队操作效率高，时间复杂度为 $O(1)$，适用于无界队列或大量出队操作的场景。

②缺点：随机访问效率较低，需要遍历链表来访问队列中的元素。

2）前端常见的队列应用

在前端开发中，队列常常用于以下几个方面。

①异步任务队列：用于管理异步操作，确保它们按照顺序执行。例如，JavaScript 中的事件队列（event queue）和 promise 队列。

②动画队列：用于实现动画效果，确保动画在页面上按顺序播放，避免冲突。

③事件处理：事件处理器通常使用队列来管理待处理事件，确保它们按照触发顺序执行。

④缓存队列：用于存储临时数据，以平衡生产者和消费者之间的速度差异。

⑤广度优先搜索：在图形算法中，队列用于实现 BFS（breadth first search，广度优先搜索）算法，以探索图形结构的层次结构。

3. JavaScript 中的队列

在 JavaScript 中，队列通常使用数组来实现。以下是一个简单的 JavaScript 队列示例：

```JavaScript
class Queue {
  constructor() {
    this.items = [];
  }

  // 入队
  enqueue(item) {
    this.items.push(item);
  }

  // 出队
  dequeue() {
    if (this.isEmpty()) {
      return null;
    }
    return this.items.shift();
  }
```

```
//判断队列是否为空
isEmpty() {
  return this.items.length = = = 0;
}


//返回队列大小
size() {
  return this.items.length;
}
}
```

使用这个队列类，可以执行入队、出队、判断队列是否为空，以及获取队列大小的操作。

总之，队列是前端开发中常见的数据结构，它遵循 FIFO 原则，用于有序管理数据。不同的实现方式适用于不同的场景，开发者可以根据具体需求选择适合的队列实现，来提高程序性能和可维护性。在处理异步操作、事件处理、动画和缓存等方面，队列都有广泛的应用。通过理解队列的基本概念和实现方式，前端开发者可以更好地应对复杂的任务和数据管理需求。

25.4　链表

链表(linked list)是一种常见的线性数据结构，用于在计算机程序中组织和存储数据。它是由一系列节点组成的集合，每个节点包含数据和指向下一个节点的引用两部分。链表的特点是数据元素不必在内存中连续存储，相邻的节点通过引用连接在一起，这使得链表具有一些独特的优势和应用场景。接下来，将深入介绍链表的概念、实现，以及一些常见的链表类型。

1. 链表的概念

链表是一种线性数据结构，与数组不同，链表中的元素不必在内存中紧密相连。数据和指向下一个节点的引用两部分。这种节点之间的链接使得链表具有以下重要特点。

(1)动态大小。链表的大小可以根据需要动态增加或减小，而不需要像数组一样提前分配固定大小的内存。

(2)内存分配灵活。链表中的节点在内存中可以不连续存储，这使得内存分配更加灵活。

(3)插入和删除高效。在链表中插入或删除元素通常比数组更高效，因为只需要调整节点的引用，而不需要移动大量元素。

(4)不需要预先知道大小。与数组不同，链表不需要提前知道要存储的元素数量，因此适用于动态数据集。

2. 单链表(singly linked list)

单链表是最简单的链表类型，每个节点只有一个指向下一个节点的引用。

```
JavaScript
class Node:
    def __init__(self, data):
        self.data = data
```

```
        self.next = None


class LinkedList:
    def __init__(self):
        self.head = None
```

在单链表中,操作主要包括以下四点。

①插入节点:在链表的开头或指定位置插入一个节点。

②删除节点:删除链表中的一个节点。

③查找节点:查找链表中是否存在特定的数据。

④遍历链表:按顺序访问链表中的所有节点。

单链表的应用非常广泛,例如,它可以用于实现栈(stack)和队列(queue)等数据结构,以及解决各种问题,如反转链表、检测环、合并有序链表等。

3. 双链表(doubly linked list)

双链表比单链表多了一个指向前一个节点的引用,这使得在双链表中可以更高效地进行反向遍历。

```
JavaScript
class Node:
    def __init__(self, data):
        self.data = data
        self.next = None
        self.prev = None


class DoublyLinkedList:
    def __init__(self):
        self.head = None
        self.tail = None
```

在双链表中,操作主要包括以下四点。

①插入节点:在链表的开头、末尾或指定位置插入一个节点。

②删除节点:删除链表中的一个节点。

③查找节点:查找链表中是否存在特定的数据。

④正向和反向遍历:可以从头到尾或从尾到头遍历链表。

双链表通常用于需要双向遍历的情况,如在文本编辑器中实现光标的前进和后退操作。

4. 循环链表(circular linked list)

循环链表是一种特殊的链表,它的尾节点指向头节点,形成一个闭环。循环链表的实现和操作与单链表类似,但遍历时需要额外的条件来判断是否已经完整地遍历了一圈。循环链表常用于实现循环队列和循环列表等数据结构。

链表在前端开发中有着广泛的应用,特别是在处理与 DOM(文档对象模型)相关的任务时，链表可以用来管理和操作 DOM 元素。例如，在处理动态列表、实现前进和后退导航等方面，链表都可以派上用场。

总之，链表是前端开发中常见的数据结构之一，它的灵活性和高效性使得它在各种应用场景中都有着重要的作用。了解链表的不同类型和操作方式有助于前端开发者更好地利用这一数据结构来解决问题和优化性能。

25.5 树

树（tree）是一种重要的非线性数据结构，它在计算机科学和编程中具有广泛的应用。树结构以分层的方式组织数据，每个节点可以有零个或多个子节点，这些子节点也可以有自己的子节点，形成了层次化的结构。树结构在前端开发中用于构建各种数据组织和操作算法，其中包括二叉树和二分搜索树，下面将分别介绍它们。

2.5.1 二叉树

二叉树（binary tree）是一种特殊的树结构，每个节点最多有两个子节点，分别称为左子节点和右子节点。这种约束使得二叉树易于理解和操作，因此它在计算机科学中被广泛使用。在二叉树中，每个节点都包含一个值和指向其左子节点和右子节点的指针（或引用）。

1. 二叉树的特性

（1）每个节点最多有两个子节点，分别为左子节点和右子节点。

（2）二叉树可以为空（没有节点）。

（3）二叉树的节点之间存在层次关系，根节点位于最上层，每个节点的子节点位于下一层。

（4）二叉树通常用递归的方式定义，即一个二叉树由根节点、左子树和右子树组成。

2. 二叉树的实现

在前端开发中，二叉树可以使用对象和类来实现。下面是一个简单的 JavaScript 类示例，用于表示二叉树的节点：

```JavaScript
class TreeNode {
  constructor(value) {
    this.value = value;
    this.left = null;
    this.right = null;
  }
}
```

上述代码定义了一个 TreeNode 类，每个节点包含一个值（value）和两个指向左子节点（left）和右子节点（right）的引用。通过将这些节点连接在一起，可以构建整个二叉树。

3. 二叉树的应用

二叉树作为一种常见的数据结构，在前端开发和计算机科学领域中有广泛的应用。以下是一些二叉树在前端开发中常见的应用。

(1)DOM 树(document object model)。网页的结构可以被视为一棵 DOM 树,其中每个 HTML 元素都是树的节点。JavaScript 可以用来操作和修改 DOM 树,从而实现动态网页的交互效果。

(2)二叉搜索树(binary search tree)。二叉搜索树是一种特殊的二叉树,用于高效地存储和检索数据。在前端开发中,它可以用来实现自动完成搜索框、快速排序、查找等功能。例如,前端框架和库通常使用二叉搜索树来实现虚拟 DOM 的比较和更新。

(3)动画和游戏开发。在游戏和动画制作中,使用树结构来表示场景图(scene graph)或骨骼动画的层次结构。这些树结构可以用来管理和渲染复杂的场景和动画。

(4)路由器和导航。前端路由器通常使用树结构来管理不同页面之间的导航关系。每个页面可以看作是树的一个节点,用户可以通过点击链接或导航按钮来浏览不同页面。

(5)解析和编译。在解析器和编译器中,语法分析树(syntax tree)或抽象语法树(abstract syntax tree,AST)用于表示源代码的结构。这些树结构在分析和转换源代码时发挥重要作用。

(6)数据结构和算法。树结构在前端开发中用于实现各种数据结构和算法,例如,堆(heap)、平衡树(balanced trees,如 AVL 树和红黑树)、图(graphs)、哈夫曼树(huffman tree)等。这些数据结构和算法可以用于解决各种问题,如优化算法、数据压缩、图像处理等。

(7)组织和管理数据。树结构可以用来组织和管理大量的数据,如文件系统中的目录结构、数据库中的索引、社交网络中的关系图等。

(8)虚拟现实和增强现实。在虚拟现实和增强现实应用中,场景的层次结构通常以树的形式表示,以便实现场景的交互和渲染。

总之,二叉树及其变种在前端开发中具有广泛的应用,用于解决各种数据组织、操作和查找的问题,从而提高了应用程序的性能和用户体验。前端开发人员可以通过深入了解这些树结构的原理和实现方法,更好地应对复杂的数据处理需求。

25.5.2　二分搜索树

二分搜索树(binary search tree,BST)是一种特殊的二叉树,它具有以下三个重要的性质。

(1)对于任意节点,其左子树中的值都小于等于该节点的值。

(2)对于任意节点,其右子树中的值都大于等于该节点的值。

(3)左子树和右子树也都是二分搜索树。

这些性质使得二分搜索树非常适合用于快速搜索和排序数据。

1. 二分搜索树的实现

在前端开发中,可以使用类似上面的 TreeNode 类来实现二分搜索树。此外,还需要一个树的类来管理根节点和各种操作,如插入、查找、删除等。

以下是一个简单的 JavaScript 实现示例:

```JavaScript
class BinarySearchTree {
  constructor() {
```

```javascript
    this. root = null;
  }

  // 插入节点
  insert(value) {
    this. root = this. _insert(this. root, value);
  }

  _insert(node, value) {
    if (node = = = null) {
      return new TreeNode(value);
    }

    if (value<node. value) {
      node. left = this. _insert(node. left, value);
    } else if (value>node. value) {
      node. right = this. _insert(node. right, value);
    }

    return node;
  }

  // 查找节点
  search(value) {
    return this. _search(this. root, value);
  }

  _search(node, value) {
    if (node = = = null) {
      return false;
    }

    if (value = = = node. value) {
      return true;
    } else if (value<node. value) {
      return this. _search(node. left, value);
    } else {
      return this. _search(node. right, value);
    }
  }
```

```javascript
}

// 删除节点
delete(value) {
  this.root = this._delete(this.root, value);
}


_delete(node, value) {
  if (node === null) {
    return null;
  }

  if (value < node.value) {
    node.left = this._delete(node.left, value);
  } else if (value > node.value) {
    node.right = this._delete(node.right, value);
  } else {
    // 节点有一个子节点或没有子节点的情况
    if (node.left === null) {
      return node.right;
    } else if (node.right === null) {
      return node.left;
    }

    // 节点有两个子节点的情况
    const minNode = this._findMin(node.right);
    node.value = minNode.value;
    node.right = this._delete(node.right, minNode.value);
  }

  return node;
}


_findMin(node) {
  while (node.left !== null) {
    node = node.left;
  }
  return node;
}
```

}

上述代码演示了一个简单的二分搜索树实现,包括插入、查找和删除操作。通过这些操作,可以实现对数据的高效管理和检索。

2. 二分搜索树的应用

二分搜索树是一种常见的二叉树数据结构,其应用广泛,不仅仅限于前端开发,还包括计算机科学和其他领域。以下是一些二分搜索树在不同领域中的常见应用。

(1)搜索和排序。BST 是一种高效的数据结构,用于搜索和排序。在前端开发中,它可以用于实现自动完成搜索框、快速排序、二分查找等功能。例如,网站的搜索功能通常使用 BST 来加速搜索过程。

(2)数据库索引。数据库系统通常使用 BST 来管理索引,以加速数据库查询操作。通过将表中的某列数据构建成 BST,可以快速查找、插入和删除数据记录。

(3)文件系统。文件系统中的目录结构可以视为一种树结构,BST 常被用于管理文件和目录的索引。这有助于快速查找文件并维护文件系统的层次结构。

(4)图形图像处理。BST 在图像处理中广泛用于快速搜索和处理像素数据。例如,图像压缩算法中的哈夫曼编码树就是一种特殊的 BST。

(5)路由算法。在计算机网络中,BST 可用于实现路由算法,以便在路由表中快速查找目标地址。

(6)自动化和机器学习。在自动化和机器学习中,BST 可用于构建决策树模型,帮助分类和预测数据。

(7)文本编辑器。某些文本编辑器使用 BST 来实现撤销和重做操作,以便快速恢复文本的历史状态。

(8)编译器和解析器。在编译器和解析器中,BST 用于构建语法分析树(syntax tree)或抽象语法树(abstract syntax tree,AST),以表示源代码的结构。

(9)数据库管理系统(DBMS)。DBMS 中的索引结构(如 B 树和 B+树)本质上也是一种二分搜索树的变种,用于高效地管理数据库中的数据。

(10)游戏开发。在游戏开发中,BST 可用于管理游戏对象的层次结构、碰撞检测等。

总之,树结构是前端开发中非常重要的数据结构,二叉树和二分搜索树是树结构的两个常见变种,它们在数据组织和操作中具有广泛的应用。掌握这些数据结构的原理和实现方法将有助于前端开发人员更高效地处理数据和解决问题。

25.6　AVL 树

AVL 树是一种自平衡的二叉搜索树(BST),它的平衡性是通过保持每个节点的左子树和右子树的高度差不超过 1 来维持的。这种自平衡性质确保了 AVL 树的高度保持在一个较小的范围内,从而保证了各种基本操作(如插入、删除和查找)的平均时间复杂度为 $O(\lg n)$。以下是 AVL 树的主要概念和实现细节。

1. 概念

(1)AVL 树性质。AVL 树的每个节点都有一个平衡因子(balance factor),它是该节点的左子树高度减去右子树高度的结果。

（2）平衡操作。当 AVL 树中的节点平衡因子不满足平衡性质时，需要进行旋转操作，以恢复平衡。旋转操作四种主要类型有左旋、右旋、左右旋、右左旋。

（3）插入操作。在插入新节点时，首先按照 BST 的规则插入节点。然后，从插入节点到根节点的路径上检查平衡因子，必要时进行旋转操作以恢复平衡。

（4）删除操作。在删除节点时，首先按照 BST 的规则删除节点。然后，从删除节点到根节点的路径上检查平衡因子，必要时进行旋转操作以恢复平衡。

（5）查找操作。与普通 BST 相同，通过比较节点值逐级向下查找目标节点。

2. 实现

AVL 树的实现通常包括以下几个关键组件：

（1）节点结构。AVL 树的节点结构通常包括节点值、左子树、右子树三个主要属性。此外，还需要存储每个节点的平衡因子。

（2）插入操作。插入新节点时，首先按照 BST 规则插入节点，然后从插入节点到根节点的路径上更新每个节点的平衡因子，并检查平衡性。如果平衡被破坏，进行必要的旋转操作。

（3）删除操作。删除节点时，首先按照 BST 规则删除节点，然后从删除节点到根节点的路径上更新每个节点的平衡因子，并检查平衡性。如果平衡被破坏，进行必要的旋转操作。

（4）旋转操作。AVL 树的平衡维护依赖于左旋、右旋、左右旋、右左旋四种旋转操作。这些旋转操作的实现是关键，它们确保了树的平衡性。

（5）平衡因子计算。在插入和删除操作中，需要更新每个节点的平衡因子。平衡因子可以通过计算左子树高度和右子树高度的差来获得。

（6）查找操作。查找操作与普通的 BST 查找操作类似，通过比较节点值逐级向下查找目标节点。

AVL 树是一种强大的数据结构，因为它保持了自平衡性质，确保了各种基本操作的高效性。然而，由于平衡性的维护涉及旋转操作，因此在某些情况下，AVL 树的性能可能不如其他数据结构，如红黑树。选择使用 AVL 树还是其他数据结构取决于特定问题的要求和性能需求。

25.6　Trie

Trie 是一种常见的数据结构，特别适用于处理字符串和文本数据。Trie 的设计和实现旨在有效地存储和检索以字符串为基础的数据集合，通常用于字典、自动补全、拼写检查、路由表等应用中。下面将深入探讨 Trie 的概念、结构和基本实现方式。

1. 概念

Trie 是一种树形结构，用于存储关联字符串数据集合。它的名称来自于"retrieval"的缩写，表明 Trie 的主要目标是支持高效的字符串检索。Trie 的核心思想是将字符串分解为字符序列，并将这些字符序列沿着树的路径进行存储。每个节点代表一个字符，从根节点到叶节点的路径表示一个完整的字符串。

2. 结构

Trie 的基本结构如下所示。

(1)根节点。根节点是 Trie 的起始点，通常不包含任何字符，只是一个空节点。

(2)节点。每个节点代表一个字符，包括根节点和内部节点。

(3)边。边连接节点，表示字符之间的关系，每个边上都有一个字符。

(4)叶节点。叶节点表示一个完整的字符串，通常用一个特殊标志来标识字符串的结束。

例如，下面是一个简单的 Trie 示例。

JavaScript

```
    (Root)
      |
      a
      |
      p
    / | \
   p   l   e
  / |
 l   e
/
e
```

在这个 Trie 中，存储了单词"apple"。根节点不包含任何字符，然后依次连接了字符"a"、"p"、"p"、"l"、"e"，直到叶节点表示完整的单词"apple"。

3. 实现

Trie 的实现可以通过节点类来完成，每个节点包括一个字符和一个指向子节点的指针数组。例如：

JavaScript

```
class TrieNode：
    def __init__(self)：
        self.children = [None] * 26    # 假设只包含小写字母
        self.is_end_of_word = False    # 标志表示是否是一个单词的结尾


class Trie：
    def __init__(self)：
        self.root = TrieNode()

    def insert(self, word)：
        node = self.root
        for char in word：
```

```
            index = ord(char)-ord('a')
            if not node.children[index]:
                node.children[index] = TrieNode()
            node = node.children[index]
        node.is_end_of_word = True

    def search(self, word):
        node = self.root
        for char in word:
            index = ord(char)-ord('a')
            if not node.children[index]:
                return False
            node = node.children[index]
        return node.is_end_of_word

    def startsWith(self, prefix):
        node = self.root
        for char in prefix:
            index = ord(char)-ord('a')
            if not node.children[index]:
                return False
            node = node.children[index]
        return True
```

上述代码中,定义了一个 TrieNode 类表示 Trie 的节点,其中包括一个字符数组来存储子节点,以及一个布尔值来表示是否是一个单词的结尾。然后,创建了 Trie 类,它包含了插入、搜索和查找以指定单词为前缀的方法。

Trie 的实现方式可以根据具体需求进行扩展,例如,可以添加删除操作、统计单词出现次数的功能等。

总之,Trie 是一种非常有用的数据结构,特别适用于处理大量字符串数据的存储和检索。通过将字符串拆分为字符序列,并使用树形结构存储,Trie 提供了高效的字符串搜索和前缀匹配功能,为许多文本处理应用提供了强大的支持。在前端开发中,Trie 可以用于实现自动补全、搜索建议和拼写检查等功能,提升用户体验和性能。

25.7　并查集

并查集(disjoint-set union,DSU)是一种常见的数据结构,用于解决一些与集合操作相关的问题,如连通性和分组问题。它提供了一种高效的方式来管理一组元素,其中每个元素都属于一个不相交的集合。在前端开发中,并查集虽然不常用,但在某些场景下也可能会遇到。

1．概念

并查集是一种用于维护元素之间等价关系的数据结构。它主要支持两种操作。

（1）查找（find）。用于确定一个元素属于哪个集合。通常返回集合的代表元素（根节点），这个代表元素可以用来标识整个集合。

（2）合并（union）。用于将两个集合合并为一个集合。这意味着两个集合中的所有元素都将成为一个大集合的成员。

并查集的核心思想是将元素分组成不相交的集合，每个集合由一个代表元素来表示。通过不断地进行查找和合并操作，可以有效地管理这些集合。

2．实现

并查集的实现通常基于树结构，有基于数组和基于树两种实现方式。

1）基于数组的实现

这种实现方式使用一个数组来表示并查集，数组的索引表示元素，数组的值表示元素所属的集合。初始状态下，每个元素都被视为一个单独的集合，即每个元素的值等于其索引。

①初始化：将每个元素的值初始化为其索引。

②查找操作：找到元素所属的集合，即找到根节点，可以通过递归或迭代的方式实现。

③合并操作：将两个元素所属的集合合并为一个集合，通常将其中一个元素的根节点指向另一个元素的根节点。

这种实现方式比较简单，但在合并操作时可能会导致树结构变得不平衡，影响性能。

2）基于树的实现

这种实现方式使用树来表示集合，每个集合由一棵树来表示，树的根节点表示集合的代表元素。

①初始化：每个元素都是一个单独的树，树的根节点就是元素本身。

②查找操作：找到根节点，即代表元素。

③合并操作：将两个集合的树合并为一个，通常将一棵树的根节点连接到另一棵树的根节点上。

这种实现方式可以避免树结构变得不平衡，提高了性能。

3．应用

并查集在前端开发中可能不常见，但在一些图形算法、游戏开发、社交网络分析等领域可能会用到。以下是一些可能出现的应用场景。

（1）游戏开发。用于管理游戏中的玩家、道具或地图区域的关系。例如，判断两个地图区域是否连通，以便玩家能够从一个区域移动到另一个区域。

（2）社交网络分析。用于分析社交网络中的关系，如查找共同的朋友或确定社交网络中的群组。

（3）图形算法。在图形算法中，如最小生成树、最短路径算法等，也经常使用并查集来管理顶点之间的关系。

（4）图像分割。在图像处理领域，可以使用并查集来将相似的像素点分为一个区域，用于图像分割任务。

（5）数据可视化。在数据可视化中，可以使用并查集来连接相关的数据点，以创建连通的数据图表。

虽然在前端开发中使用并查集的情况相对较少，但了解并查集的概念和实现方式可以更好地理解它在其他领域的应用，以及在需要时如何使用它来解决问题。

25.8　堆

堆是计算机科学中常见的数据结构之一，用于有效地管理和操作一组元素。堆通常被用于解决优先级队列、排序算法以及其他许多算法和数据结构中的问题。接下来将介绍堆的概念，并详细讨论如何实现大根堆。

1. 概念

堆是一种树状数据结构，它具有以下两个主要特性。

（1）完全二叉树结构：堆通常表示为一个完全二叉树，这意味着树中的每个节点都具有左子节点和右子节点，除了最后一层，最后一层的节点从左到右填充。这确保了堆的高效性。

（2）堆序性：堆根据堆序性质进行排序。在大根堆中，父节点的值始终大于或等于其子节点的值；而在小根堆中，父节点的值始终小于或等于其子节点的值。这意味着在大根堆中，根节点是最大的元素。

堆分为两种主要类型：大根堆和小根堆。大根堆用于查找最大元素，小根堆用于查找最小元素。在接下来的部分，我们将重点介绍大根堆的实现。

2. 实现大根堆

大根堆的实现通常依赖于数组结构，其中每个元素表示堆中的一个节点。这种表示法使得访问节点和执行堆操作非常高效。下面是实现大根堆的四个关键操作。

（1）插入元素：插入元素通常是将元素添加到堆的末尾，然后通过执行一系列操作（称为"堆化"）来保持堆的堆序性。堆化过程涉及将新元素与其父节点进行比较并交换，直到堆的堆序性得以恢复。

（2）删除最大元素：最大元素通常是堆的根节点。为了删除它，将根节点与堆中的最后一个元素交换，然后从根节点开始执行一系列堆化操作，以确保堆的堆序性得以维护。随后，删除最后一个元素。

（3）建堆：将一个无序的数组转化为一个大根堆的过程称为建堆。这可以通过从数组的中间位置向根节点的方向逐步执行堆化操作来完成。

（4）堆排序：堆排序是一种高效的排序算法，它首先通过建堆将数组转化为一个大根堆，然后反复删除最大元素并将其放置在已排序部分的末尾，最终得到一个有序数组。

大根堆的实现可以使用不同的编程语言来完成，通常需要实现上述操作以维护堆的性质。以下是一个伪代码示例，展示了如何实现大根堆的插入操作。

```
JavaScript
# 伪代码示例：插入操作
insert(heap, value):
    # 将新元素添加到堆的末尾
```

```
heap.append(value)
index = length(heap)-1

# 通过与父节点比较和交换来维护堆的性质
while index>0:
    parent_index = (index-1) // 2
    if heap[index]< = heap[parent_index]:
        break
    swap(heap, index, parent_index)
    index = parent_index
```

在实际编程中，通常还需要实现删除最大元素、建堆和堆排序等操作，以充分利用堆的潜力。

总之，堆是一种非常有用的数据结构，用于高效地管理元素，并在许多算法和应用中发挥作用。大根堆是堆的一种常见形式，具有完全二叉树结构和堆序性质。了解堆的概念和实现大根堆的基本操作可以帮助前端开发人员更好地应用它们在项目中，提高程序的效率和性能。

25.9　习题

1. 下面通常采用"先进先出"原则的是（　　）。

    A. 栈　　　　　　　　B. 队列　　　　　　　　C. 链表　　　　　　　　D. 树

2. AVL 树是一种自平衡的二叉搜索树，它的平衡是通过（　　）来维护的。

    A. 旋转操作

    B. 随机插入

    C. 按照值的大小插入

    D. 不维护平衡，只在需要时进行平衡操作

3. Trie 树（字典树）通常用于解决（　　）问题。

    A. 排序

    B. 字符串匹配和前缀搜索

    C. 图的遍历

    D. 数据压缩

4. 并查集数据结构主要用于解决（　　）问题。

    A. 图的最短路径

    B. 矩阵运算

    C. 集合合并与查询

    D. 字符串匹配

5. 请简要解释时间复杂度是什么，为什么它对算法分析如此重要？

第 4 部分　前端高级框架 Vue

第26章 介绍 Vue.js

26.1 什么是 Vue.js

Vue.js 是一种流行的 JavaScript 前端框架，用于构建用户界面和单页面应用程序。下面将详细介绍 Vue.js 的发展、优势和特点，以及与其他前端框架的比较。

1. Vue.js 的发展

1）诞生与初期发展

Vue.js 是由中国工程师尤雨溪于 2014 年创建。尤雨溪最初的动机是为了解决他在使用 AngularJS 时遇到的一些问题，他希望开发一个更轻量级、易于学习和使用的前端框架，于是 Vue.js 便诞生了。

在初期，Vue.js 并没有引起广泛的关注，但它的简单性和直观性吸引了一些开发者。Vue.js 的首个版本的核心特点包括双向数据绑定、组件化开发和轻量级的体积。这些特性使得 Vue.js 在前端开发社区中崭露头角。

2）快速增长与社区贡献

2016 年，Vue.js 开始迅速增长。它受到了很多开发者的欢迎，尤雨溪也投入更多的时间和精力来维护和发展这个项目。Vue.js 的社区开始壮大，出现了大量的第三方插件和扩展，为开发者提供了更多的选择。

在这个阶段，Vue.js 的文档也得到了改进，更多的教程和示例代码开始涌现。这使得新手开发者更容易入门 Vue.js，并开始在实际项目中应用它。

3）Vue.js 2.0 发布

2016 年，Vue.js 2.0 发布，带来了一系列重要的改进和性能优化。这个版本进一步提高了 Vue.js 的性能，并引入了虚拟 DOM(Virtual DOM)的概念，使得页面更新更加高效。Vue.js 2.0 的发布进一步巩固了 Vue.js 在前端开发领域的地位。

4）与大厂合作与国际化

随着 Vue.js 的知名度不断上升，一些大型技术公司也开始采用 Vue.js 来开发自己的项目。这为 Vue.js 带来了更多的曝光和支持。另一个重要的里程碑是 Vue.js 国际化的努力。Vue.js 的文档和社区开始提供多语言支持，吸引了全球范围内的开发者。这使得 Vue.js 在全球范围内成为一个有影响力的前端框架。

5）Vue.js 3.0 发布

Vue.js 3.0 于 2020 年发布，这是一个里程碑式的版本。Vue.js 3.0 引入了 Composition API，提供了更灵活和可维护的代码组织方式。Vue.js 3.0 还改进了性能，并进一步优化了虚拟 DOM,使得页面渲染更快速。

6)生态系统的繁荣

Vue.js 的生态系统也在不断壮大。Vue Router 和 Vuex 等官方扩展库提供了路由管理和状态管理的解决方案,使得 Vue.js 更适用于大型单页应用程序的开发。此外,许多第三方库和工具已经与 Vue.js 无缝集成,为开发者提供了更多的选择。

7)未来展望

未来,Vue.js 仍然有很大的发展空间。随着 Web 生态系统的不断演进,Vue.js 将继续适应新的技术和趋势,以满足开发者和用户的需求。社区的活跃度和贡献将继续推动 Vue.js 向前发展。

总之,Vue.js 从一个小众项目发展成为一个备受欢迎的前端框架,其简单性、性能和灵活性使其在全球范围内得到广泛应用,它有望继续在前端开发领域发挥重要作用。

2. Vue.js 的优势和特点

作为一种流行的 JavaScript 框架,它具有许多优势和特点。这使其成为许多开发人员和企业的首选。以下是 Vue.js 的一些主要优势和特点。

(1)简单易用。Vue.js 的语法和 API 设计非常简单,易于理解和学习,即使是初学者也能快速上手。Vue.js 使用了直观的模板语法,将模型、视图和控制器分离,使代码更具可维护性。

(2)组件化开发。Vue.js 鼓励组件化开发,允许将应用程序拆分为小而可重用的组件。这有助于提高代码的可维护性和可重用性,并使团队协作更加容易。

(3)响应式数据绑定。Vue.js 通过双向数据绑定实现了响应式数据。这意味着当数据发生变化时,视图会自动更新,从而减少了手动 DOM 操作的需求,提高了开发效率。

(4)虚拟 DOM。Vue.js 使用虚拟 DOM 来优化性能。它会在内存中维护一个虚拟的 DOM 树,然后与实际 DOM 进行比较,只更新需要更改的部分,从而减少了 DOM 操作的次数,提高了渲染效率。

(5)生态系统丰富。Vue.js 有一个庞大的生态系统,包括许多第三方库和插件,可以轻松扩展其功能,满足各种开发需求。

(6)社区支持。Vue.js 拥有一个活跃的社区,提供了大量的文档、教程和示例代码。这使得开发人员可以快速解决问题,并获得有价值的反馈和建议。

(7)渐进式框架。Vue.js 是一个渐进式框架,可以根据项目的需要逐步采用其特性。这意味着可以选择性地使用 Vue.js,而不必一次性采用全部功能。

(8)兼容性良好。Vue.js 具有良好的浏览器兼容性,并且可以与其他前端技术(如 Webpack 和 Vue Router)无缝集成,使其成为构建现代 Web 应用程序的理想选择。

3. Vue.js 与其他前端框架的比较

Vue.js 是一种流行的 JavaScript 前端框架,用于构建现代、交互式的 Web 应用程序。它在功能、生态系统和性能方面与其他前端框架相比具有独特的特点。下面是 Vue.js 与其他主要前端框架的比较。

1)React

(1)语言。React 使用 JSX,一种在 JavaScript 中嵌入 XML 的语法,而 Vue 使用单文件组件(.vue)格式,其中 HTML、CSS 和 JavaScript 都在一个文件中。

（2）状态管理。React 通常需要使用第三方库（如 Redux）来管理应用程序的状态，而 Vue 内置了 Vuex，一个用于状态管理的库。

（3）学习曲线。Vue 通常被认为在学习曲线上比 React 更友好，因为 Vue 的 API 更简单，更容易上手。

2）Angular

（1）语言。Angular 使用 TypeScript 作为主要语言，而 Vue 和 React 使用 JavaScript 或 TypeScript 都可以。

（2）复杂性。Angular 通常被认为更重、更复杂，适用于大型企业级应用，而 Vue 更适合中小型应用程序。

（3）模板系统。Angular 使用 HTML 模板和自定义指令，而 Vue 使用模板语法和指令来定义视图。

3）性能

（1）Vue 在性能方面表现良好，具有优秀的虚拟 DOM（virtual DOM）算法，可以有效地减少 DOM 操作，提高应用程序性能。

（2）React 也有高性能的虚拟 DOM，但具体的性能表现可能取决于应用程序的复杂性和使用情况。

（3）Angular 在性能方面较重，需要更多的资源，适合大型应用。

4）生态系统

（1）React 拥有庞大的生态系统，包括许多第三方库和组件。

（2）Vue 的生态系统也在不断增长，社区活跃度较高，有许多插件和组件可供选择。

（3）Angular 生态系统也很庞大，但更加企业化，适合大型项目。

5）社区和支持

（1）React 和 Vue 都有强大的社区支持，以及广泛的在线文档和教程。

（2）Angular 也有大型社区和官方文档，但可能相对 React 和 Vue 来说较为复杂。

6）可选性

（1）Vue 具有渐进式框架的特点，可以选择性地使用它的一部分，也可以使用 Vue CLI 来快速启动项目。

（2）React 和 Angular 通常需要整个框架的引入，不太容易选择性地使用其中的一部分。

因此，选择前端框架取决于项目需求、团队经验和偏好。React 适用于构建大型应用和具有复杂状态管理需求的项目，Vue 适用于中小型应用和快速原型开发，而 Angular 适用于大型企业级应用。每个框架都有其优点和劣势，选择合适的框架需要仔细考虑各种因素。

总之，Vue.js 是一个功能强大、易于学习和使用的前端框架，适用于各种项目规模和类型，并且在前端开发社区中备受欢迎。

26.2 准备工作

1. 安装 Node.js 和 npm

安装 Node.js 和 npm（node package manager）是开始使用 JavaScript 开发的第一步，它们

能够运行 JavaScript 代码并管理依赖项。以下是在不同操作系统上安装 Node. js 和 npm 的
具体步骤。

1)在 Windows 上安装 Node. js 和 npm

(1)访问 Node. js 官方网站:https://nodejs. org/ 。

(2)Node. js 有两个版本可供选择:LTS(长期支持版本)和 Current(当前版本)。建议选
择 LTS 版本,因为它更稳定。单击"LTS"下载链接。

(3)下载 Windows 安装程序(. msi 文件),选择与计算机体系结构(32 位或 64 位)匹配的
版本。

(4)运行下载的. msi 文件。在安装向导中,可以选择自定义安装选项,但通常默认选项已
经足够了。

(5)完成安装向导,等待安装完成。

(6)打开命令提示符(command prompt)或 PowerShell,然后运行以下命令来验证 Node.
js 和 npm 是否已成功安装:

```Shell
node-v
npm-v
```

这将显示已安装的 Node. js 和 npm 的版本号。

2)在 mac OS 上安装 Node. js 和 npm

(1)打开终端应用程序。

(2)使用"Homebrew"(https:// brew. sh/) 安装 Node. js 和 npm。如果尚未安装
Homebrew,可以在终端中运行以下命令来安装它:

```Shell
/bin/bash-c " $ (curl-fsSL https:// raw. githubusercontent. com/Homebrew/install/
master/install. sh)"
```

(3)安装 Node. js 和 npm:

```Shell
brew install node
```

(4)安装完成后,运行以下命令来验证 Node. js 和 npm 是否已成功安装:

```Shell
node-v
npm-v
```

这将显示已安装的 Node. js 和 npm 的版本号。

3)在 Linux 上安装 Node. js 和 npm

在 Linux 上,可以使用包管理器来安装 Node. js 和 npm。以下是一些常见的包管理器
示例。

（1）使用 apt(Debian/Ubuntu)。

①打开终端。

②运行以下命令以更新包列表：

```Shell
sudo apt update
```

③安装 Node.js 和 npm：

```Shell
sudo apt install nodejs npm
```

④安装完成后，运行以下命令来验证 Node.js 和 npm 是否已成功安装：

```Shell
node-v
npm-v
```

（2）使用 yum(CentOS/Fedora)。

①打开终端。

②运行以下命令以更新包列表：

```Shell
sudo yum update
```

③安装 Node.js 和 npm：

```Shell
sudo yum install nodejs npm
```

④安装完成后，运行以下命令来验证 Node.js 和 npm 是否已成功安装：

```Shell
node-v
npm-v
```

无论使用哪种操作系统，安装成功后，都应该能够使用 Node.js 运行 JavaScript 代码并使用 npm 管理包和依赖项。如果需要安装全局 npm 包，可以使用 npm install-g 命令。例如：

```HTML
npm install-g [package-name]
```

现在，已经安装了 Node.js 和 npm，可以开始使用它们来开发 JavaScript 应用程序。

2. 创建第一个 Vue.js 应用

创建一个 Vue.js 应用程序是一个很好的开始，Vue.js 是一个流行的 JavaScript 框架，用于构建交互式用户界面。以下是创建并运行一个简单的 Vue.js 应用程序的详细步骤。

1）步骤 1：安装 Vue CLI(命令行工具)

Vue CLI 是一个可以快速创建和管理 Vue.js 项目的工具。在终端或命令提示符中运行以下命令来全局安装 Vue CLI：

HTML

```
npm install-g @vue/cli
```

这将安装 Vue CLI 到计算机上。

2）步骤 2：创建一个新的 Vue 项目

（1）使用 Vue CLI 创建一个新的 Vue 项目。在命令行中运行以下命令：

HTML

```
vue create my-vue-app
```

这里的 my-vue-app 是项目名称，可以根据需要更改它。

（2）在命令行中，Vue CLI 将提示选择一种预设配置，可以选择默认配置（默认推荐的配置）或手动选择特定特性。如果是初学者，可以选择默认配置。

（3）等待 Vue CLI 自动创建项目并安装依赖项。这可能需要一些时间，具体时间取决于计算机性能和网络速度。

3）步骤 3：进入项目目录

项目创建完成后，进入项目目录：

HTML

```
cd my-vue-app
```

4）步骤 4：运行 Vue 项目

在项目目录中运行以下命令来启动 Vue 项目：

HTML

```
npm run serve
```

这将启动开发服务器并在浏览器中打开 Vue 应用程序，将看到一个 URL（通常是 http：//localhost：8080/）以访问应用程序。

5）步骤 5：编辑 Vue 应用程序

可以使用文本编辑器打开项目目录中的文件，并开始编辑 Vue 组件。Vue 组件通常存储在.vue 文件中，其中包含模板、脚本和样式。

例如，在 src/components/HelloWorld.vue 中，可以编辑模板部分：

HTML

```
<template>
  <div>
    <h1>{{ message }}</h1>
  </div>
</template>
```

然后，在 src/components/HelloWorld.vue 中编辑脚本部分：

HTML

```
<script>
export default {
  data() {
    return {
      message: 'Hello, Vue!'
    };
  }
};
</script>
```

随后，可以在应用程序中使用此组件。

6）步骤 6：构建和部署

一旦完成了应用程序的开发，可以使用以下命令构建应用程序以进行部署：

HTML

```
npm run build
```

这将生成一个 dist 目录，其中包含用于部署到生产环境的文件。

以上是创建和运行一个简单的 Vue.js 应用程序的基本步骤，可以根据项目的需求和复杂性进一步学习 Vue.js 的特性和功能，以构建更复杂的应用程序。在开发过程中，Vue.js 官方文档将是一个非常有用的资源，以供查阅和学习。

26.3 习题

1. Vue.js 的核心特点不包括（　　）。
    A. 响应式数据绑定
    B. 组件化开发
    C. 需要手动操作 DOM
    D. 渐进式框架

2. 关于 Vue.js 的正确描述是（　　）。
    A. 仅适用于小型项目
    B. 由 Microsoft 维护
    C. 采用 MVVM 模式
    D. 必须配合 jQuery 使用

第 27 章　Vue.js 基础

27.1　Vue 实例

当讨论 Vue 3 的 Vue 实例时，可以涵盖以下三个主要知识点：创建 Vue 实例、数据绑定和模板语法。请注意，本节将专注于 Vue 3 的语法和概念，而不涉及 Vue 2 的内容。

1. 创建 Vue 实例

在 Vue.js 3 中，要创建一个 Vue 实例，需要首先引入 Vue 库，然后通过 createApp 函数创建实例。下面是创建 Vue 实例的步骤：

```
HTML
// 导入 Vue 库
import { createApp } from 'vue';

// 创建 Vue 实例
const app = createApp({
    // 配置选项
});

// 挂载实例到 DOM 元素上
app.mount('#app');
```

在这个例子中，首先导入 Vue 库，并使用 createApp 函数创建了一个 Vue 实例。可以在 createApp 函数中传递一个包含配置选项的对象。常见的配置选项包括 data、methods、computed 等。

2. 数据绑定

在 Vue 中，可以轻松地将数据绑定到 DOM 元素，以实现响应式更新。Vue 3 采用了 v-model 指令，用于双向数据绑定，以及插值表达式{{ }}来进行单向数据绑定。

1）双向数据绑定

```
HTML
<template>
    <input v-model = "message" />
    <p>{{ message }}</p>
</template>
```

```
<script>
export default {
  data() {
    return {
      message: "Hello, Vue!"
    };
  }
};
</script>
```

在这个例子中，v-model 将<input>元素与 Vue 实例的 message 属性双向绑定，所以输入框中的内容会实时反映在<p>标签中。

2）单向数据绑定

HTML
```
<template>
  <p>{{ message }}</p>
</template>

<script>
export default {
  data() {
    return {
      message: "Hello, Vue!"
    };
  }
};
</script>
```

在这个例子中，使用插值表达式{{ message }}将 message 属性的值绑定到了<p>元素中。当 message 属性的值发生变化时，页面上的文本内容也会自动更新。

3. 模板语法

Vue 的模板语法能够在 HTML 中嵌入 Vue 表达式，以动态生成 DOM 元素。以下是一些常见的模板语法示例。

1）条件渲染

HTML
```
<template>
  <p v-if = "showMessage">This is a message. </p>
  <p v-else>Message is hidden. </p>
</template>
```

```
<script>
export default {
  data() {
    return {
      showMessage: true
    };
  }
};
</script>
```

在这个例子中，v-if 指令根据 showMessage 属性的值来决定是否渲染<p>元素。

2）列表渲染

```
HTML
<template>
  <ul>
    <li v-for = "item in items" :key = "item.id">{{ item.name }}</li>
  </ul>
</template>

<script>
export default {
  data() {
    return {
      items: [
        { id: 1, name: "Item 1" },
        { id: 2, name: "Item 2" },
        { id: 3, name: "Item 3" }
      ]
    };
  }
};
</script>
```

在这个例子中，v-for 指令用于遍历 items 数组，并渲染一个列表。

这些是 Vue.js 3 中创建 Vue 实例、数据绑定和模板语法的主要概念。Vue 的响应式系统会自动追踪数据的变化，并更新相关的 DOM 元素，使开发变得更加容易和高效。

27.2　数据与方法

数据响应性、计算属性和监听属性是与 Vue.js 框架密切相关的核心概念，它们在 Vue.js 中用于管理和响应数据的变化。本节将详细介绍这些概念。

1. 数据响应性（data reactivity）

（1）数据响应性是 Vue.js 的一个重要特性，它允许应用程序的数据与用户界面保持同步，即当数据发生变化时，用户界面会自动更新。

（2）这一特性基于 JavaScript 的 Object.defineProperty 或 ES6 的 Proxy 来实现，它们可以拦截对象属性的读取和修改操作。

（3）在 Vue.js 中，当将数据对象传递给 Vue 实例时，Vue 会自动追踪数据的变化，从而可以在数据发生变化时触发视图的重新渲染。

例如：

```JavaScript
const data = { message: 'Hello, Vue! ' };
const vm = new Vue({
  data: data
});


// 当数据变化时，视图自动更新
vm.message = 'Hello, Vue.js! ';
```

在上面的示例中，vm.message 的变化会被 Vue 追踪到，并且会自动更新关联的视图。数据响应性使得开发者可以专注于数据的变化，而不必手动管理视图的更新。

2. 计算属性（computed properties）

（1）计算属性是一种根据现有数据派生出新数据的方式，它们会缓存计算结果，只有在依赖的数据发生变化时才会重新计算。

（2）计算属性通常用于处理需要复杂逻辑或数据转换的情况，以保持代码的可维护性和性能。

例如：

```JavaScript
const vm = new Vue({
  data: {
    firstName: 'John',
    lastName: 'Doe'
  },
  computed: {
    fullName: function () {
      return this.firstName + '' + this.lastName;
    }
  }
});
```

// 访问计算属性
console.log(vm.fullName)；// 输出："John Doe"

在上面的例子中,fullName 是一个计算属性,它依赖于 firstName 和 lastName,只有当这两个数据发生变化时才会重新计算。计算属性使得开发者可以将复杂的计算逻辑封装在属性中,提高了代码的可读性和维护性。

3. 监听属性

(1)监听属性(watchers)允许在数据发生变化时执行自定义的函数,这些函数可以用于执行异步操作、处理副作用或触发其他操作。

(2)监听属性通常用于需要对数据变化做出反应,但不需要派生新数据的情况。

例如：

```JavaScript
const vm = new Vue({
  data：{
    counter：0
  },
  watch：{
    counter：function (newValue, oldValue) {
      console.log('Counter changed from ${oldValue} to ${newValue}');
    }
  }
});
```

// 修改 counter,监听属性会响应
vm.counter = 10；// 输出："Counter changed from 0 to 10"

在上面的例子中,counter 属性的变化会被 watch 属性中定义的监听函数捕获,从而执行自定义的逻辑。监听属性对于监视数据的变化并采取相应的操作非常有用。

这些概念是 Vue.js 中非常重要的一部分,它们使得数据和视图之间的关系更加清晰和高效,提高了开发 Vue.js 应用程序的便捷性和可维护性。这些特性使 Vue.js 成为一个强大的前端框架,可以用于构建响应式、高性能的用户界面。

27.3　事件处理

当涉及现代前端开发时,事件处理是一个关键的概念,特别是在 Vue.js 这样的现代 JavaScript 框架中。在 Vue 3 中,可以通过事件绑定、事件修饰符和自定义事件来处理事件。下面将详细解释这些概念,并提供一些示例和分析,但不涉及 Vue 2 的内容。

1. 事件绑定

事件绑定是将一个事件监听器附加到 HTML 元素或 Vue 组件上,以便在特定事件触发

时执行指定的操作。在 Vue 3 中，可以使用@符号来绑定事件。例如：

```
HTML
<template>
  <button @click = "handleClick">点击我</button>
</template>

<script>
export default {
  methods: {
    handleClick() {
      alert('按钮被点击了！');
    }
  }
}
</script>
```

在上面的示例中，通过@click 绑定了一个点击事件，当按钮被点击时，handleClick 方法会被调用，弹出一个警告框。

2. 事件修饰符

事件修饰符是 Vue 提供的一种方式，用于在处理事件时对其行为进行修饰。它们可以用来阻止事件的默认行为、停止事件冒泡或添加一些特殊的事件监听器。例如：

```
HTML
<template>
  <a href = "https://www.example.com" @click.prevent = "handleClick">点击我
</a>
</template>

<script>
export default {
  methods: {
    handleClick() {
      //此处不会触发链接跳转，因为使用了 .prevent 修饰符
      alert('链接被点击了！');
    }
  }
}
</script>
```

在上面的示例中，我们使用. prevent 事件修饰符来阻止默认的链接跳转行为。

3. 自定义事件

自定义事件是一种方式，允许在 Vue 组件之间进行通信。可以通过 $emit 方法触发自定义事件，并在其他组件中使用 $on 监听这些事件。例如：

HTML

```
<! -- ChildComponent.vue -->
<template>
    <button @click = "notifyParent">通知父组件</button>
</template>

<script>
export default {
  methods: {
    notifyParent() {
      this. $emit('custom-event', '来自子组件的消息');
    }
  }
}
</script>
```

HTML

```
<! -- ParentComponent.vue -->
<template>
  <div>
    <ChildComponent @custom-event = "handleCustomEvent" />
    <p>{{ message }}</p>
  </div>
</template>

<script>
import ChildComponent from './ChildComponent.vue';

export default {
  components: {
    ChildComponent
  },
  data() {
    return {
      message: "
```

```
    };
  },
  methods：{
    handleCustomEvent(payload) {
      this.message = '收到自定义事件：${payload}';
    }
  }
}
</script>
```

在上面的示例中，子组件通过"$emit"触发了一个自定义事件，而父组件通过"@custom-event"监听并处理了这个事件，实现了子组件向父组件传递数据的通信。

这就是 Vue 3 中事件处理的关键概念，即事件绑定、事件修饰符和自定义事件。这些功能使得 Vue 应用可以响应用户的交互，进行数据传递，并实现各种交互式功能。

27.4 条件与循环

当谈到条件与循环时，通常是指在编程中控制数据展示和操作的方法。以下是关于条件渲染、列表渲染及列表过滤与排序的详细讲解，但请注意这里不涉及 Vue 2 的内容。

1. 条件渲染

条件渲染是一种基于条件语句来确定是否在页面上显示或隐藏元素的技术。这通常使用 if 语句、switch 语句或三元运算符来实现。例如：

```
HTML
// 使用 if 语句进行条件渲染
if (userIsLoggedIn) {
  renderUserProfile();
} else {
  renderLoginButton();
}


// 使用三元运算符进行条件渲染
const message = isAdmin ? 'Welcome, Admin! ' : 'Welcome, User! ';
```

在这个例子中，userIsLoggedIn 和 isAdmin 是条件，根据它们的值来决定显示不同的内容。

2. 列表渲染

列表渲染是一种在页面上动态生成内容列表的方法。通常会使用循环结构（如 for 循环或 forEach）遍历数据，并为每个数据项创建一个相应的 UI 元素。例如：

```
HTML
```

```
// 使用 for 循环进行列表渲染
const fruits = ['Apple', 'Banana', 'Cherry'];
for (let i = 0; i<fruits.length; i++) {
  const listItem = document.createElement('li');
  listItem.textContent = fruits[i];
  document.getElementById('fruits-list').appendChild(listItem);
}

// 使用 forEach 进行列表渲染
fruits.forEach((fruit) =>{
  const listItem = document.createElement('li');
  listItem.textContent = fruit;
  document.getElementById('fruits-list').appendChild(listItem);
});
```

在这个例子中，遍历了一个包含水果名称的数组，并为每个水果创建了一个列表项。

3. 列表过滤与排序

列表过滤与排序是一种根据特定条件筛选和排序列表数据的技术。这通常涉及使用数组的方法，如 filter() 和 sort()。例如：

HTML

```
// 使用 filter() 进行列表过滤
const numbers = [5, 12, 3, 8, 6, 9];
const evenNumbers = numbers.filter((number) =>number % 2 === 0); // 过滤出偶数

// 使用 sort() 进行列表排序
const fruits = ['Banana', 'Apple', 'Cherry', 'Date'];
fruits.sort(); // 默认按字母顺序排序
```

在这个例子中，使用了 filter() 方法来筛选出数组中的偶数，并使用 sort() 方法按默认的字母顺序对水果进行排序。

综上所述，条件渲染、列表渲染及列表过滤与排序是在编程中处理数据和界面交互的重要技术。这些概念可以应用于各种编程语言和框架，以根据特定需求动态呈现和操作数据。

27.5　习题

1. Vue 中用于显示数据的插值语法是（　　）。
   A. {{ }}　　　　　B. <% %>　　　　　C. ${ }　　　　　D. #{}
2. 简述 Vue 3 中事件处理的方法。

第 28 章　Vue 组件

28.1　组件基础

当涉及 Vue 3 时,组件是构建用户界面的核心部分之一。在 Vue 3 中,可以通过组件来构建可重用的 UI 元素,使应用程序更加模块化和可维护。以下是有关 Vue 3 中组件基础的详细讲解,包括创建组件、组件通信和 Props 的内容。

1.创建组件

在 Vue 3 中,可以使用 defineComponent 函数来创建一个组件。组件通常包括模板、脚本和样式。例如:

```
HTML
<template>
  <div>
    <h1>{{ message }}</h1>
    <button @click = "changeMessage">Change Message</button>
  </div>
</template>

<script>
import { defineComponent, ref } from 'vue';

export default defineComponent({
  data() {
    return {
      message: 'Hello, Vue 3! ',
    };
  },
  methods: {
    changeMessage() {
      this.message = 'New Message';
    },
  },
});
```

```
</script>

<style scoped>
/*组件的样式*/
</style>
```

在这个例子中，首先导入了 defineComponent 函数和 ref 函数；然后使用 defineComponent 来创建一个组件，定义了模板、数据和方法。

2.组件通信

在 Vue 3 中，组件之间可以通过多种方式进行通信，其中包括使用 Props(属性)。

Props 是一种将数据从父组件传递到子组件的方式。子组件可以接收来自父组件的数据并在自己的模板中使用。例如：

```
HTML
<! --ParentComponent.vue-->
<template>
  <ChildComponent message = "Hello from Parent" />
</template>

<script>
import { defineComponent } from 'vue';
import ChildComponent from './ChildComponent.vue';

export default defineComponent({
  components: {
    ChildComponent,
  },
});
</script>

<! --ChildComponent.vue-->
<template>
  <div>
    <h2>{{ message }}</h2>
  </div>
</template>

<script>
import { defineComponent, PropType } from 'vue';
```

```
export default defineComponent({
  props：{
    message：{
      type：String,
      required：true,
    },
  },
});
</script>
```

在这个例子中，在父组件中通过 Props 将消息传递给子组件。Props 是 Vue 中组件之间通信的一种基本方式，允许在组件之间传递数据。

本节演示了创建 Vue 3 组件及使用 Props 进行组件通信的基本概念。这些基本概念将帮助我们开始使用 Vue 3 来构建模块化的应用程序，创建可重用的 UI 组件，并在组件之间有效地传递数据。请注意，Vue 3 的组件创建和通信方式在 Vue 2 的基础上有些不同，因此需确保使用的是 Vue 3 的文档和示例。

28.2 单文件组件

当讨论单文件组件（single file components，SFC）时，通常是在讨论 Vue 3 版本的内容，因为 Vue 2 和 Vue 3 之间存在一些重大的差异。以下是关于 Vue 3 中单文件组件的一些重要知识点。

1. 组件的组织与结构

单文件组件通常由模板（template）、脚本（script）、样式（style）三个部分组成。这三个部分可以写在一个文件中，方便组件的管理和维护。

例如，一个简单的 Vue 单文件组件的结构如下：

```
HTML
<template>
  <div>
    <h1>{{ message }}</h1>
  </div>
</template>

<script>
export default {
  data() {
    return {
      message：'Hello, Vue! '
    };
```

```
    }
  };
</script>

<style scoped>
  h1 {
    color: blue;
  }
</style>
```

这个组件有一个模板部分、一个脚本部分和一个样式部分。<template>标签包含了组件的 HTML 结构,<script>标签包含了组件的 JavaScript 逻辑,<style scoped>标签包含了组件的样式,并且使用了 scoped 属性来确保样式只作用于当前组件。

2. Vue 组件模板语法

在模板部分,可以使用 Vue 的模板语法来构建组件的 UI,这包括插值表达式、指令、事件绑定等。

1)插值表达式

使用{{ }}来插入变量或表达式的值。

HTML
```
<template>
  <div>
    <p>{{ message }}</p>
  </div>
</template>
```

2)指令

Vue 提供了多种指令,如 v-if、v-for、v-bind、v-on 等,用于控制 DOM 元素的显示、属性绑定、事件绑定等。

HTML
```
<template>
  <div>
    <p v-if = "isVisible">{{ message }}</p>
  </div>
</template>
```

3)事件绑定

通过 v-on 指令,可以将事件绑定到方法上。

HTML
```
<template>
```

```
<div>
  <button @click = "showMessage">显示消息</button>
</div>
</template>
<script>
export default {
  methods: {
    showMessage() {
      alert(this.message);
    }
  }
};
</script>
```

3. 样式作用域

单文件组件中的样式可以使用<style scoped>标签来实现样式的局部作用域。这意味着样式只会应用于当前组件内的元素，不会影响其他组件。例如：

```
HTML
<template>
  <div>
    <h1>{{ message }}</h1>
  </div>
</template>

<script>
export default {
  data() {
    return {
      message: 'Hello, Vue! '
    };
  }
};
</script>

<style scoped>
  h1 {
    color: blue;
  }
</style>
```

在这个例子中,h1 的样式只会应用于当前组件的 h1 元素,而不会影响其他组件的样式。

这些是 Vue 3 中单文件组件的基本知识点。通过将模板、脚本和样式封装在一个文件中,可以使组件更加模块化、可维护,并提高开发效率。

28.3　插槽

Vue 3 中的插槽(slots)包括默认插槽、具名插槽和作用域插槽。请注意,以下内容基于 Vue 3。

1. 默认插槽(default slots)

默认插槽是 Vue 组件中最基本的插槽类型。当在父组件中使用子组件时,子组件可以包含一个或多个默认插槽,用于渲染父组件传递给它的内容。

例如,假设有一个<Button>组件,它可以接受一些文本作为按钮的标签。在 Button 组件内部,可以使用默认插槽来渲染按钮文本。

HTML
```
<template>
  <button class = "btn">
    <slot></slot>
  </button>
</template>
```

在父组件中使用这个<Button>组件:

HTML
```
<template>
  <div>
    <Button>点击我</Button>
  </div>
</template>
```

在这个例子中,<slot></slot>是默认插槽,它将父组件中的内容("点击我")插入到 Button 组件的按钮标签内。

2. 具名插槽(named slots)

具名插槽允许在子组件中定义多个插槽,并为每个插槽分配一个名称。这使得父组件可以选择性地将内容插入到不同的插槽中,从而更灵活地控制子组件的布局。

例如,假设有一个<Layout>组件,它有两个具名插槽 header 和 footer:

HTML
```
<template>
  <div>
    <header>
      <slot name = "header"></slot>
```

```
    </header>
    <main>
      <slot></slot><!--默认插槽-->
    </main>
    <footer>
      <slot name = "footer"></slot>
    </footer>
  </div>
</template>
```

在父组件中使用<Layout>组件：

HTML
```
<template>
  <div>
    <Layout>
      <template #header>
        <h1>这是标题</h1>
      </template>
      <p>这是主要内容</p>
      <template #footer>
        <p>这是页脚</p>
      </template>
    </Layout>
  </div>
</template>
```

在这个例子中，使用<template ♯header>和<template ♯footer>来指定要插入的内容，并将它们分别插入到<Layout>组件的 header 和 footer 插槽中。

3. 作用域插槽（scoped slots）

作用域插槽是一种高级的插槽类型，它允许子组件将数据传递给父组件，以便父组件可以更灵活地渲染内容。

例如，假设有一个<List>组件，它接受一个数组作为数据，并通过作用域插槽来让父组件决定如何渲染每个列表项：

HTML
```
<template>
  <ul>
    <li v-for = "item in items" :key = "item.id">
      <slot :item = "item"></slot>
    </li>
```

```
    </ul>
  </template>
```

在父组件中使用<List>组件：

```
HTML
<template>
  <div>
    <List :items = "myItems">
      <template v-slot = "{ item }">
        <span>{{ item.name }}</span>
        <button @click = "deleteItem(item.id)">删除</button>
      </template>
    </List>
  </div>
</template>
```

在这个例子中，<List>组件通过作用域插槽将每个列表项的数据传递给父组件，父组件可以根据需要渲染每个列表项，并且可以在点击按钮时执行 deleteItem 方法来删除项。

这是 Vue 3 中插槽的主要类型和用法，它们使得组件之间的通信和布局更加灵活和强大。通过使用默认插槽、具名插槽和作用域插槽，可以更好地控制组件的外观和行为。

28.4 习题

1. 关于 Vue 组件通信，以下说法正确的是（   ）。
   A. 父组件通过 props 向子组件传递数据
   B. 插槽（slot）只能传递静态内容
   C. 子组件可以直接修改父组件的 props 值
   D. $emit 用于父组件向子组件传值
2. 下面（   ）是具名插槽的正确语法。
   A. <slot name="header"> 和 <template #header>
   B. <slot slot="header">
   C. <template #header>
   D. <slot name="header">

第 29 章　Pinia

29.1　Pinia 简介

Pinia(状态管理)是一个用于构建 Vue.js 应用程序的状态管理库。它的设计目标是提供一种简单、类型安全、高性能的状态管理方案,特别适用于大型和复杂的前端应用程序。Pinia 是由 Eduardo San Martin Morote 创建的,他受到了 Vuex(Vue.js 官方状态管理库)的启发,但采用了一些不同的设计理念和技术。

1. 历史和背景

Pinia 的发展始于对 Vuex 的反思。虽然 Vuex 在许多 Vue.js 项目中得到了广泛使用,但它也有一些局限性,特别是在处理大型应用程序时。因此,Pinia 的目标是为解决这些问题提供一种新的选择。

2. 核心理念

Pinia 的设计核心理念包括以下几个方面。

(1)类型安全。Pinia 使用 TypeScript 来提供强类型支持,这意味着在编译时可以捕获许多常见的错误。这有助于减少运行时的错误,提高代码的可维护性。

(2)分模块。与 Vuex 不同,Pinia 鼓励将应用的状态拆分为多个模块。每个模块都可以拥有自己的状态、操作和 getter,这有助于将代码分解为更小的可管理部分。

(3)树状状态。Pinia 支持树状状态管理,这意味着可以将状态分层组织,使其更具结构性。这对于处理复杂的数据结构非常有用。

(4)组合式 API。Pinia 提供了组合式 API 的支持,这意味着可以在组件内部轻松地访问和操作状态,而无需烦琐的配置。

(5)性能优化。Pinia 在性能方面进行了一些优化,包括懒加载模块和异步加载数据的支持,以确保应用在加载和运行时都具有良好的性能表现。

3. 如何使用 Pinia

要在 Vue.js 项目中使用 Pinia,需要先安装 Pinia 库:

HTML

```
npm install pinia
```

然后,在应用程序中创建一个 Pinia 实例:

HTML

```
import { createPinia } from 'pinia';
```

```
const pinia = createPinia();
```

接下来,可以定义状态模块:

HTML

```
// 在 modules/myModule.js 中定义
import { defineStore } from 'pinia';

export const useMyModule = defineStore({
  id: 'myModule', // 模块的唯一标识符
  state: () => ({
    count: 0,
  }),
  actions: {
    increment() {
      this.count + + ;
    },
  },
  getters: {
    doubleCount() {
      return this.count * 2;
    },
  },
});
```

最后,在 Vue 组件中使用 Pinia 状态:

HTML

```
<template>
  <div>
    <p>Count: {{ count }}</p>
    <p>Double Count: {{ doubleCount }}</p>
    <button @click = "increment">Increment</button>
  </div>
</template>

<script>
import { defineComponent } from 'vue';
import { useMyModule } from '../modules/myModule';

export default defineComponent({
  setup() {
```

```
    const myModule = useMyModule();
    return {
      count：myModule.count,
      doubleCount：myModule.doubleCount,
      increment：myModule.increment,
    };
  },
});
</script>
```

这只是一个非常简单的例子，Pinia 可以用于更复杂的状态管理需求。通过使用 Pinia，可以更轻松地管理应用程序的状态，并以一种可维护和可扩展的方式构建 Vue.js 应用程序。

Pinia 是一个用于构建 Vue.js 应用程序的现代状态管理库，它强调类型安全、分模块、树状状态、组合式 API 和性能优化。通过使用 Pinia，开发人员可以更轻松地管理和组织应用程序的状态，并减少运行时的错误，从而提高代码的可维护性和可扩展性。如果开发一个大型或复杂的 Vue.js 应用程序，Pinia 可能是一个值得考虑的状态管理解决方案。

29.2 全局状态仓库

全局状态仓库（store）是现代软件开发中一种关键的概念和架构模式，它在应用程序和系统中起着至关重要的作用，通常用于前端应用、后端服务、移动应用和其他种类的软件系统中。下面将介绍全局状态仓库的概念、工作原理，以及它为软件开发带来的好处。

1. 全局状态仓库的概念

全局状态仓库是一个存储和管理应用程序状态的中心化存储器。全局状态仓库充当了应用程序状态的单一数据源，包含了应用程序中所有组件的状态信息。这种状态可以是用户数据、应用程序配置、UI 状态、用户权限等各种信息。全局状态仓库的核心思想是将状态从组件中抽离出来，使状态的变化和管理更加可控和可维护。

2. 全局状态仓库的工作原理

全局状态仓库的工作原理通常基于以下几个关键内容。

（1）状态。状态是应用程序中的数据，它可以是用户输入、服务器响应、UI 状态等。状态通常被保存在一个单一的 JavaScript 对象中。

（2）动作。动作是触发状态变化的事件或操作，它们可以是用户操作、定时任务、外部数据更新等。

（3）存储。全局状态仓库负责存储和维护状态数据。状态存储是不可变的，每次状态变化都会创建一个新的状态对象，而不是修改现有对象。

（4）订阅和通知。组件可以订阅全局状态仓库的状态变化。当状态发生变化时，订阅的组件会收到通知并更新自己的界面或执行相关逻辑。

（5）单一数据源。全局状态仓库强调将应用程序状态集中存储在一个地方，确保状态的一致性和可追踪性。

3. 全局状态仓库的好处

全局状态仓库提供了多方面的好处,使其成为现代软件开发的重要工具之一。

(1)状态一致性。通过将状态集中管理,全局状态仓库确保了应用程序中的状态始终保持一致。这有助于避免状态冲突和数据不一致的问题。

(2)可追踪性。因为所有状态变化都在一个地方进行管理,所以可以轻松追踪状态的变化历史,有助于调试和排除错误。

(3)组件解耦。全局状态仓库使组件之间的通信更加简单,因为它们可以通过订阅和发布来共享状态,而不需要直接依赖于其他组件。

(4)状态持久化。全局状态仓库通常支持状态的持久化,这意味着应用程序状态可以在刷新或重新加载页面后得以保留。

(5)性能优化。通过在全局状态仓库中实现状态的惰性加载和缓存策略,可以优化应用程序的性能,减少不必要的数据请求和渲染。

(6)开发便捷性。全局状态仓库提供了一种统一的方式来管理状态,简化了代码的维护和开发过程。

4. 常见的全局状态仓库工具

在现代软件开发中,有许多流行的全局状态仓库工具可供选择。

(1)Redux。用于 JavaScript 应用程序的一种常用状态管理库,特别在 React 应用中广泛使用。

(2)Vuex。面向 Vue.js 的状态管理库,用于管理组件之间的状态共享。

(3)Mobx。一种响应式状态管理库,适用于 React、Angular 和 Vue 等框架。

(4)Redux Toolkit。Redux 的官方工具包,旨在简化 Redux 的使用和配置。

(5)Apollo Client。用于管理 GraphQL 数据的客户端库,具有强大的状态管理功能。

总之,全局状态仓库是现代软件开发中的关键概念,它通过集中管理应用程序状态,提高了状态一致性、可追踪性和组件解耦性,为开发者提供了更便捷的状态管理工具。选择合适的全局状态仓库工具取决于应用程序的需求和技术栈,但无论使用哪种工具,正确实现全局状态管理都有助于构建更可维护和高性能的应用程序。

29.3　状态 State

状态管理在前端应用程序中起着至关重要的作用,特别是在大型复杂应用程序中。状态 State 用于有效地管理应用程序的数据和状态。下面将深入介绍状态 State,以及它在 Vue.js 应用程序中的应用。

1. 状态 State 的概念

在前端开发中,状态是指应用程序的数据,这些数据在应用程序的生命周期内发生变化。状态可以是用户的登录状态、购物车中的商品列表、用户的配置偏好设置等。在传统的 Vue.js 应用程序中,通常使用 Vue 的响应式数据来管理状态。但随着应用程序变得越来越复杂,这种方法可能会变得难以维护。

Pinia 引入了一种更结构化和可维护的状态管理方法,称为状态 State。状态是一个可观察的对象，它包含了应用程序的数据和状态信息。状态对象可以被任何组件访问和修改，但只有通过 Pinia 的 API 进行的访问和修改才能触发状态的响应式更新。

2. 创建状态 State

在 Pinia 中，可以通过创建一个状态类来定义应用程序的状态。这个状态类通常包含了状态的初始值和一些用于修改状态的方法。例如：

```HTML
import { defineStore } from 'pinia';

export const useCounterStore = defineStore('counter', {
  state: () => ({
    count: 0,
  }),
  actions: {
    increment() {
      this.count++;
    },
    decrement() {
      this.count--;
    },
  },
});
```

在这个例子中，定义了一个名为 useCounterStore 的状态，它包含一个 count 属性、两个方法（increment 和 decrement），用于增加和减少 count 的值。

3. 访问状态 State

一旦定义了状态，可以在任何 Vue 组件中访问它。通过使用 useStore 函数来获取状态实例：

```HTML
import { useCounterStore } from './counterStore';

export default {
  setup() {
    const counterStore = useCounterStore();

    // 访问状态
    const count = counterStore.count;

    // 调用状态的方法
```

```
    counterStore.increment();

    return {
      count,
    };
  },
};
```

在这个例子中，通过 useCounterStore 函数获取了 counterStore 实例，并可以轻松地访问 count 属性和调用 increment 方法。

4. 响应式更新

Pinia 的状态管理库确保状态的响应式更新。这意味着当状态发生变化时，所有依赖于该状态的组件将自动重新渲染，以反映新的状态值。这种响应式更新是通过 Vue 的响应式系统实现的，但 Pinia 处理了许多细节，使其更容易使用。

5. 模块化和可组合性

Pinia 支持模块化的状态管理，即可以将状态分割成多个模块，每个模块负责管理特定领域的数据和状态。这种模块化使得状态管理更具可组合性，容易扩展和维护。

总之，Pinia 的"状态 State"是一种强大的状态管理方法，它在 Vue.js 应用程序中提供了一种结构化和可维护的方式来管理应用程序的数据和状态。通过定义状态类、访问状态实例和使用响应式更新，可以更轻松地构建和维护复杂的前端应用程序。此外，Pinia 还支持模块化和可组合性，使其成为开发大型应用程序的理想选择。无论是 Vue.js 的新手还是有经验的开发者，Pinia 都值得一试。

29.4　计算属性 Getters

Pinia 是一个用于 Vue.js 的状态管理库，它提供了一种更简单、更可维护的方式来管理应用程序状态。在 Pinia 中，可以使用计算属性 Getters 来访问和操作应用程序状态。下面将介绍 Pinia 中的计算属性 Getters，以及它们在状态管理中的作用。

1. 什么是计算属性 Getters?

在 Vue.js 中，计算属性是一种依赖于其他属性的属性，它们的值会根据其依赖的属性动态计算而来。计算属性的一个主要优势是它们可以缓存计算结果，只有当依赖发生变化时才会重新计算。Pinia 中的计算属性 Getters 类似于 Vue.js 中的计算属性，但它们用于访问和操作全局状态。

Getters 可以用于从状态中获取数据、计算数据，甚至对数据进行筛选和转换。它们是状态管理的重要组成部分，因为它们可以封装复杂的逻辑，使组件保持简洁和可维护。

2. 在 Pinia 中定义 Getters

要在 Pinia 中定义 Getters，首先需要创建一个 Pinia store。一个 Pinia store 包含了应用程序的全局状态以及一些用于操作状态的方法。然后，可以在 store 中定义 Getters。例如：

HTML
```
import { defineStore } from 'pinia';

export const useMyStore = defineStore('myStore', {
  state: () => ({
    count: 0,
    todos: [],
  }),
  getters: {
    // 定义一个 Getter 来获取 count 的值
    getCount() {
      return this.count;
    },
    // 定义一个 Getter 来获取已完成的 todos
    getCompletedTodos() {
      return this.todos.filter(todo => todo.completed);
    },
  },
  // ...
});
```

在这个例子中，创建了一个名为 myStore 的 Pinia store，并在 getters 对象中定义了两个 Getters：getCount 和 getCompletedTodos。getCount 返回 count 属性的值，而 getCompletedTodos 返回已完成的 todos 列表。

3. 使用 Getters

一旦在 Pinia store 中定义了 Getters，就可以在组件中使用它们。要使用 Getters，首先需要导入 useStore 函数并传入 store 的名称（在上面的示例中是 myStore）。

HTML
```
import { useStore } from 'pinia';

export default {
  setup() {
    const store = useStore('myStore');

    // 使用 Getters
    const count = store.getCount();
    const completedTodos = store.getCompletedTodos();

    // 在模板中使用 Getters
```

```
    return { count, completedTodos };
  },
};
```

在这个例子中,使用 useStore 函数来获取名为 myStore 的 Pinia store 的实例,然后通过调用 getCount 和 getCompletedTodos 方法来使用 Getters。在模板中,将获取到的数据绑定到组件的属性,以便在模板中使用。

4. Getters 的优点

使用 Getters 有许多优点,其中包括以下一些方面。

(1)封装复杂逻辑。可以将复杂的数据计算逻辑封装在 Getters 中,使组件更加清晰和可维护。

(2)数据缓存。Getters 会缓存计算结果,只有在依赖数据变化时才会重新计算,提高性能。

(3)数据响应式。Getters 返回的数据是响应式的,当依赖数据发生变化时,相关的 Getters 会自动更新。

(4)代码重用。可以在多个组件中共享相同的 Getters,避免重复编写相似的逻辑。

Pinia 中的计算属性 Getters 是一种强大的工具,用于访问和操作全局状态。通过定义和使用 Getters,可以更轻松地管理应用程序状态,封装复杂的逻辑,提高性能,并使代码更加清晰和可维护。使用 Pinia 和 Getters,可以更好地组织和管理 Vue.js 应用程序的状态。

29.5　Actions

Pinia 是一个用于 Vue.js 应用程序的状态管理库,它提供了一种优雅而强大的方式来管理应用程序的状态。其中的一个核心概念是 Actions(方法),它允许定义和管理异步操作和副作用。下面深入探讨 Pinia 中的 Actions,了解如何使用它来管理应用程序状态。

1. 什么是 Actions?

Actions 是 Pinia 中的一种概念,它用于管理应用程序中的异步操作和副作用。与传统的状态管理不同,Actions 允许将异步逻辑从组件中分离出来,以保持状态和操作的清晰分离。这有助于使代码更易于维护、测试和重用。

Actions 可以看作是一组函数,这些函数可以触发状态的变化,并且它们通常用于执行一些异步操作,如数据获取、API 调用或其他副作用。在 Pinia 中,Actions 是存储库的一部分,它们通过 commit mutations 或访问 getters 来更改状态。

2. 创建 Actions

要创建 Actions,首先需要创建一个 Pinia 存储库。例如,以下是一个简单的示例,演示如何创建一个名为 counter 的存储库并定义一些 Actions:

HTML
```
import { defineStore } from 'pinia';
```

```
export const useCounterStore = defineStore('counter', {
  state: () => ({
    count: 0,
  }),
  actions: {
    async incrementAsync() {
      // 模拟异步操作,例如从服务器获取数据
      await new Promise((resolve) => setTimeout(resolve, 1000));
      this.count + + ;
    },
  },
});
```

在这个例子中,使用 defineStore 创建了一个名为 counter 的存储库,并定义了一个名为 incrementAsync 的 Action。这个 Action 执行一个异步操作,然后通过 this.count 增加计数器的值。

3. 调用 Actions

要在组件中调用 Actions,首先需要获取存储库的实例。通常,可以在组件中使用 useStore 辅助函数来获取存储库的实例,然后调用 Actions。例如：

```
HTML
<template>
  <div>
    <p>Count: {{ count }}</p>
    <button @click = "increment">Increment</button>
    <button @click = "incrementAsync">Increment Async</button>
  </div>
</template>

<script>
import { useStore } from 'pinia';
import { useCounterStore } from '@/stores/counter'; // 导入存储库

export default {
  setup() {
    const counterStore = useStore(useCounterStore);

    const increment = () => {
      counterStore.increment();
    };
```

```
    const incrementAsync = async () => {
      await counterStore.incrementAsync();
    };

    return {
      count: counterStore.count,
      increment,
      incrementAsync,
    };
  },
};
</script>
```

在这个例子中,使用 useStore 辅助函数获取了 counter 存储库的实例,并在组件中调用了 increment 和 incrementAsync Actions。

4. 传递参数给 Actions

有时,可能需要将参数传递给 Actions,以便它们能够执行不同的操作。在 Pinia 中,可以通过将参数传递给 Action 函数来实现这一点。例如:

```HTML
actions: {
  async fetchData(id) {
    // 使用传递的 id 从服务器获取数据
    const response = await fetch('/api/data/${id}');
    const data = await response.json();
    // 处理数据
  },
},
```

在这个例子中,定义了一个名为 fetchData 的 Action,它接受一个 id 参数,然后使用该参数从服务器获取数据。

5. 异常处理

在异步操作中,错误处理非常重要。Pinia 允许在 Actions 中使用 try...catch 来捕获和处理异常。例如:

```HTML
actions: {
  async fetchData(id) {
    try {
      const response = await fetch('/api/data/${id}');
```

```
          if (! response.ok) {
            throw new Error('Failed to fetch data');
          }
          const data = await response.json();
          // 处理数据
        } catch (error) {
          console.error('An error occurred:', error);
        }
      },
    },
```

在这个例子中，使用 try...catch 来捕获可能在异步操作中发生的异常，并在控制台中记录错误消息。

Actions 是 Pinia 中的一个重要概念，用于管理应用程序中的异步操作和副作用。通过定义 Actions，可以将异步逻辑与状态管理分离，使代码更清晰且可维护和可测试。在创建 Actions 时，可以传递参数并处理异常，以确保应用程序能够处理各种情况。

29.6　插　件

Pinia 是一个用于 Vue.js 应用程序的状态管理库，它专注于提供简洁、高效和可扩展的状态管理解决方案。为了增强其功能和灵活性，Pinia 引入了插件（plugins）系统，允许开发人员通过插件来扩展和定制 Pinia 的行为。下面将深入探讨 Pinia 的插件系统，了解如何使用插件来增强状态管理体验。

1. 什么是 Pinia 插件？

Pinia 插件是一种机制，允许在 Pinia 实例中添加自定义功能或改变其行为。插件可以用于处理各种不同的任务，包括添加中间件、注册插件特定的功能、监听状态变化等。通过插件，可以根据项目需求，将 Pinia 集成到应用中，从而更好地满足业务需求。

2. 插件的优点

使用 Pinia 插件有许多优点，主要包括以下几个方面。

1）模块化和可维护性

插件允许将不同的功能分离成独立的模块，使代码更具可维护性。这使得团队协作更加容易，因为每个人可以专注于开发和维护自己的插件，而不需要担心整个应用的状态管理。

2）可重用性

可以将编写的插件在多个项目中重复使用，从而节省时间和精力。这有助于在不同项目之间保持一致的状态管理模式。

3）定制性

插件允许根据项目的需要自定义 Pinia 的行为，也就是可以根据具体需求定制状态管理，而不需要受限于默认配置。

3. 如何使用 Pinia 插件？

使用 Pinia 插件非常简单，以下是一些 Pinia 插件常见的用法。

1）注册插件

要使用插件，首先需要在应用程序中注册它。通常，可以在创建 Pinia 实例时将插件传递给 use 方法。

HTML
```
import { createPinia } from 'pinia';
import myPlugin from './myPlugin';

const pinia = createPinia();

// 注册插件
pinia.use(myPlugin);
```

2）插件的功能

插件可以添加各种不同的功能。例如，可以编写一个插件来添加全局中间件，以在状态变化时执行某些操作：

HTML
```
// myPlugin.js
export default function myPlugin(pinia) {
  pinia.beforeAll((({ storeName, args }) => {
    console.log(' Action in store ${storeName} is about to be executed with arguments: ${JSON.stringify(args)}');
  });
}
```

3）监听状态变化

还可以使用插件来监听状态的变化。这可以用于调试或记录状态的变化。

HTML
```
// myPlugin.js
export default function myPlugin(pinia) {
  pinia.afterEachMutation((storeName, state) => {
    console.log(' State in store ${storeName} has been updated: ${JSON.stringify(state)}');
  });
}
```

4. 定制状态管理

插件还可以用于定制状态管理的行为。例如，可以编写一个插件来定义全局的状态初始化逻辑。

```
HTML
//myPlugin.js
export default function myPlugin(pinia) {
  pinia.onInitStore((store) = >{
    store.$reset(); //自定义初始化逻辑
  });
}
```

Pinia 的插件系统为开发人员提供了一种强大的方式来扩展和定制状态管理的行为。通过插件，可以模块化状态管理代码，增加可重用性，并根据项目需求定制 Pinia 的行为。无论是添加中间件、监听状态变化，还是定制状态管理，插件都是一个有力的工具，有助于提高 Vue.js 应用程序的开发效率和可维护性。因此，在使用 Pinia 进行状态管理时，不妨考虑使用插件来优化开发流程。

29.7 组件外部使用

Pinia 是一个 Vue.js 状态管理库，它提供了一种用于管理应用程序状态的强大方式。在 Pinia 中，状态存储在 Store 中，而 Store 可以在组件内部和外部使用。下面将重点介绍如何在组件外部使用 Pinia Store。

要在组件外部使用 Pinia Store，首先需要创建一个 Store 实例，然后可以通过这个实例来访问和修改状态。以下是如何在组件外部使用 Pinia Store 的步骤。

1. 安装 Pinia

首先，确保项目中已经安装了 Pinia。可以使用以下命令来安装 Pinia：

```
HTML
npm install pinia
```

2. 创建一个 Pinia Store

创建一个 Store，定义想要管理的状态和相关的操作。例如：

```
JavaScript
//store.js
import { createPinia } from 'pinia';

const pinia = createPinia();

export const useCounterStore = pinia.defineStore('counter', {
  state: () = >({
    count: 0,
  }),
```

```
  actions: {
    increment() {
      this.count + + ;
    },
    decrement() {
      this.count --;
    },
  },
});

export default pinia;
```

3. 在组件外部使用 Store

在任何组件外部，可以通过创建一个 Store 实例来访问和修改 Store 中的状态。这可以在不同的文件中完成。例如，在一个独立的 JavaScript 模块中：

```JavaScript
// external.js
import { useCounterStore } from './store.js';

const counterStore = useCounterStore();

// 访问状态
console.log(counterStore.count);

// 调用操作
counterStore.increment();
```

4. 导入 Store 实例

要在组件外部使用 Store，确保在外部文件中导入相应的 Store 实例，这将确保使用的是同一个 Store 实例。

通过上述步骤，可以在组件外部访问和操作 Pinia Store 中的状态。这对于在不同组件之间共享状态或在独立于组件的功能模块中管理状态非常有用。这种方式使得状态管理更加灵活且易于维护。请根据项目需求和架构决定如何组织和使用 Pinia Store。

29.8 习题

1. 在 Pinia 中，(   )正确定义一个状态仓库。
   A. 使用 createStore()函数并返回一个对象
   B. 使用 defineStore()定义包含 state/actions 的仓库

C. 直接导出 Vue 组件的 data()作为状态

D. 必须配合 Vuex 混合使用

2. 关于 Pinia 插件的作用，错误的是（　　　）。

A. 可拦截所有 actions 调用并添加日志

B. 能强制修改其他插件的逻辑

C. 支持在仓库创建时自动注入属性

D. 可实现状态持久化到 localStorage

3. 如何用 Pinia 插件实现状态持久化？

第30章 Vue 路由

30.1 路由基础

当使用 Vue.js 构建单页应用程序(SPA)时,Vue Router 是一个非常有用的工具,它允许管理应用程序的路由和导航。本节将详细介绍 Vue Router 的基础知识,包括安装 Vue Router、创建路由和路由导航。

1. 安装 Vue Router

首先,需要安装 Vue Router,可以使用 npm 或 yarn 来安装它。以下是使用 npm 安装 Vue Router 的步骤。

(1)打开终端并导航到 Vue.js 项目目录。

(2)运行以下命令来安装 Vue Router:

```Bash
npm install vue-router
```

(3)安装完成后,可以在 Vue.js 应用程序中使用 Vue Router 了。

2. 创建路由

一旦安装了 Vue Router,可以开始创建路由。Vue Router 允许定义应用程序的不同页面,并将它们映射到 URL。以下是如何创建路由的基本步骤:

(1)在 Vue.js 应用程序中,创建一个新的 JavaScript 文件来定义路由。通常,这个文件可以命名为 router.js。

(2)在 router.js 文件中,导入 Vue 和 Vue Router 库,并使用 Vue.use() 方法将 Vue Router 添加到 Vue 应用程序中。例如:

```JavaScript
// router.js

import Vue from 'vue'
import VueRouter from 'vue-router'

Vue.use(VueRouter)
```

(3)定义路由。可以使用 VueRouter 类的实例来创建路由映射。例如:

```JavaScript
// router.js
```

```
const router = new VueRouter({
  routes: [
    { path: '/', component: Home },
    { path: '/about', component: About },
    { path: '/contact', component: Contact }
  ]
})
```

在这个例子中，定义了三个路由，分别映射到/、/about 和/contact 路径，并分别与组件 Home、About 和 Contact 相关联。

（4）最后，将路由实例导出，以便在 Vue 应用程序中使用。例如：

JavaScript

// router.js

```
export default router
```

3. 路由导航

一旦定义了路由，可以在 Vue 组件中使用路由导航来浏览不同的页面。Vue Router 提供了一些内置的指令来实现导航。

1）使用＜router-link＞组件

＜router-link＞组件是 Vue Router 提供的一个用于创建导航链接的组件，可以在模板中使用它，如下所示：

HTML

```
<router-link to = "/">Home</router-link>
<router-link to = "/about">About</router-link>
<router-link to = "/contact">Contact</router-link>
```

上面的代码将创建三个链接，分别指向/、/about 和/contact 路径。

2）使用＄router 对象

可以在 Vue 组件中使用＄router 对象来进行编程式导航。例如，可以在 Vue 组件的方法中使用＄router.push()方法来导航到不同的页面：

HTML

```
// 在 Vue 组件的某个方法中导航到/about 页面
this.$router.push('/about')
```

这将触发路由的导航，并将用户带到/about 页面。

这就是 Vue Router 的基础知识，包括安装、创建路由和路由导航。当理解这些基本概念后，可以开始构建更复杂的单页应用程序，并实现更高级的导航和路由功能。

30.2　嵌套路由

嵌套路由和命名视图是在 Web 应用程序开发中常用的概念,特别是在使用框架如 Django、Flask、Express.js 等时。它们有助于更好地组织和管理应用的 URL 路由,以及提供更灵活的视图和 URL 命名方式。

1. 嵌套路由的使用

嵌套路由是指将一个或多个路由嵌套在另一个路由内的做法。这可以帮助我们更好地组织应用的 URL 结构,将相关的 URL 归为一组,通常用于模块化和组件化开发。以下是嵌套路由的一些常见用途。

(1)模块化应用。在不同的嵌套路由中可以放不同功能模块的路由,使代码更加清晰和易于维护。

(2)权限控制。通过嵌套路由可以更容易地实现不同用户或角色的权限控制,只有特定用户可以访问某些嵌套路由。

(3)版本控制。对于 API 开发,可以使用嵌套路由来实现不同版本的 API,每个版本有自己的路由集合。

(4)资源组织。对于复杂的资源,如博客文章和评论,可以使用嵌套路由将它们组织在一起,形成更具结构的 URL。

在 Django 中,嵌套路由可以通过 URL 配置文件中的 include 语句来实现。在 Flask 中,可以使用 Blueprints。在 Express.js 中,可以通过 Router 来实现。

2. 命名视图

命名视图是一种为视图函数或路由分配易于识别的名称的技术。这些名称可以用于生成 URL,使得在应用程序中的不同部分之间引用视图更加方便。以下是命名视图的一些优点和用途。

(1)易于维护。使用命名视图可以减少硬编码的 URL 字符串,使得在更改 URL 结构时更容易进行维护,因为你只需要更改一处,而不必在整个代码库中寻找和更新所有引用。

(2)可读性。命名视图提供了更具描述性的名称,可以更清晰地表达视图的用途,从而提高了代码的可读性。

(3)避免重复。视图名称可以多次使用相同的命名,而不必担心冲突或混淆。

在不同的 Web 框架中,命名视图的实现方式略有不同。

(1)在 Django 中,可以使用 name 参数来为 URL 模式命名,然后可以在模板或其他地方使用 reverse 函数生成 URL。

```
HTML
# Django URL 配置示例
from django.urls import path

urlpatterns = [
    path('profile/', profile_view, name = 'profile'),
```

```
     # ...
]
```

(2)在 Flask 中,可以使用 url_for 函数生成具有命名视图的 URL。

HTML

```
# Flask URL 配置示例
from flask import Flask, url_for

app = Flask(__name__)

@app.route('/profile/')
def profile():
    # ...
    return url_for('profile')
```

(3)在 Express.js 中,可以使用路由中间件的 name 属性为路由命名,然后在代码中使用 res.redirect 或其他方法生成 URL。

HTML

```
//Express.js 路由配置示例
const express = require('express');
const router = express.Router();

router.get('/profile', (req, res) => {
    // ...
    res.redirect('profile');
});

module.exports = router;
```

总之,嵌套路由和命名视图是 Web 应用程序开发中非常有用的概念,可以提高代码的可维护性和可读性,同时更好地组织和管理 URL 路由。不同的框架和语言可能有不同的实现方式,但核心概念通常都十分相似。

30.3 习题

1. 关于 Vue Router 的嵌套路由配置,正确的是(　　　)。
   A. 父路由需设置 children 数组定义嵌套规则
   B. 必须在根路由中声明所有嵌套层级
   C. 嵌套路由的组件只能渲染在父路由的根节点
   D. 无需在父组件中使用<router-view>占位
2. 如何实现一个带导航栏的布局,使导航栏固定而内容区随路由切换?

第31章　进阶主题

31.1　自定义指令

在 Vue.js 中,可以通过自定义指令来扩展 Vue 的行为。自定义指令允许在 DOM 元素上添加特殊的行为,如自定义事件处理、动画、输入验证等。下面将介绍如何创建自定义指令,以及如何使用钩子函数来控制这些指令的行为。

1. 创建自定义指令

要创建一个自定义指令,需要使用 Vue 的 Vue.directive 方法。以下是创建一个简单自定义指令的步骤。

1)定义自定义指令函数

需要定义一个包含一些钩子函数的自定义指令函数。Vue 支持以下五个钩子函数。

①bind:在指令第一次绑定到元素时调用。可以用来进行一次性的初始化设置。

②inserted：当指令所在的元素插入到 DOM 中时调用。

③update：当包含指令的元素的组件进行更新时调用,但可能在其子组件更新之前。

④componentUpdated：当包含指令的元素及其子组件都已更新时调用。

⑤unbind：当指令从元素上解绑时调用。

2)注册自定义指令

使用 Vue.directive 方法来注册自定义指令。传递指令名称和一个包含钩子函数的对象。

例如,演示如何创建一个简单的自定义指令,该指令在元素被点击时改变其背景颜色:

```
HTML
//在 Vue 实例之外创建一个自定义指令
Vue.directive('custom-directive', {
  bind(el, binding) {
    //在元素绑定时设置初始样式
    el.style.backgroundColor = binding.value;
    el.addEventListener('click', () => {
      //点击时切换背景颜色
      el.style.backgroundColor = 'blue';
    });
  }
});
```

2.使用自定义指令

一旦创建了自定义指令,可以在 Vue 模板中使用它。要使用自定义指令,只需在元素上使用 v-前缀,后跟指令名称,并通过指令的参数和修饰符传递必要的数据。

HTML

```
<div v-custom-directive = "'red'">点击我改变颜色</div>
```

在这个例子中,使用了 v-custom-directive 指令,并传递了一个字符串参数 'red',该参数用于设置初始背景颜色。

3. 钩子函数

在自定义指令中,钩子函数用于控制指令在元素上的行为。这些钩子函数允许在不同的生命周期阶段干预指令的行为。

每个钩子函数都接受以下两个参数。

①el:指令所绑定的元素。

②binding:一个包含有关指令的信息的对象,包括指令的值、参数和修饰符。

自定义指令的钩子函数可以在不同的时机对元素进行操作,从而实现各种自定义行为。

总之,Vue 的自定义指令允许扩展 Vue 的功能,通过自定义指令函数和钩子函数来控制元素的行为。这样,可以根据需要创建指令,以满足特定的应用场景需求。

31.2 过渡与动画

在 Vue.js 中,可以通过过渡(transitions)和动画(animations)来增强用户界面的交互性和吸引力。过渡用于在 DOM 元素插入、更新或删除时添加动画效果,而动画则更多地关注元素的持续动画效果。下面将详细介绍 Vue 中的过渡效果和如何利用动画库实现动画效果。

1. 过渡效果

过渡效果允许在 Vue 组件的不同状态之间添加动画效果,比如在元素插入、更新或删除时。Vue 提供了内置的过渡组件<transition>和<transition-group>,以及一些钩子函数,帮助定义过渡效果的行为。

1)<transition>组件

<transition>组件用于包裹一个元素,它会在元素插入和删除时应用过渡效果。例如:

HTML

```
<template>
  <div>
    <button @click = "show = ! show">切换</button>
    <transition name = "fade">
      <p v-if = "show">这是一个过渡效果</p>
    </transition>
  </div>
</template>
```

```
<script>
export default {
  data() {
    return {
      show: false
    };
  }
};
</script>

<style>
.fade-enter-active, .fade-leave-active {
  transition: opacity 0.5s;
}
.fade-enter, .fade-leave-to /* .fade-leave-active 在 Vue 2.1.8-2.2.x 中 */ {
  opacity: 0;
}
</style>
```

上述代码中，当点击按钮时，段落元素会有一个淡入淡出的过渡效果。<transition>组件接受一个 name 属性，用于定义过渡效果的名称，同时需要定义 CSS 样式来控制过渡的具体动画。

2）过渡钩子函数

Vue 的过渡组件还提供了一些钩子函数，用于在过渡的不同阶段执行自定义逻辑。这些钩子函数包括 before-enter、enter、after-enter、before-leave、leave 和 after-leave，可以在组件中定义这些钩子函数，以便在过渡过程中执行一些自定义动作。

2. 利用动画库实现动画效果

除了 Vue 的内置过渡功能，还可以使用动画库来实现更复杂的动画效果。一些常用的动画库包括 anime.js、GreenSock 动画平台和 Velocity.js。这些库提供了更多高级的动画控制和效果。

例如，以下是一个使用 GSAP 库实现的动画效果：

（1）确保已经安装了 GSAP。

HTML

```
npm install gsap
```

（2）在 Vue 组件中使用 GSAP 来创建动画效果。

HTML

```
<template>
```

```
<div>
  <button @click = "animateBox">开始动画</button>
  <div ref = "box" class = "box">这是一个动画效果</div>
</div>
</template>

<script>
import { TweenMax } from 'gsap';

export default {
  methods: {
    animateBox() {
      TweenMax.to(this.$refs.box, 1, { x: 200, rotation: 360 });
    }
  }
};
</script>

<style>
.box {
  width: 100px;
  height: 100px;
  background-color: #007BFF;
  color: #fff;
  display: flex;
  align-items: center;
  justify-content: center;
}
</style>
```

在这个例子中，当点击按钮时，盒子元素会使用 GSAP 的 TweenMax 动画函数实现平移和旋转效果，用户可以根据需要使用不同的动画库来实现各种动画效果。

总之，Vue.js 提供了内置的过渡组件和钩子函数来实现过渡效果，同时也允许使用外部动画库来实现更复杂的动画效果。这些功能使得在 Vue 应用中创建引人注目的用户界面变得更加容易。

31.3 服务器端渲染

服务器端渲染（server-side rendering，SSR）是一种在 Web 应用程序中用来生成动态页面内容的技术。在传统的客户端渲染（client-side rendering，CSR）中，页面的渲染过程主要发生在浏览器端,浏览器下载 HTML 文件后再通过 JavaScript 执行来渲染页面内容。而在服务器端渲染中,页面的初次渲染过程是在服务器上完成的,服务器会生成一个包含完整 HTML 内容的响应,然后将其发送给浏览器。

Vue.js 是一个流行的 JavaScript 框架,它通常用于构建单页面应用程序(SPA)。然而,Vue 也提供了服务器端渲染的支持,允许在服务器上预渲染 Vue 组件,以提供更好的性能、SEO 优化和首次加载速度。下面是关于 Vue 服务器端渲染(SSR)原理的详细介绍。

1)首次请求

(1)当用户首次请求一个使用 Vue SSR 构建的页面时,请求会发送到服务器。

(2)服务器会解析请求并确定所需渲染的 Vue 组件及相应的数据。

2)数据获取

(1)服务器会调用 Vue 组件中的 asyncData 方法(如果定义了的话),用于获取组件所需的异步数据。这通常包括从 API 或数据库获取数据。

(2)数据获取完成后,服务器将数据注入到 Vue 组件中。

3)组件渲染

(1)服务器会创建一个 Vue 应用实例,并传入要渲染的组件及组件所需的数据。

(2)Vue 会在服务器端执行组件的 render 函数,生成组件的虚拟 DOM。

4)HTML 生成

(1)生成的虚拟 DOM 会被转换为 HTML 字符串。

(2)这个 HTML 字符串包含了完整的页面内容,包括初始化状态和数据。

5)响应生成

服务器将生成的 HTML 字符串包装在 HTTP 响应中,并发送给浏览器。

6)客户端激活

(1)浏览器收到服务器响应后,会开始解析 HTML,并下载相应的 JavaScript 和 CSS 文件。

(2)一旦 JavaScript 文件下载完成,浏览器会在客户端激活 Vue 应用。

(3)Vue 应用在客户端接管,接着的页面交互会在浏览器中处理。

7)优点

(1)更好的性能。首次加载时,用户会看到完整的页面内容,不需要等待 JavaScript 的下载和执行。

(2)SEO 优化。搜索引擎可以轻松地抓取和索引服务器渲染的页面,因为页面内容在初始加载时就已经存在。

(3)首次加载速度快。服务器渲染可以减少首次加载的时间,提高用户体验。

然而,Vue 服务器端渲染也涉及一些复杂性,包括服务器端环境的设置、数据同步等,因此需要更多的配置和注意事项。但当正确实施时,它可以为 Vue 应用程序带来显著的性能和 SEO 优势。

31.4　习题

1. 关于 Vue SSR 的优势，错误的是（　　　）。
   A. 提升首屏加载速度
   B. 更好的 SEO 支持
   C. 完全替代客户端渲染（CSR）
   D. 服务端生成静态 HTML
2. 关于 Vue 3 的 Composition API，以下描述错误的是（　　　）。
   A. setup()函数是组合式逻辑的入口
   B. ref()和 reactive()均可用于创建响应式数据
   C. watchEffect()会自动追踪同步代码中的依赖
   D. 生命周期钩子（如 mounted）需通过 import 引入后才能在 setup()中使用

第 32 章　Vue 生态系统

32.1　Vue 插件

Vue.js 是一个流行的 JavaScript 框架,它允许构建交互性强大的单页应用程序。Vue 的生态系统中有许多插件和库,可以帮助简化开发过程,增加功能,提高生产力。下面将详细介绍一些常用的 Vue 插件,以及如何安装和使用它们。

1. 常用 Vue 插件介绍

1)Vue Router

(1)描述。Vue Router 是 Vue.js 官方的路由管理库,用于实现单页应用中的路由导航和页面切换。

(2)安装。通过 npm 安装 npm install vue-router。

(3)使用。在 Vue 项目中,可以创建路由配置文件,定义路由和组件的映射关系,并在组件中使用<router-link>和<router-view>来实现导航和页面渲染。

2)Vuex

(1)描述。Vuex 是 Vue.js 的状态管理库,用于集中管理应用的状态数据。

(2)安装。通过 npm 安装 npm install vuex。

(3)使用。可以创建一个 Vuex store,其中包含状态、mutations、actions 等,然后在组件中通过 mapState、mapMutations 和 mapActions 等辅助函数来访问和修改状态数据。

3)axios

(1)描述。axios 是一个用于发起 HTTP 请求的 Promise based 的库,用于与后端服务器进行数据通信。

(2)安装。通过 npm 安装 npm install axios。

(3)使用。在 Vue 项目中,可以在组件中导入 axios 并使用它来发起 GET、POST 等 HTTP 请求,处理异步数据加载。

4)Vue CLI

(1)描述。Vue CLI 是官方提供的一个开发工具,用于快速搭建和管理 Vue.js 项目,包括项目初始化、开发服务器、构建配置等。

(2)安装。通过 npm 全局安装 npm install-g @vue/cli。

(3)使用。使用 vue create 命令创建新项目,然后可以使用 vue serve 启动开发服务器,或者使用 vue build 构建生产版本。

2. 安装和使用插件

一般来说,安装和使用 Vue 插件的步骤如下。

1）安装插件

使用 npm 或 yarn 安装插件到 Vue 项目中，如 npm install vue-router。

2）导入插件

在 Vue 项目中，在需要使用插件的组件或文件中导入插件。例如，在 main. js 中导入 Vue Router：

```JavaScript
import Vue from 'vue'
import VueRouter from 'vue-router'

Vue.use(VueRouter)
```

3）配置和使用插件

根据插件的文档和要求，配置和使用它们。例如，配置 Vue Router 的路由：

```JavaScript
const routes = [
  { path: '/', component: Home },
  { path: '/about', component: About }
]

const router = new VueRouter({
  routes
})

new Vue({
  router,
  render: h => h(App)
}). $ mount('#app')
```

4）使用插件功能

在组件中或其他文件中，使用插件提供的功能。例如，在组件中使用 Vuex 状态：

```JavaScript
import { mapState } from 'vuex'

export default {
  computed: {
    ...mapState(['count'])
  }
}
```

每个插件都有自己的文档和示例,所以要根据插件的具体需求查阅相关文档。在使用插件之前,建议仔细阅读官方文档以了解如何正确配置和使用它们。这些插件可以极大地提高 Vue.js 项目的开发效率和功能扩展。

32.2　Vite

Vite 是一个现代化的前端构建工具,旨在提高开发 Vue.js 应用程序的开发体验。Vite 的目标是通过利用浏览器原生 ES 模块的特性来加速前端开发过程,提供快速的开发和热更新能力,以便开发人员能够更高效地创建和管理 Vue.js 项目。下面是关于 Vite 的详细介绍和如何使用它来创建和管理 Vue 项目的步骤。

1. 什么是 Vite?

(1)快速开发体验。Vite 的一个显著特点是其惊人的快速开发体验。它利用了现代浏览器的 ES 模块支持,以及开发服务器中的快速热模块替换(hot module replacement,HMR),因此在开发时可以实时查看和应用代码更改,无需手动刷新页面。

(2)适用于多种框架。虽然最初是为 Vue.js 设计的,但 Vite 也可以用于构建其他的现代 JavaScript 框架和库,如 React 和 Preact。

(3)开箱即用。Vite 提供了一组默认的构建和开发配置,使得创建新项目变得非常容易。它还支持 TypeScript、CSS 预处理器(如 SASS 和 Less)、静态文件处理等功能。

(4)优化生产构建。Vite 在生产构建时会进行优化,生成更小的打包文件,提高页面加载性能。它使用了现代的构建技术,如 ES 模块分割和按需加载。

(5)插件系统。Vite 提供了一个强大的插件系统,可以轻松扩展其功能,以满足项目的特定需求。

Vite 采用了以下关键技术:

(1)ES 模块。Vite 利用了浏览器原生的 ES 模块支持,这意味着在开发过程中可以快速加载和解析模块,无需将它们打包成一个大的文件。这有助于加速开发过程和减小构建输出的体积。

(2)热更新。Vite 提供了实时的热更新功能,当编辑代码时,应用程序会在保持应用程序状态的同时进行快速的更新,无需重新加载整个页面。

(3)插件系统。Vite 提供了丰富的插件系统,允许你轻松地扩展其功能,从而满足不同项目的需求。

(4)开发服务器。Vite 自带了一个开发服务器,用于在开发过程中提供实时的预览和调试功能。

2. 创建和管理 Vue 项目

要使用 Vite 创建和管理 Vue 项目,可以遵循以下步骤。

(1)安装 Node.js 和 npm。首先,确保计算机上安装了 Node.js 和 npm,可以在官方网站上下载并安装它们:https://nodejs.org/

(2)全局安装 Vite。使用 npm 全局安装 Vite,这样可以在命令行中访问 Vite 的命令。

Bash

```
npm install-g create-vite
```

（3）创建新的 Vue 项目。在命令行中，使用 Vite 创建一个新的 Vue 项目。

```
Bash
create-vite my-vue-app -- template vue
```

这将创建一个名为 my-vue-app 的新目录，并基于 Vue 模板初始化项目。

（4）进入项目目录。进入新项目目录。

```
Bash
cd my-vue-app
```

（5）启动开发服务器。运行以下命令以启动开发服务器。

```
Bash
npm install
npm run dev
```

这将启动开发服务器，并且可以在浏览器中访问 http://localhost:3000 来查看 Vue 应用程序。

（6）开始开发。现在可以编辑项目中的源代码文件，Vite 会在保存文件时自动更新应用程序，还可以使用热更新功能来实时查看更改。

（7）构建生产版本。当准备好部署 Vue 应用程序时，运行以下命令来构建生产版本。

```
Bash
npm run build
```

这将生成一个优化过的、用于生产环境的构建文件，通常位于 dist 目录下。

总之，Vite 是一个出色的工具，用于创建和管理 Vue.js 项目，并提供了快速的开发和热更新体验，有助于提高前端开发的效率。

32.3 习题

1. 关于 Vue 插件开发，以下描述正确的是（   ）。

    A. 插件必须通过 Vue.component()注册组件

    B. 插件的 install 方法会自动接收 Vue 构造函数作为参数

    C. 插件只能用于添加全局指令，不能扩展原型方法

    D. 插件需要通过 npm publish 发布后才能使用

2. 以下（   ）是 Vue 插件无法直接实现的。

    A. 添加全局混入（mixin）

    B. 扩展根实例的 $data 属性

    C. 自定义全局指令

    D. 提供全局工具方法（如 $http）

第 33 章　Vue 最佳实践

33.1　项目结构和组织

项目结构和组织对于 Vue.js 应用程序的开发至关重要,它有助于提高代码的可维护性和可扩展性。以下是一个通用的 Vue.js 项目结构和组织的建议,以及一些常见的命名规范。

1. 项目目录结构

一个典型的 Vue.js 项目通常包含以下目录和文件。

(1)src:这是主要的应用程序源代码目录,包括 Vue 组件、路由、状态管理、工具等。

①assets:存放静态资源文件,如图像、样式文件等。

②components:Vue 组件的目录,按功能或模块划分子目录,组件文件以 .vue 扩展名结尾。

③views:存放应用程序的页面级组件,通常是与路由相关的组件。

④router:路由配置文件,用于定义页面之间的导航关系。

⑤store:状态管理(Vuex)相关的文件,包括状态、mutations、actions 等。

⑥utils:工具函数或通用辅助函数的目录。

⑦api:用于存放与后端通信的 API 请求配置和方法。

⑧plugins:Vue 插件的目录,用于集成第三方插件或自定义插件。

⑨config:存放应用程序的配置文件,如环境变量、常量等。

⑩assets:用于存放全局的静态资源,如全局 CSS 文件、字体等。

(2)public:public 包含不需要经过 Webpack 构建的静态文件,如 favicon.ico、index.html 等。这里的文件可以直接通过相对路径引用。

(3)tests:tests 包含单元测试和端到端测试的目录。

(4)dist:构建后的文件将存放在此目录。

(5)node_modules:包含项目依赖的第三方库。

(6)babel.config.js:Babel 配置文件,用于编译 ES6+代码。

(7)package.json:包含项目的依赖和脚本配置。

(8)README.md:项目的文档说明。

2. 组件组织和命名规范

Vue 组件是 Vue.js 应用的核心构建块,因此组织和命名规范非常重要,以确保代码的可维护性和可读性。

(1)组件命名。组件名应该具有描述性,通常采用大驼峰式命名法(pascalcase)。例如,UserProfile.vue。

（2）组件目录结构。将组件按功能或模块划分到子目录中，每个子目录下包含一个组件文件和一个可能的相关文件（如 CSS、测试等）。例如：

```
HTML
components/
├── user/
│   ├── UserProfile.vue
│   ├── UserList.vue
├── post/
│   ├── PostItem.vue
│   ├── PostList.vue
```

（3）单文件组件。使用 .vue 文件来编写组件，包含模板、脚本、样式，以及其他组件相关的配置。

（4）全局组件。如果一个组件在整个应用程序中都需要使用，可以将其定义为全局组件。全局组件通常放在 main.js 中或在一个专门的组件注册文件中。

（5）局部组件。对于只在特定视图或组件内使用的组件，将其注册为局部组件，而不是全局组件。

（6）组件通信。使用 Vue 的 Props 和 Events 来实现父子组件之间的通信，以及使用 Vuex 来进行跨组件的状态管理。

（7）命名规范。在组件内部，使用有意义的变量和方法命名，以提高代码可读性。对于私有变量和方法，可以使用前缀下划线"_"来表示。

（8）组件复用。尽量使组件具有高度的可重用性，避免在组件内部硬编码数据或业务逻辑，以便在不同的上下文中重复使用。

（9）文件命名规范。除了组件文件使用 PascalCase 命名外，其他文件（如 CSS、测试）可以使用不同的命名规范，例如使用 kebab-case（短横线分隔）或者 snake_case（下划线分隔）。

这些是关于 Vue.js 项目结构和组织的一些建议和最佳实践。具体的项目可能会根据需求和团队偏好有所不同，但良好的组织结构和命名规范可以提高开发效率和代码质量。

33.2　性能优化

当在使用 Vue.js 构建单页应用程序（SPA）时，性能优化是一个非常重要的考虑因素。Vue 提供了一些技术来帮助改进应用程序的性能，包括懒加载路由、异步组件和基于路由的代码分割。

1. 懒加载路由

懒加载路由（lazy loading routes）是一种技术，它允许延迟加载路由组件，以减小初始加载时的包大小。默认情况下，Vue Router 会将所有路由组件打包到一个大的 JavaScript 文件中，这会导致初始加载时间较长。但通过使用懒加载路由，可以将路由组件拆分成多个小块，只有在需要时才加载它们。

可以使用 Vue Router 的 import（）语法或 Webpack 的动态导入来实现懒加载路由。例如：

```JavaScript
const Foo = () = >import('. /Foo. vue');
const Bar = () = >import('. /Bar. vue');
```

这样做可以减少初始加载时的文件大小，从而提高应用程序的性能。

2. 异步组件

异步组件（async components）是一种允许将组件的定义分割成多个异步加载的块的技术。这对于优化应用程序的性能和减小初始加载时的包大小非常有用。例如，可以使用 Vue 的 defineAsyncComponent 函数或 Webpack 的动态导入来创建异步组件：

```JavaScript
import { defineAsyncComponent } from 'vue';

const AsyncComponent = defineAsyncComponent(() = >
    import('. /MyComponent. vue')
);
```

异步组件可以用于懒加载路由，也可以用于按需加载任何组件，以避免一次性加载整个应用程序。

3. 基于路由的代码分割

基于路由的代码分割（route-based code splitting）是一种将应用程序的代码拆分成多个小块的技术，每个路由都可以有自己的代码块。这意味着用户在导航到不同路由时只会加载他们需要的代码，而不是一次性加载整个应用程序，可以使用 Webpack 的动态导入和 Vue Router 的 component 字段来实现基于路由的代码分割。例如：

```JavaScript
const router = new VueRouter({
  routes: [
    {
      path: '/foo',
      component: () = >import('. /Foo. vue')
    },
    {
      path: '/bar',
      component: () = >import('. /Bar. vue')
    }
  ]
});
```

这样做可以显著提高应用程序的性能，特别是对于大型 SPA。

总之，使用懒加载路由、异步组件和基于路由的代码分割是优化 Vue.js 应用程序性能的重要方法。这些技术可以帮助减小初始加载时的文件大小，提高应用程序的加载速度，从而提供更好的用户体验。

33.3　跨域处理

跨域问题是在前端开发中经常会遇到的一个挑战，特别是当前端应用尝试从不同的域名或端口请求数据时。Vue.js 作为一种流行的前端框架，也需要处理跨域问题。关于在 Vue.js 中解决跨域问题有使用代理服务器和在后端进行跨域配置两种常见方法。

1. 使用代理服务器解决跨域问题

代理服务器是一个位于前端应用和后端服务器之间的中间层，用于在前端应用和后端之间转发请求和响应。通过配置代理服务器，用户可以绕过浏览器的同源策略，使前端应用能够从不同的域名请求数据。以下是在 Vue.js 中使用代理服务器来解决跨域问题的步骤。

1）步骤 1：创建代理服务器

可以使用 Node.js 的 Express 框架或其他服务器端技术来创建一个代理服务器。这个服务器将监听某个端口，并将请求转发到后端服务器。

HTML

```
// 示例使用 Express 创建代理服务器
const express = require('express');
const httpProxy = require('http-proxy');

const app = express();
const apiProxy = httpProxy.createProxyServer();

// 配置代理
app.use('/api', (req, res) = >{
  apiProxy.web(req, res, { target: 'http://backend-server.com' });
});

app.listen(3000, () = >{
  console.log('Proxy server is running on port 3000');
});
```

2）步骤 2：在 Vue.js 应用中配置代理

在 Vue.js 项目的根目录下找到 vue.config.js 文件（如果没有则需要创建），并添加以下配置：

HTML

```
module.exports = {
  devServer: {
    proxy: {
      '/api': {
        target: 'http://localhost:3000', //代理服务器的地址
        changeOrigin: true,
      },
    },
  },
};
```

3)步骤 3:在 Vue 组件中使用代理服务器

现在可以在 Vue 组件中使用代理服务器来发送请求,例如:

HTML

```
//Vue 组件中的请求示例
methods: {
  fetchData() {
    this.$http.get('/api/some-data')
      .then(response => {
        //处理响应数据
      })
      .catch(error => {
        //处理错误
      });
  },
},
```

通过这种方式,Vue.js 应用会将请求发送到代理服务器,然后代理服务器将请求转发到后端服务器,这样就解决了跨域问题。

2. 在后端进行跨域配置解决跨域问题

另一种解决跨域问题的方法是在后端服务器上进行配置。这种方法通常更适用于用户有权访问后端服务器并且可以进行相关配置的情况。以下是一些常见的后端解决跨域问题的方法。

(1)CORS(跨域资源共享)配置。在后端服务器上配置 CORS 规则,允许前端应用的域名访问后端资源。这通常涉及在后端代码中设置响应头部信息。

(2)JSONP(JSON with padding)。JSONP 是一种通过添加一个＜script＞标签来获取跨域数据的方法。后端需要支持 JSONP 请求,并返回一个包装在回调函数中的 JSON 数据。

(3)后端代理。类似于前面提到的代理服务器方法,但是这次代理服务器由后端维护。前端应用将请求发送到后端服务器,后端服务器再将请求转发给目标服务器,然后返回响应给

前端。

选择哪种方法取决于用户的具体需求和后端服务器的配置。使用代理服务器通常是在无法修改后端服务器配置的情况下的一种可行方法，而在后端进行跨域配置则需要后端的支持和权限。

33.4　习题

1. 下面关于 Vue 项目跨域解决方案，正确的是（　　）。
    A. 前端直接修改 axios 的 baseURL 为目标域名即可
    B. 开发环境下可通过 Vite 的 server. proxy 配置代理
    C. 必须通过 JSONP 解决所有跨域问题
    D. nginx 反向代理无法处理跨域请求
2. 列举两种 Vue 组件级别的性能优化手段。